现代控制电机及其智能化

主　编　张　辉
副主编　崔　弘　赵丽娜　李西兵
主　审　陶大军

哈爾濱工業大學出版社

内容简介

本书主要阐述了自动控制系统中常用的各种控制电机的基本结构、基本原理、工作特性，并介绍了选型原则和使用方法。主要包括直流伺服电动机、交流感应伺服电动机、无刷直流电动机、永磁同步电动机、步进电机、开关磁阻电机、测速发电机、旋转变压器、自整角机、电机及其智能化。

本书可作为普通高等院校电气信息类专业的本科生教学用书，也可供有关工程技术人员作为参考用书。

图书在版编目(CIP)数据

现代控制电机及其智能化/张辉主编.—哈尔滨：哈尔滨工业大学出版社，2022.1
ISBN 978－7－5603－7086－6

Ⅰ.①现… Ⅱ.①张… Ⅲ.①微型控制电机－教材 Ⅳ.①TM383

中国版本图书馆 CIP 数据核字(2022)第 099508 号

策划编辑 杨秀华
责任编辑 杨秀华
封面设计 博鑫设计
出版发行 哈尔滨工业大学出版社
社　　址 哈尔滨市南岗区复华四道街 10 号　邮编 150006
传　　真 0451－86414749
网　　址 http://hitpress.hit.edu.cn
印　　刷 哈尔滨市工大节能印刷厂
开　　本 787mm×1092mm　1/16　印张 12　字数 285 千字
版　　次 2022 年 1 月第 1 版　2022 年 1 月第 1 次印刷
书　　号 ISBN 978－7－5603－7086－6
定　　价 48.00 元

前　言

控制电机是高等院校电气类专业的重要研究方向之一。控制电机作为自动控制系统中重要的执行、测量、解算元件，在现代工业系统、机器人、仪器设备、现代军事装备等领域发挥了重要作用。本书结合编者的教学实践，参考、借鉴了现有教材的精华，同时增加了电机智能化等相关内容。

本书共分 10 章，第 1 章介绍了直流伺服电动机；第 2 章介绍了交流感应伺服电动机；第 3 章介绍了无刷直流电动机；第 4 章介绍了永磁同步电动机；第 5 章介绍了步进电机；第 6 章介绍了开关磁阻电机；第 7 章介绍了测速发电机；第 8 章介绍了旋转变压器；第 9 章介绍了自整角机；第 10 章介绍了电机及其智能化。各章分别介绍了各种类型控制电机的结构特点、工作原理、运行特性及工程应用。本书可作为普通高等院校电气信息类专业的本科生教学用书，也可供有关工程技术人员作为参考用书。

本书由齐齐哈尔大学张辉、崔弘、赵丽娜和福建农林大学李西兵共同编写。张辉编写了第 2、3、4、5 章；崔弘编写了第 1、7、8、10 章；赵丽娜编写了 9 章；李西兵编写了第 6 章。本书结合相关企业的实际需求，在编写过程中佳木斯电机股份有限公司副总设计师刘文辉和哈尔滨电机厂股份有限公司姜天一对本书的编写提出了宝贵意见。全书由张辉统稿，哈尔滨理工大学陶大军教授主审。

本书在编写过程中得到了吴凤桐、蒋蕊萍、韩斌、刘畅、孙维凯、田乐乐、于鑫的帮助，在此表示衷心的感谢。

限于作者水平，书中疏漏及不足之处在所难免，欢迎广大读者批评指正。

编　者

2022 年 1 月

目　　录

第 1 章　直流伺服电动机

1.1　概　　述

1.1.1　伺服电动机的概念

伺服电动机又叫执行电动机,或叫控制电动机。在自动控制系统中,伺服电动机是一个执行元件,它的作用是把信号(控制电压或相位)变换成机械位移,也就是把接收到的电信号变换成转轴的角位移或角速度。输入的电压信号又称为控制信号或控制电压,改变控制电压可以改变伺服电动机的转速及转向。

1.1.2　伺服电动机的分类

伺服电动机按其使用的电源性质不同,可分为直流伺服电动机和交流伺服电动机两大类。交流伺服电动机通常采用笼型转子两相伺服电动机和空心杯转子两相伺服电动机,所以常把交流伺服电动机称为两相伺服电动机。直流伺服电动机一般用在功率稍大的系统中,其输出功率为 1～600 W,但也有的可达数千瓦;两相伺服电动机输出功率为 0.1～100 W,其中最常用的在 30 W 以下。

近年来, 由于伺服电动机的应用范围日益扩展、要求不断提高,促使它有了很大发展,出现了许多新型结构。又因系统对电机快速响应的要求越来越高,使各种低惯量的伺服电动机相继出现,如盘形电枢直流电动机、空心杯电枢直流电动机和电枢绕组直接绕在铁芯上的无槽电枢直流电动机等。

随着电子技术的发展,又出现了采用电子器件换向的新型直流伺服电动机,它取消了传统直流电机上的电刷和换向器,故称为无刷直流伺服电动机。此外,为了适应高精度低速伺服系统的需要,研制出直流力矩电动机,它取消了减速机构而直接驱动负载。

1.1.3　自动控制系统对伺服电动机的基本要求

伺服电动机的种类虽多,用途也很广泛,但自动控制系统对它们的基本要求可归结如下:

(1)宽广的调速范围。伺服电动机的转速随着控制电压的改变能在宽广的范围内连续调节。

(2)机械特性和调节特性均为线性。伺服电动机的机械特性是指控制电压一定时,转速随转矩的变化关系;调节特性是指电机转矩一定时,转速随控制电压的变化关系。线性的机械特性和调节特性有利于提高自动控制系统的动态精度。

(3)无“自转”现象。伺服电动机在控制电压为零时能立即自行停转。

(4)快速响应。电机的机电时间常数要小，相应地伺服电动机要有较大的堵转转矩和较小的转动惯量。这样，电机的转速便能随着控制电压的改变而迅速变化。

此外，还有一些其他的要求，如希望伺服电动机的控制功率要小，这样可使放大器的尺寸相应减小；在航空上使用的伺服电动机还要求其质量轻、体积小。

1.2 直流伺服电动机的控制方法

1.2.1 电枢控制

电枢控制时直流伺服电动机的工作原理如图1.1所示。他励式直流电动机，当励磁电压U_f恒定，又负载转矩一定时，升高电枢电压U_a，电机的转速随之增高；反之，减小电枢电压U_a，电机的转速就降低；若电枢电压为零，电机停转。当电枢电压的极性改变后，电机的旋转方向也随之改变。因此，把电枢电压作为控制信号就可以实现对电动机的转速控制。这种控制方式称为电枢控制。电枢绕组称为控制组。

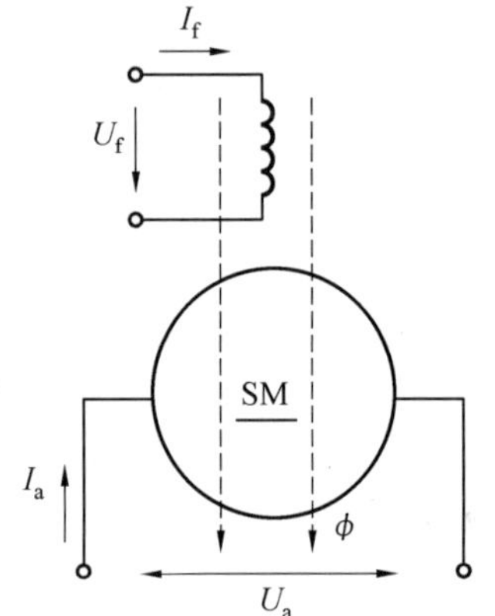

图1.1 电枢控制时直流伺服电动机的工作原理

对于电磁式直流伺服电动机采用电枢控制时，其励磁绕组由外施恒压的直流电源励磁，而永磁式直流伺服电动机则由永磁磁极励磁。

1.2.2 磁场控制

磁场控制时，电枢绕组加恒定电压，励磁回路加控制电压信号。尽管磁场控制也可达到改变控制电压来改变转速的大小和旋转方向的目的，但因随着控制信号减弱其机械特性变软，调节特性也是非线性的，所以不经常使用。

1.3 直流伺服电动机的运行特性

伺服电动机的运行特性包括机械特性和调节特性。

对于直流伺服电动机，在电枢控制方式下，如图1.1。为了分析简便，先做如下假设：

电机的磁路为不饱和，其电刷又位于几何中性线，因此负载时电枢反应磁势的影响便可略去，电机的每极气隙磁通Φ更将保持恒定。这样，直流电动机电枢回路的电压平衡方程式应为

$$U_a = E_a + I_a R_a \tag{1.1}$$

式中 R_a——电动机电枢回路的总电阻(包括电刷的接触电阻)。

当磁通Φ更恒定时，电枢绕组的感应电势将与转速成正比，则

$$E_a = C_e \Phi_n = K_e n \tag{1.2}$$

式中 K_e——电势常数，表示单位转速(每分钟一转)时所产生的电势。

电动机的电磁转矩应为

$$T_{em}=C_t\Phi I_a=K_tI_a \tag{1.3}$$

式中　K_t——转矩常数，表示单位电枢电流所产生的转矩。

将式(1.1)、式(1.2)和式(1.3)联立解之，即可求出直流伺服电动机的转速公式

$$n=\frac{U_a}{K_e}-\frac{R_a}{K_tK_e}T_{em} \tag{1.4}$$

由转速公式便可得到直流伺服电动机的机械特性和调节特性。

1.3.1　机械特性

机械特性是指控制电压恒定时，电机的转速随转矩变化的关系，即U_a＝常数时，$n=f(T_{em})$。

由转速公式可画出直流伺服电动机的机械特性，如图 1.2 所示。从图中可以看出，机械特性是线性的。这些特性曲线与纵轴的交点为电转矩等于零时电动机的理想空载转速n_0，即

$$n_0=\frac{U_a}{K_e} \tag{1.5}$$

在实际的电动机中，当电机轴上不带负载时，因它本身有空载损耗，电磁转矩并不为零。为此，转速n_0是指在理想空载(即$T_{em}=0$)时的电机转速，故称理想空载转速。

机械特性曲线与横轴的交点为电机堵转时($n=0$)的转矩，即电动机的堵转转矩T_k

$$T_k=\frac{K_t}{R_a}U_a \tag{1.6}$$

在图 1.2 中机械特性曲线斜率的绝对值为

$$|\tan\alpha|=\frac{n_0}{T_k}=\frac{R_a}{K_tK_e} \tag{1.7}$$

它表示了电动机机械特性的硬度，即电机的转速随转矩T_{em}的改变而变化的程度。由式(1.4)或图 1.2 中都可以看出，随着控制电压U_a增大，电机的机械特性曲线平行地向转速和转矩增加的方向移动，但是它的斜率保持不变，所以电枢控制时直流伺服电动机的机械特性是一组平行的直线。

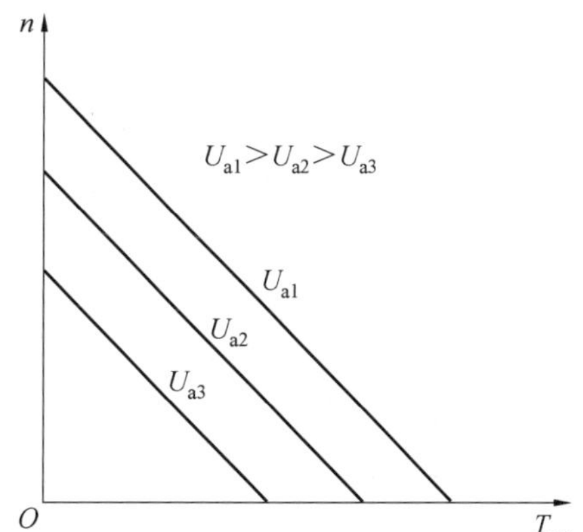

图 1.2　电枢控制的直流伺服电动机的机械特性

1.3.2　调节特性

调节特性是指电磁转矩恒定时，电机的转速随控制电压变化的关系，即T_{em}＝常数时，$n=f(U_a)$。

由式(1.4) 便可画出直流伺服电动机的调节特性，如图 1.3 所示。它们也是一组平行的直线。

这些调节特性曲线与横轴的交点就表示在某一电磁转矩(若略去电动机的空载损耗，

则为负载转矩值)时电动机的始动电压。若转矩一定时,电机的控制电压大于相应的始动电压,电动机便能启动并达到某一转速;反之,控制电压小于相应的始动电压,则这时电动机所能产生的最大电磁转矩仍小于所要求的转矩值,就不能启动。所以,在调节特性曲线上从原点到始动电压点的这一段横坐标所示的范围,称为在某一电磁转矩值时伺服电动机的失灵区。显然,失灵区的大小与电磁转矩的大小成正比。

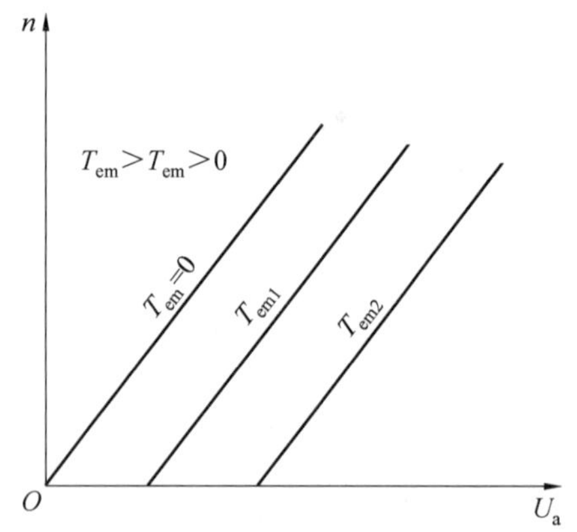

图 1.3　电枢控制时直流伺服电动机的调节特性

由以上分析可知,电枢控制时直流伺服电动机的机械特性和调节特性都是一组平行的直线。这是直流伺服电动机很可贵的优点,也是两相伺服电动机所不及的。但是上述的结论,是在开始时所作假设的前提下才得到的,实际的直流伺服电动机的特性曲线仅是一组接近直线的曲线。

1.4　直流伺服电动机的动态特性

电枢控制时直流伺服电动机的动态特性,是指电动机的电枢上外施阶跃电压时,电机转速从零开始的增长过程,即 $n=f(t)$ 或 $\Omega=f(t)$。为了满足自动控制系统快速响应的要求,直流伺服电动机的机电过渡过程应尽可能短,即电动机转速的变化能迅速跟上控制信号的改变。若电动机在电枢外施控制电压前处于停转状态,则当电枢外施阶跃电压后,由于电枢绕组有电感,电枢电流 1 不能突然增长,因此有一个电气过渡过程,相应电磁转矩 T_{om} 的增长也有一个过程。在电磁转矩的作用下,电机从停转状态逐渐加速,由于电枢有一定的转动惯量,电机的转速从零增长到稳定转速又需要一定的时间,因而还有一个机械过渡过程。电气和机械的过渡过程交叠在一起,形成了电机的机电过渡过程。在整个机电过渡过程中,电气和机械的过渡过程又是相互影响的。一方面由于电机的转速由零加速到稳定转速是由电磁转矩(或电枢电流)所决定;另一方面电磁转矩或电枢电流又随转速而变化,所以,电机的机电过渡过程是一个复杂的电气、机械相交叠的物理过程。

直流伺服电动机的传递函数,为了研究直流伺服电动机输入的电压信号和输出的转速之间的过渡过程,通常采用拉普拉斯变换,将时间函数变换成相应的象函数,并将零初始条件时输出象函数与输入象函数之比称之为传递函数。再将传递函数进行反变换,就可以得到输出量与输入量之间随时间变化的函数关系。

直流伺服电动机电枢回路的等效电路如图 1.4 所示。若电枢绕组的电感为 L_a,在过渡过程中,对应于电枢回路的电压平衡方程式为

$$u_a=R_a i_a+L_a\frac{di_a}{dt}+e_a \tag{1.8}$$

当负载转矩为零,并略去电机的铁芯损耗和摩擦转矩后,则电动机的电磁转矩全部用

来使转子加速，即

$$T_{em}=J\frac{\mathrm{d}\Omega}{\mathrm{d}t} \tag{1.9}$$

式中　J——电动机的转动惯量。

将式(1.2)、式(1.3)及式(1.9)代入式(1.8)可得

$$u_a=\frac{R_aJ}{K_t}\frac{\mathrm{d}\Omega}{\mathrm{d}t}+\frac{L_aJ}{K_t}\frac{\mathrm{d}^2\Omega}{\mathrm{d}t^2}+K'_e\Omega \tag{1.10}$$

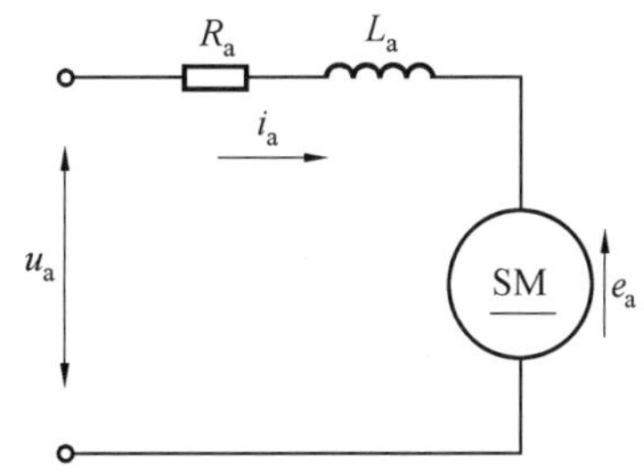

图 1.4　直流伺服电动机电枢回路的等效电路

式中　$K'_e=\frac{60}{2\pi}K_e$ 为常数。其中 K'_e 的单位为 V/(rad·s^{-1})，K_e的单位为 V/(r·min^{-1})。

由于电机在外施电枢电压之前为停转状态，所以转速的初始条件为 $n=0$，又电机为空载运行，经拉氏变换后，$\frac{\mathrm{d}}{\mathrm{d}t}$用算符 s 代替，u_a和 Ω 分别用其象函数$u_a(s)$和 $\Omega(s)$代替，则式(1.10)

$$u_a(s)=\frac{R_aJ}{K_t}s\Omega(p)+\frac{L_aJ}{K_t}s^2\Omega(p)+K'_e\Omega(s) \tag{1.11}$$

可得直流伺服电动机的传递函数为

$$F(s)=\frac{\Omega(s)}{U_a(s)}=\frac{K_t}{s^2(L_aJ)+s(R_aJ)+K_tK'_e} \tag{1.12}$$

令式(1.12)中的分母为零，即为 s 的二次方程，可解出两根

$$\left.\begin{aligned}s_1&=\frac{-R_aJ+\sqrt{(R_aJ)^2-4L_aJK_tK'_e}}{2L_aJ}\\ s_2&=\frac{-R_aJ-\sqrt{(R_aJ)^2-4L_aJK_tK'_e}}{2L_aJ}\end{aligned}\right\} \tag{1.13}$$

根据泰勒级数展开，当 x 很小时，并略去高次项后可得

$$\sqrt{\chi}\approx 1-\frac{\chi}{2}$$

若考虑到电枢电感L_a很小，即 $4L_aJK_tK'_e\ll(R_aJ)^2$，则s_1、s_2两根均为实数，且参照上述数学关系进行变换后，即为

$$\left.\begin{aligned}s_1&=-\frac{K_tK'_e}{R_aJ}\\ s_2&=-\frac{R_a}{L_a}+\frac{K_tK'_e}{R_aJ}\end{aligned}\right\} \tag{1.14}$$

由于$\frac{R_a}{L_a}\gg\frac{K_tK'_e}{R_aJ}$，所以$s_2k$ 可近似为

$$s_2\approx-\frac{R_a}{L_a}$$

直流伺服电动机的传递函数为

$$F(s)=\frac{\Omega(s)}{U_a(s)}=\frac{K_t}{L_aJ(s-s_1)(s+s_2)}=\frac{K_t}{L_aJ(s+\frac{1}{\tau_m})(s+\frac{1}{\tau_e})}$$

$$=\frac{\tau_e\tau_m K_t}{L_a J(\tau_m s+1)(\tau_e+1)}=\frac{\frac{L_a}{R_a}\frac{R_a J}{K_t K'_e}K_t}{L_a J(\tau_m s+1)(\tau_e s+1)}$$

$$=\frac{\frac{1}{K'_e}}{(\tau_m s+1)(\tau_e s+1)} \tag{1.15}$$

式中 $\tau_m=-\frac{1}{s_1}=\frac{R_a J}{K_t K'_e}$——电动机的机械时间常数；

$\tau_e=-\frac{1}{s_2}=\frac{L_a}{R_a}$——电动机的电气时间常数。

通常，因电枢绕组的电感很小，以致电气时间常数τ_e很小；又电动机转子有一定的转动惯量，机械时间常数τ_m就比电气时间常数τ_e大得多，因此往往可略去电机的电气过渡过程，即令$\tau_e=0$。这样电动机的传递函数便可写为

$$F(s)=\frac{\Omega(s)}{U_a(s)}\frac{\frac{1}{K'_e}}{\tau_m s+1} \tag{1.16}$$

若把电动机的传递函数写作输出角位移的象函数与输入电压的象函数之比，即

$$F(s)=\frac{\theta(s)}{U_a(s)}=\frac{\frac{1}{K'_e}}{P(\tau_m s+1)} \tag{1.17}$$

1.5 直流伺服电动机控制系统

伺服电动机在自动控制系统中作为执行元件，即输入控制电压后，电动机能按照控制电压信号的要求驱动工作机械。它通常作为随动系统、迅测和遥控系统及各种增量运动系统的主传动元件。增量运动系统是一种既要做阿断阶跃，又能高速连续运转的数值控制系统。这种系统是随着新控技术、计算技术和自动控制系统发展的需要而逐步形成的。如磁带机的主动轮驱动系统、计算机打印机的纸带驱动系统及磁盘存储器的磁头驱动机构等均为增量运动控制系统。

伺服电动机组成的伺服系统，按被控制对象的不同可分为：

(1)速度控制方式。电动机的速度是被控制的对象。

(2)位置控制方式。电动机的转角位置是被控制的对象。

(3)转矩控制方式。电动机的转矩是被控制的对象。

(4)混合控制方式。此种系统可采用上述的多种控制方式，并能从一种控制方式切换到另一种控制方式。

在伺服系统中，通常采用前两种控制方式，速度控制和位置控制时的方框图如图 1.5 所示。

在新闻摄影机中的数字锁相回环伺服系统就是一个内型的速度控制系统。图 1.6 中给出了电动机速度控制的基本锁相回环。

在此系统中，速度的给定量和反馈量都是以脉冲信号形式出现的。当电机的转速低

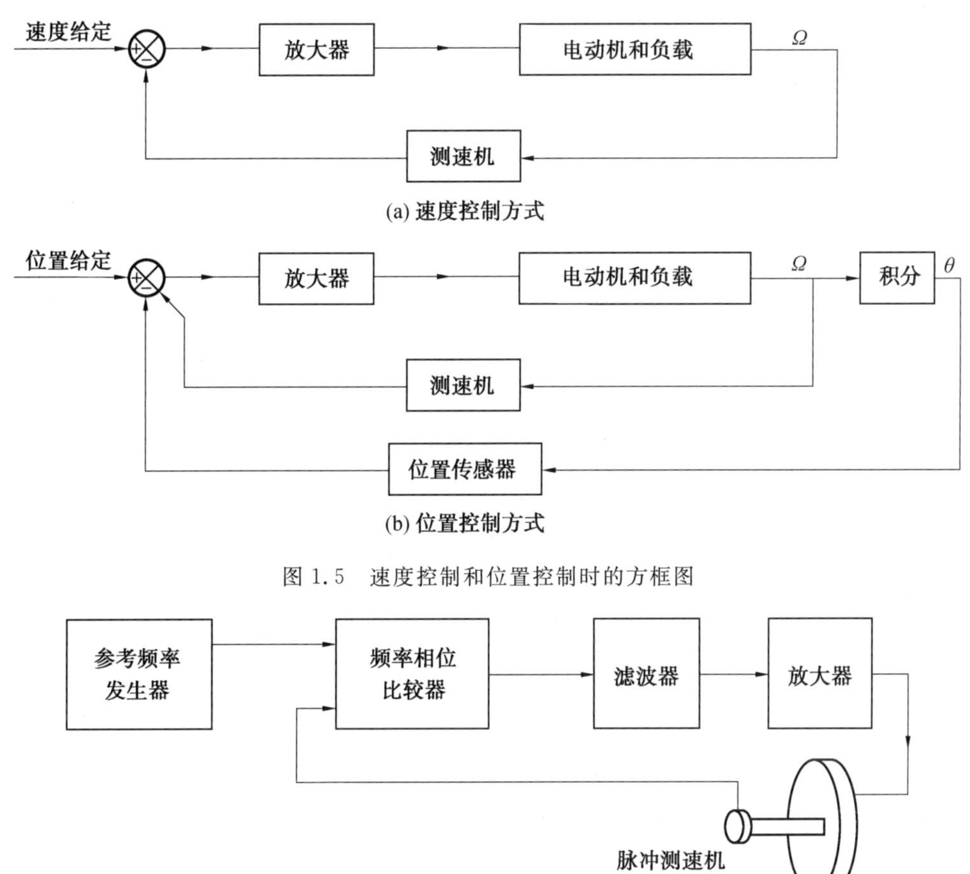

图 1.5　速度控制和位置控制时的方框图

图 1.6　电动机速度控制的基本锁相回环

于所要求的转速时，由脉冲测速发电机发出的脉冲频率就低于参考频率。这时由频率相位比较器输出控制信号，使电源以全压向电动机供电，电机立即加速；反之，若电机的转速高于所要求的转速时，脉冲测速发电机发出的脉冲频率则高于参考频率，这时由频率相位比较器发出控制信号，电源停止向电动机供电使电机减速。只有当电动机的转速等于所需要的转速时，脉冲测速发电机发出的脉冲频率才等于参考频率，这时频率相位比较器发出一连续的脉冲信号，该脉冲的频率即为参考频率，而脉冲波形的占空比就反映了电动机稳定运行时的电压，使电动机的转速严格地锁在所要求的转速上。

雷达天线系统中由直流力矩电动机组成的主传动系统，就是一个典型的位置控制方式的随动系统。雷达天线系统原理图如图 1.7 所示。

被跟踪目标的位置经雷达天线系统检测并发出误差信号，此信号经放大后便作为力矩电动机的控制信号，并使力矩电动机驱动天线跟踪目标。若天线因偶然因素使它的阻力发生变化，例如阻力增大，则电机轴上的阻力矩增加，导致电动机的转速降低。这时雷达天线检测到的误差信号也随之增大，它通过自动控制系统的调节作用，使力矩电动机的电枢立即增高，相应使电机的电磁转矩增加，转速上升，天线又能重新跟踪目标。该系统中的测速发电机反馈回路，这是为了提高系统的运行稳定性。

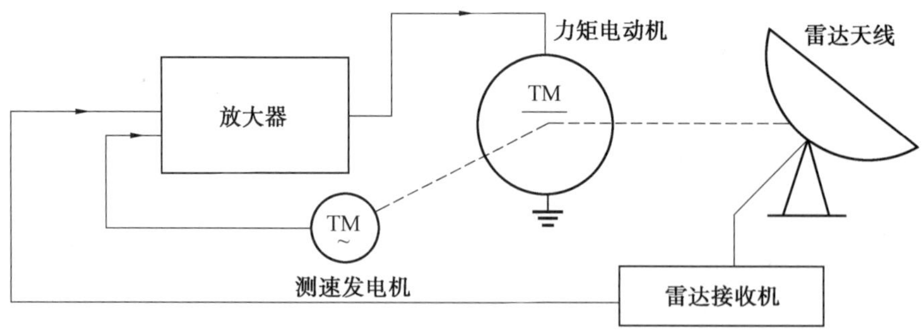

图 1.7 雷达天线系统原理图

1.6 特种直流电动机

直流伺服电动机有许多优点:如启动转矩大、调速范围广、机械特性和调节特性线性度好、控制方便等,因此获得了广泛的应用。但是,由于直流伺服电动机转子铁芯的存在,加上铁芯有齿有槽,因而带来性能上的缺陷。如转动惯量大,机电时间常数较大,灵敏度差;低速转矩波动较大,转动不平稳;换向火花大,寿命短,无线电干扰大等,使其应用上受到一定的限制。目前国内外已在普通直流伺服电动机的基础上开发出直流力矩电动机和低惯量直流伺服电动机。

1.6.1 直流力矩电动机

在某些自动控制系统中,被控对象的运动速度相对来说是比较低的。例如某一种防空雷达天线的最高旋转速度为90(°)/s,也就是15 r/min。一般直流伺服电动机的额定转速为1 500 r/min或3 000 r/min,甚至6 000 r/min,这时就需要用齿轮减速后再去拖动天线旋转。但是齿轮之间的间隙对提高自动控制系统的性能指标不利,它会引起系统在小范围内的振荡和降低系统的刚度。因此,希望有一种低转速、大转矩的电动机来直接带动被控对象。

直流力矩电动机就是为满足类似上述这种低转速大转矩负载的需要而设计制造的电动机。这种电动机能够长期在堵转或低速状态下运行,因而不需经过齿轮减速而直接带动负载。它具有反应速度快、转矩和转速波动小、能在低转速下稳定运行、机械特性和调节特性线性度好等优点。特别适用于在位置伺服系统和低速伺服系统中作为执行元件,也适用于需要转矩调节、转矩反馈和需要一定张力的场合。目前直流力矩电动机的转矩已能达到几千 N·m,空载转速为10 r/min左右。

直流力矩电动机的工作原理和普通直流伺服电动机相同,只是在结构和外形尺寸的比例上有所不同。一般直流伺服电动机为了减少其转动惯量,大部分做成细长的圆柱形。而直流力矩电动机为了能在相同的体积和电枢电压下,产生比较大的转矩和较低的转速,一般做成圆盘状,电枢长度和直径之比一般为0.2左右。从结构合理性来考虑,一般做成永磁多极式。为了减少转矩和转速的波动,选取较多的槽数、换向片数和串联导体数的电

动机。由电枢电动势U_a和电磁转矩T_e的表达式

$$E_a=\frac{pN}{60a}\Phi n=\left(\frac{\Phi}{60a}\right)(pN)n, T_e=\frac{pN}{2\pi a}\Phi I_a=\left(\frac{\Phi}{\pi}\frac{I_a}{2a}\right)(pN)$$

可以看出：在电枢电压U_a、电枢电动势E_a、每极磁通 Φ 和导体电流$i_a=\frac{I_a}{2a}$相同的条件下，只有增加导体数 N 和极对数 p，才能使转速 n 降低，电磁转矩T_e增大。增加电枢直径D_a，可以使电枢槽面积变大，以便把更多的导体放入槽内。同时电枢直径D_a的增加，使电动机定子内径变大，可以放置更多的磁极。这是直流力矩电动机通常做成盘状的原因。

图 1.8 为永磁式直流力矩电动机结构示意图。图中定子 1 是一个用软磁材料制成的带槽的环，在槽中镶入永久磁钢作为主磁场源，这样在气隙中形成了分布较好的磁场。电枢铁芯 2 由硅钢片叠压而成，槽中放有电枢绕组 3，槽楔 4 由铜板做成，并兼做换向片，槽楔两端伸出槽外，一端作为电枢绕组接线用，另一端作为换向片，电刷 5 装在电刷架 6 上。

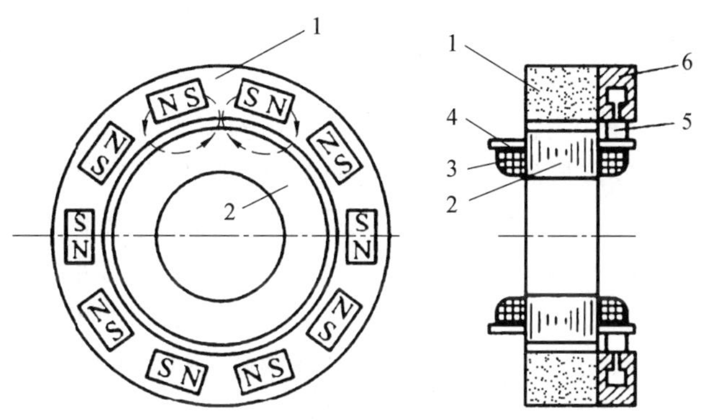

图 1.8　永磁式直流力矩电动机结构示意图

1.6.2　低惯量直流伺服电动机

1. 盘形电枢直流伺服电动机

图 1.9 为盘形电枢直流伺服电动机。它的定子由永久磁钢和前后磁轭所组成，磁钢可在圆盘的一侧放置，也可以在两侧同时放置，电机的气隙就位于圆盘的两边. 圆盘上有电枢绕组，可分为印制绕组和绕线式绕组两种形式，印制绕组是采用制造印制电路板相类似的工艺制成的，它可以是单片双面的，也可以是多片重叠的，绕线式绕组则是先绕制成单个线圈，然后将烧好的全部线圈沿径向圆周排列起来，再用环氧树脂浇注成圆盘形，盘形电枢上电枢绕组中的电流沿径向流过圆盘表面，并与轴向磁通相互作用而产生转矩。因此，绕组的径向段为有效部分，弯曲段为段接部分。在这种电动机中也常用电枢绕组有效部分的裸导体表面兼作换向器，它和电刷直接接触。

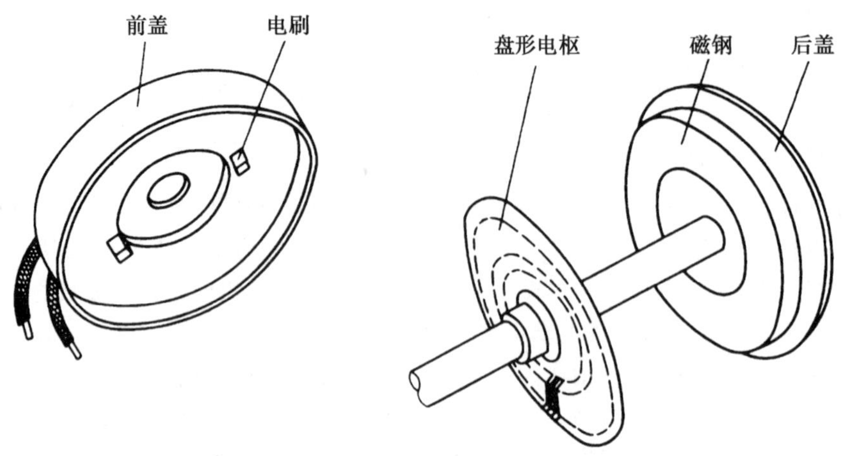

图 1.9　盘形电枢直流伺服电动机结构示意图

2. 空心杯电枢永磁式直流伺服电动机

图 1.10 为空心杯电枢永磁式直流伺服电动机结构简图，它有一个外定子和一个内定子。通常外定子由两个半圆形的水久磁钢所组成，而内定子则为圆柱形的软磁材料做成，仅作为磁路的一部分，以减小磁路磁阻。但也有内定子由永久磁铁做成的。外定子采用软磁材料的结构形式，空心杯电枢上的绕组可采用印制绕组，也可以先绕成单个成型线圈，然后将它们沿圆周的轴向排列成空心杯形，再用环氧树脂热固化成型。空心杯电枢直接装在电机轴上，在内、外定子间的气限中旋转，电枢绕组接到换向器上，由电刷引出。

这种型式的电机，目前我国生产的型号为 SYK。

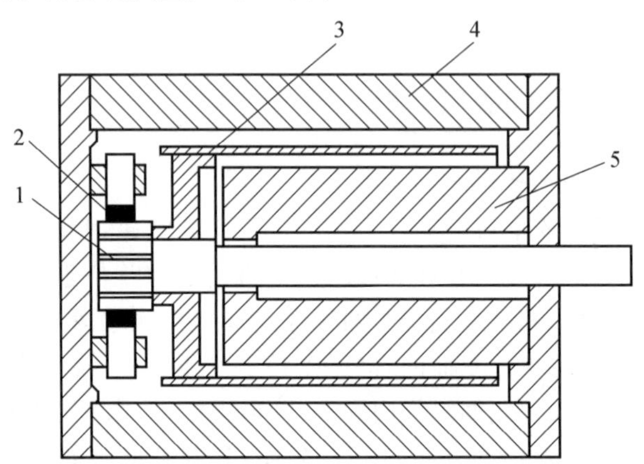

图 1.10　空心杯电枢永磁式直流伺服电动机结构简图

1—换向器；2—电刷；3—空心杯电枢；4—外定子；5—内定子

3. 无槽电枢直流伺服电动机

无槽电枢直流伺服电动机的电枢铁芯上并不开槽，电枢绕组直接排列在铁芯表面。再用环氧树脂把它与电枢铁芯固化成一个整体，如图 1.11 所示，定子磁极可以用永久磁钢做成，也可以采用电磁式结构，这种电机的转动惯量和电枢绕组的电感比前面介绍的两种无铁芯转子的电机要大些，因而其动态性能不如它们。

目前我国生产的这种型式电机的型号为 SWC。

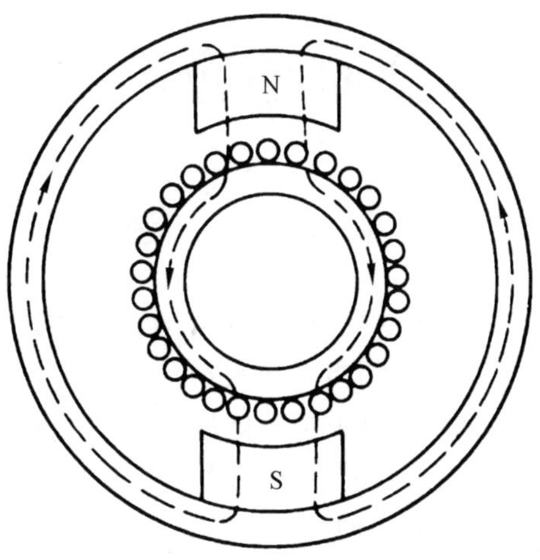

图 1.11　无槽电枢直流伺服电动机结构简图

第 2 章　交流感应伺服电动机

2.1 概　　述

功率从几瓦到几十瓦的异步型交流伺服电动机在小功率随动系统中得到非常广泛的应用。与直流伺服电动机一样,交流伺服电动机在自动控制系统中也常被用来作为执行元件。如图 2.1 所示,伺服电动机的轴上带有被控制的机械负载(由于电动机转速较高,一般均通过减速齿轮再与负载相连接),在电机绕组的两端施加控制电信号U_k。当要求负载转动的电信号U_k一旦加到电动机的绕组上时,伺服电动机就要立刻带动负载以一定的转速转动;而当U_k为 0 时,电动机应立刻停止不动。U_k大,电动机转得快;U_k小,电动机转得慢;当U_k反相时,电动机要随之反转。所以,伺服电动机是将控制电信号快速地转换为转轴转动的一个执行元件。交流伺服电动机在自动控制系统中的典型用途如图 2.2 所示,这是一个自整角伺服系统示意图。这里,交流伺服电动机一方面起动力作用,驱动自整角变压器转子和负载转动,但主要还是起一个执行元件的作用。它带动负载和自整角变压器转子转动是受到控制的,当雷达转轴位置 α(称为主令位置)改变时,由于负载位置 $\beta \neq \alpha$,自整角变压器就有电压输出,通过放大器伺服电动机接收到控制电信号U_k,就带动负载和自整角变压器转动,直至 $\alpha=\beta$。所以,伺服电动机直接受电信号U_k的控制,间接受主令位置 α 的控制。伺服电动机的转动总是使 β 接近 α,直至 $\beta=\alpha$,使负载位置和主令位置相同。

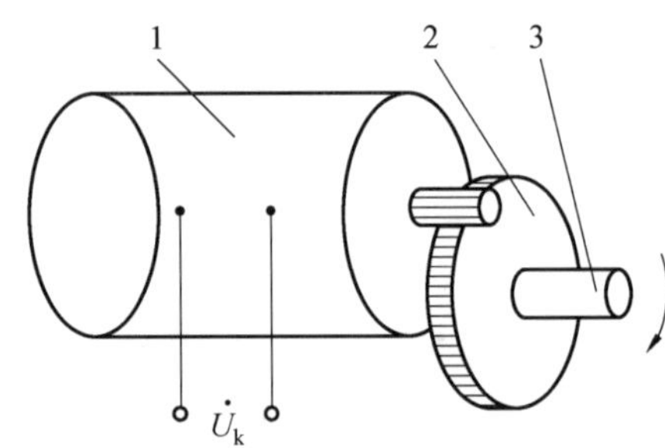

图 2.1　异步型交流伺服电动机的功用

1—交流伺服电动机;2—减速齿轮;3—机械负载轴

由于交流伺服电动机在控制系统中主要作为执行元件,自动控制系统对它提出的要求主要有下列几点:

(1)转速和转向应方便受控制信号的控制,调速范围要大;

(2)整个运行范围内的特性应具有线性关系,保证运行的稳定性;

(3)控制功率要小,启动转矩应大;

(4)机电时间常数要小,始动电压要低。当控制信号变化时,反应应快速、灵敏。

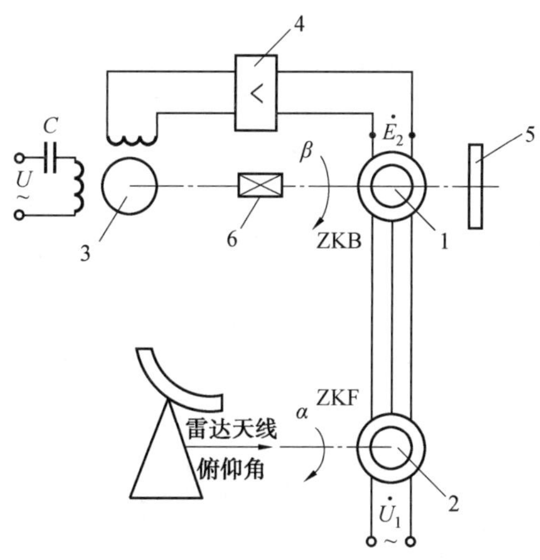

图 2.2　雷达俯仰角自动显示系统原理图

1—自整角变压器;2—自整角发送机;3—交流伺服动电动机;4—放大器;5—刻度盘;6—减速器

2.2　交流伺服电动机的结构特点和工作原理

2.2.1　结构特点

异步型交流伺服电动机的结构主要可分为两大部分,即定子部分和转子部分。其中定子的结构与旋转变压器的定子基本相同,在定子铁芯中也安放着空间互成 90°电角度的两相绕组,如图 2.3 所示。其中l_1-l_2称为励磁绕组,k_1-k_2称为控制绕组,所以交流伺服电动机是一种两相的交流电动机。

转子的结构常用的有鼠笼形转子和非磁性杯形转子。鼠笼形转子异步型交流伺服电动机的结构如图 2.4 所示,它的转子由转轴、转子铁芯和转子绕组等组成。转子铁芯是由硅钢片叠成的,每片冲成有齿有槽的形状,如图 2.5 所示,然后叠压起来将轴压入轴孔内。铁芯的每一槽中放有一根导条,所有导条两端用两个短路环连接,这就构成转子绕组。如果去掉铁芯,整个转子绕组形成一鼠笼形,如图 2.6 所示,鼠笼(形)转子即由此得名。鼠笼的材料有用铜的,也有用铝的,为了制造方便,一般采用铸铝转子,即把铁芯叠压后放在模子内用铝浇铸,把鼠笼导条与短路环铸成一体。

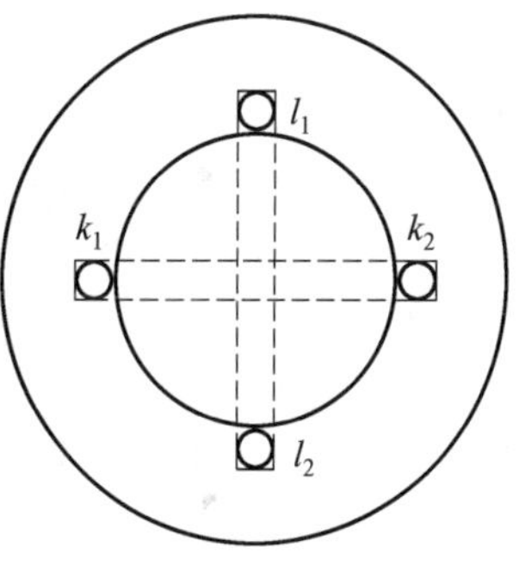

图 2.3　两相绕组分布图

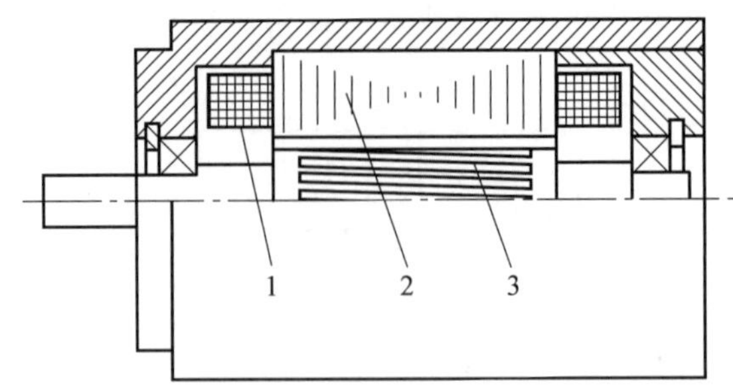

图 2.4　鼠笼形转子异步型交流伺服电动机的结构
1—定子绕组；2—定子铁芯；3—鼠笼转子

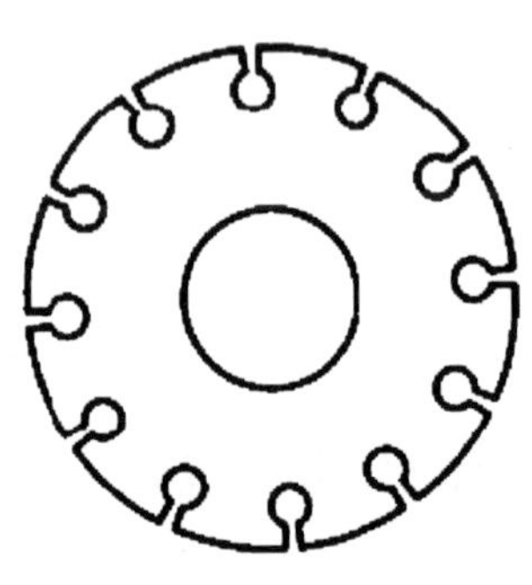

图 2.5　转子冲片

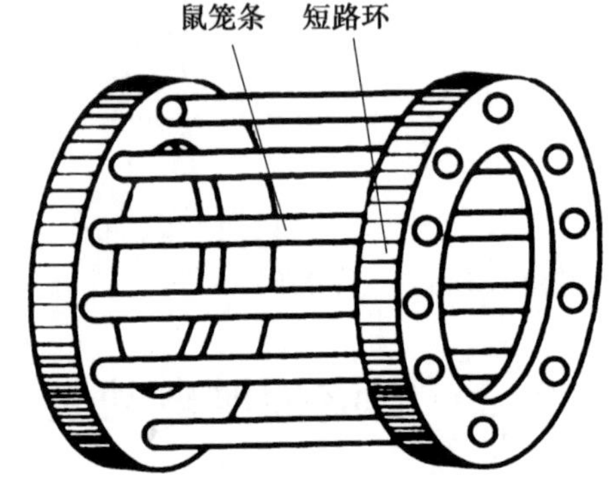

图 2.6　鼠笼形转子绕组

非磁性杯形转子交流伺服电动机的结构如图 2.7 所示。图中外定子与鼠笼形转子伺服电动机的定子完全一样，内定子由环形钢片叠成，通常内定子不放绕组，只是代替鼠笼形转子的铁芯，作为电机磁路的一部分。在内、外定子之间有细长的空心转子装在转轴上，空心转子做成杯子形状，所以又称为空心杯形转子。空心杯由非磁性材料铝或铜制成，它的杯壁极薄，一般在 0.3 mm 左右。杯形转子套在内定子铁芯外，并通过转轴可以在内、外定子之间的气隙中自由转动，而内、外定子是不动的。

杯形转子与鼠笼转子从外表形状来看是不一样的。但实际上，杯形转子可以看作是鼠笼条数目非常多的、条与条之间彼此紧靠在一起的鼠笼转子，杯形转子的两端也可看作由短路环相连接，如图 2.8 所示。这样，杯形转子只是鼠笼转子的一种特殊形式。从实质上看，二者没有什么差别，在电机中所起的作用也完全相同。因此在以后分析时，只以鼠笼形转子为例，分析结果对杯形转子电动机也完全适用。

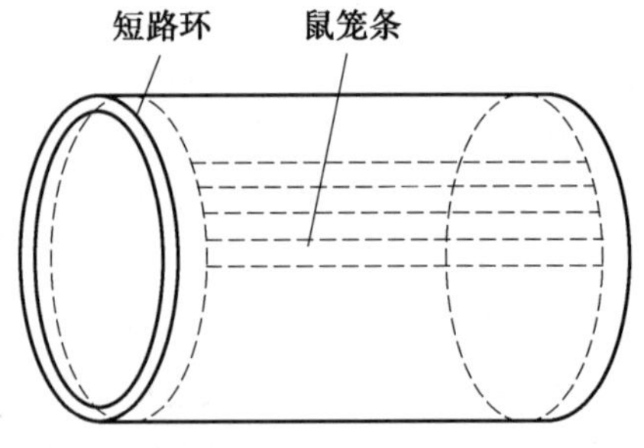

图 2.7　非磁性杯形转子交流伺服电动机的结构

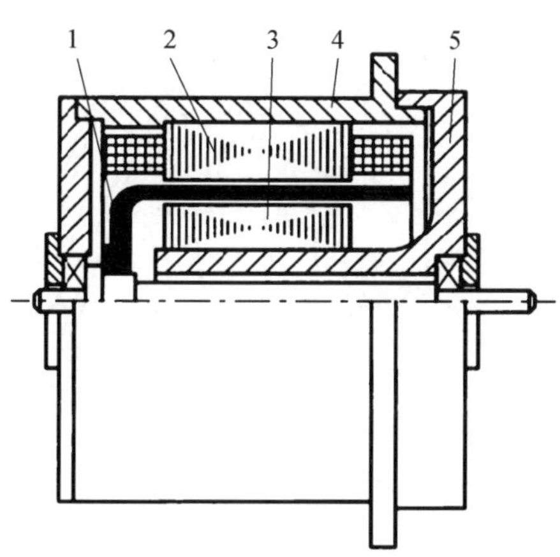

图 2.8　杯形转子与鼠笼形转子相似

1—杯形转子；2—外定子；3—内定子；4—机壳；5—端盖

与鼠笼形转子相比较，非磁性杯形转子惯量小，轴承摩擦阻转矩小。由于它的转子没有齿和槽，所以定、转子间没有齿槽黏合现象，转矩不会随转子不同的位置而发生变化，恒速旋转时，转子一般不会有抖动现象，运转平稳。但是由于它内、外定子间气隙较大（杯壁厚度加上杯壁两边的气隙），所以励磁电流就大，降低了电机的利用率，因而在相同的体积和质量下，在一定的功率范围内，杯形转子伺服电动机比鼠笼形转子伺服电动机所产生的启动转矩和输出功率都小；另外，杯形转子伺服电动机结构和制造工艺又比较复杂。因此，目前广泛应用的是鼠笼形转子伺服电动机，只有在要求运转非常平稳的某些特殊场合下（如积分电路等），才采用非磁性杯形转子伺服电动机。

2.2.2　工作原理

异步型交流伺服电动机使用时，励磁绕组两端施加恒定的励磁电压$\dot{U}_f$，控制绕组两端施加控制电压$\dot{U}_k$，如图 2.9 所示。当定子绕组加上电压后，伺服电动机就会很快转动起来，将电信号转换成转轴的机械转动。为了说明电动机转动的原理，首先观察下面的实验。

图 2.10 是异步型伺服电动机工作原理。一个能够自由转动的鼠笼形转子放在可用手柄转动的两极永久磁铁中间，当转动手柄使永久磁铁旋转时，就会发现磁铁中间的鼠笼形转子也会跟着磁铁转动起来。转子的转速比磁铁慢，当磁铁的旋转方向改变时，转子的旋转方向也跟着改变。现在来分析一下鼠笼形转子跟着磁铁转动的原理。

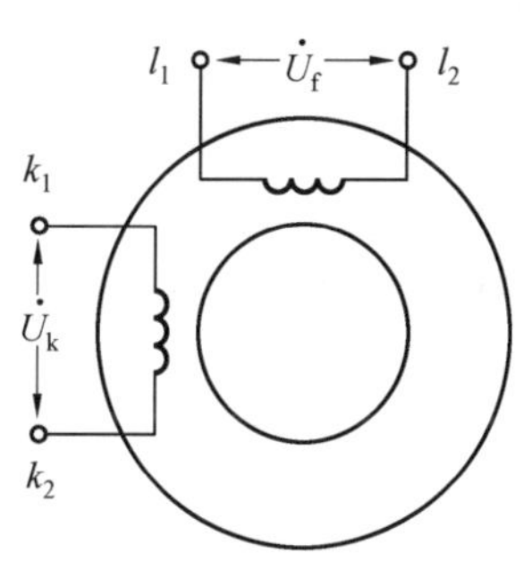

图 2.9　电气原理图

当磁铁旋转时，在空间形成一个旋转磁场。假设图 2.10 中的永久磁铁按顺时针方向以n_0的转速旋转，那么它的磁力线也就以顺时针方向切割转子导条。相对于磁场，转子导条以逆时针方向切割磁力线，在转子导条中就产生感应电势。

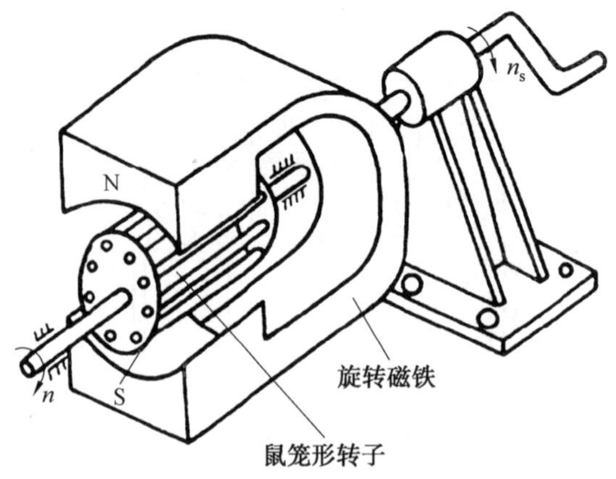

图 2.10 异步型伺服电动机工作原理

根据右手定则，N 极下导条的感应电势方向都是垂直地从纸面出来，用⊙表示，而 S 极下导条的感应电势方向都是垂直地进入纸面，用⊗表示，如图 2.11 所示。由于鼠笼转子的导条都是通过短路环连接起来的，因此在感应电势的作用下，在转子导条中就会有电流流过，电流有功分量的方向和感应电势方向相同。再根据通电导体在磁场中受力原理，转子载流导条又要与磁场相互作用产生电磁力，这个电磁力 F 作用在转子上，并对转轴形成电磁转矩。根据左手定则，转矩方向与磁铁转动的方向是一致的，也是顺时针方向。因此，鼠笼转子便在电磁转矩作用下顺着磁铁旋转的方向转动起来。

但是转子的转速总是比磁铁转速低，这是因为电动机轴上总带有机械负载，即使在空载下，电机本身也会存在阻转矩，如摩擦、风阻等。为了克服机械负载的阻力矩，转子绕组中必须要有一定大小的电流以产生足够的电磁转矩，而转子绕组中的电流是由旋转磁场切割转子导条产生的，那么要产生一定数量的电流，转子转速必须要低于旋转磁场的转速。显然，如果转子转速等于磁铁的转速，则转子与旋转磁铁之间就没有相对运动，转子导条将不切割磁力线，这时转子导条中不产生感应电势、电流以及电磁转矩。那么，转子转速究竟比旋转磁场转速低多少呢？这主要由机械负载的大小来决定。如果机械负载的阻转矩较大，就需要较大的转子电流，转子导体相对旋转磁场必须有较大的相对切割速度，以产生较大的电势，也就是说，转子转速必须更多地低于旋转磁场转速，于是转子就转得越慢。

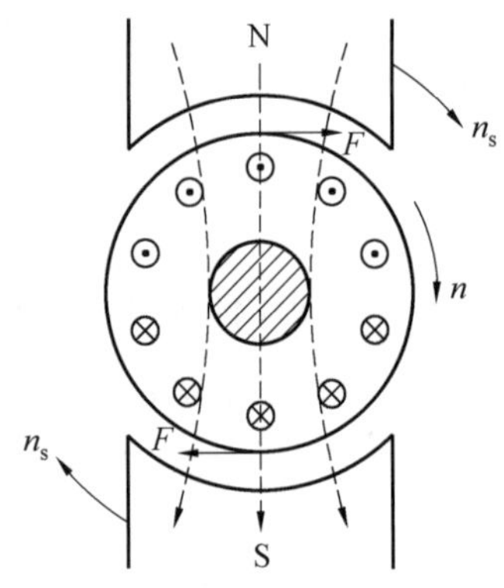

图 2.11 鼠笼形转子的转向

从上面的简单实验清楚地说明，鼠笼形转子（或者是非磁性杯形转子）会转动起来是由于在空间中有一个旋转磁场。旋转磁场切割转子导条，在转子导条中产生感应电势和电流，转子导条中的电流再与旋转磁场相互作用就产生力和转矩，转矩的方向和旋转磁场的转向相同，于是转子就跟着旋转磁场沿同一方向转动。这就是异步型交流伺服电动机的简单工作原理。但应该注意的是，在实际的电机中没有一个像图 2.10 中所示那样的旋转磁铁,电机中的旋转磁场由定子两相绕组通入两相交流电流所产生。下节就来分析两相绕组是怎样产生旋转磁场的。

2.3　两相绕组的圆形旋转磁场

为了分析方便，先假定励磁绕组有效匝数W_f与控制绕组有效匝数W_k相等。这种在空间上互差 90°电角度、有效匝数相等、阻抗相同的两个绕组称为两相对称绕组。

同时,又假定通入励磁绕组的电流 I_f与通入控制绕组的电流 I 相位上彼此相差 90°,幅值彼此相等,这样的两个电流称为两相对称电流,用数学式表示为

$$\left.\begin{aligned} i_k &= I_{km}\sin\omega t \\ i_f &= I_{fm}\sin(\omega t - 90°) \\ I_{fm} &= I_{km} = I_m \end{aligned}\right\}$$

两相对称电流如图 2.12 所示。下面分析一下将这样的电流通入两相对称绕组后,不同时间电机内部所形成的磁场。

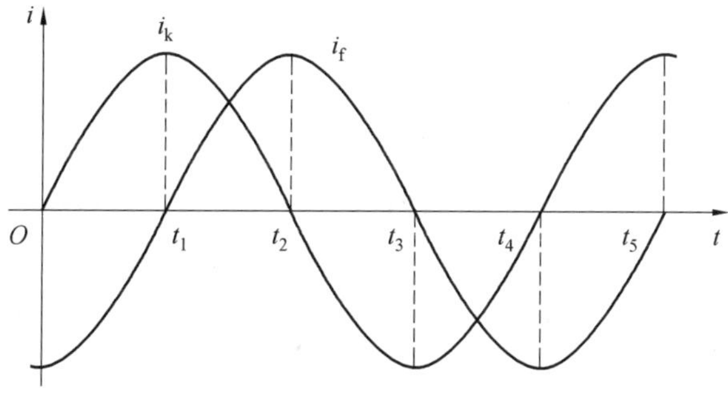

图 2.12　两相对称电流

图 2.13 表示不同瞬间电机磁场分布的情况。图 2.13(a)是对应 t_1 的瞬间。由图2.12可以看出，此时控制电流具有正的最大值，励磁电流为 0。假定正值电流是从绕组始端流入、从末端流出,负值电流从绕组末端流入、从始端流出,并用⊗表示电流流入纸面,⊙表示电流流出纸面,那么此时控制电流是从控制绕组始端k_1流入、从末端k_2流出。根据电流方向,利用右手螺旋定则,可画出如虚线所示的磁力线方向。显然这是两极磁场的图形。控制绕组通入电流以后所产生的是一个脉振磁场,这个磁场可用一个磁通密度空间矢量$\boldsymbol{B}_k$表示,$\boldsymbol{B}_k$的长度正比于控制电流的值。由于此时控制电流具有正的最大值,因此$\boldsymbol{B}_k$的长度也为最大值,即$\boldsymbol{B}_k=\boldsymbol{B}_m$,方向是沿着控制绕组轴线,并由右手螺旋定则根据电流方向确定是朝下的。由于此时励磁电流为 0,励磁绕组不产生磁场,即$\boldsymbol{B}_f=0$,所以控制绕组产生的磁场就是电机的总磁场。若电机的总磁场用磁密矢量 $\boldsymbol{B}$ 表示,则此刻$\boldsymbol{B}_k=\boldsymbol{B}_m$,电机总磁场的轴线与控制绕组轴线重合,总磁场的幅值为

$$\boldsymbol{B}=\boldsymbol{B}_k=\boldsymbol{B}_m$$

式中　$\boldsymbol{B}_m$——一相磁密矢量幅值的最大值。

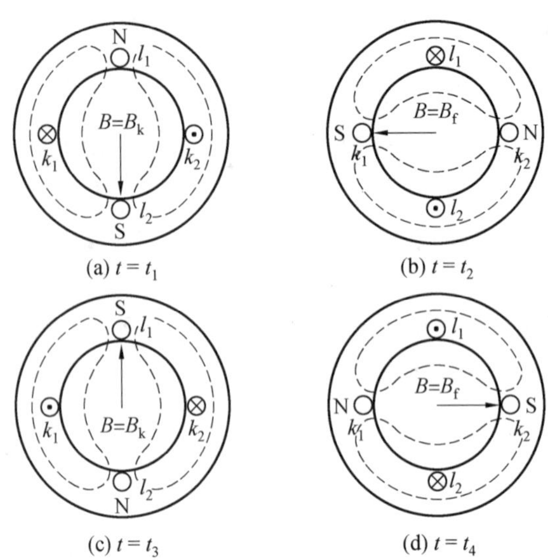

图 2.13　两相绕组产生的圆形旋转磁场

图 2.13(b)是对应 t_2 的瞬间，此时励磁电流具有正的最大值，而控制电流为 0，控制绕组不产生磁场，即 $\boldsymbol{B}_k=0$，励磁绕组产生的磁场就是电机的总磁场，它的磁场图形如图中虚线所示。因为$\boldsymbol{B}_k=0$，所以 $\boldsymbol{B}=\boldsymbol{B}_f$，此时电机磁场轴线与励磁绕组轴线相重合，与上一瞬间相比，磁场的方向在空间按顺时针方向转过 90°，磁场的幅值也为

$$\boldsymbol{B}=\boldsymbol{B}_f=\boldsymbol{B}_m$$

图 2.13(c)是对应t_3的瞬间，这时控制电流具有负的最大值，励磁电流为 0。这个情况与t_1瞬间情况的差别仅是控制电流方向相反，因此两者所形成的电机磁场的幅值和位置都相同，只是磁场方向改变，电机磁场的轴线比上一瞬间在空间按顺时针方向又转过 90°，与控制绕组轴线相重合，磁场的幅值仍为

$$\boldsymbol{B}=\boldsymbol{B}_k=\boldsymbol{B}_m$$

用同样方法可分析图 2.13(d)的情况，此时对应t_4的瞬间，电机磁场的轴线按顺时针方向再转过 90°，与励磁绕组轴线相重合，也有如下关系：

$$\boldsymbol{B}=\boldsymbol{B}_f=\boldsymbol{B}_m$$

对应图 2.12 的瞬间t_5，控制电流又达到正的最大值，励磁电流为 0，电机的磁通密度矢量 $\boldsymbol{B}$ 又转到图 2.13(a)所表示的位置。

从以上分析可见，当两相对称电流通入两相对称绕组时，在电机内就会产生一个旋转磁场，这个旋转磁场的磁通密度矢量 $\boldsymbol{B}$ 在空间也可看成是按正弦规律分布的，其幅值是恒定不变的(等于$\boldsymbol{B}_m$)，而磁通密度幅值在空间的位置却以转速 n_s 在旋转，如图 2.14 所示。

当控制电流从正的最大值经过一个周期又回到正的最大值，即电流变化一个周期时，旋转磁场在空间转了一圈。

由于电机磁通密度幅值是恒定不变的，在磁场旋转过程中，磁通密度矢量 $\boldsymbol{B}$ 的长度在任何瞬间都保持为恒值，等于一相磁通密度矢量的最大值$\boldsymbol{B}_m$，它的方位随时间的变化在空间进行旋转，磁通密度矢量 $\boldsymbol{B}$ 的矢端在空间描出一个以$\boldsymbol{B}_{\mathrm{m}}$为半径的圆，这样的磁场称为圆形旋转磁场。所以，当两相对称交流电流通入两相对称绕组时，在电机内会产生圆形旋转磁场。电机的总磁场由两个脉振磁场所合成。当电机磁场是圆形旋转磁场时，这两个脉振磁场又是怎样的关系呢？从上面的分析可知，表征这两个脉振磁场的磁通密度矢量$\boldsymbol{B}_{\mathrm{f}}$和$\boldsymbol{B}_{\mathrm{k}}$分别位于励磁绕组及控制绕组的轴线上。由于这两个绕组在空间彼此相隔90°电角度，因此磁通密度矢量$\boldsymbol{B}_{\mathrm{f}}$与$\boldsymbol{B}_{\mathrm{k}}$在空间彼此相隔90°电角度。同时，由于励磁电流与控制电流都是随时间按正弦规律变化的，相位上彼此相差90°。所以磁通密度矢量$\boldsymbol{B}_{\mathrm{f}}$和$\boldsymbol{B}_{\mathrm{k}}$的长度也随时间做正弦变化，相位彼此相差90°。再由于两相对称电流其幅值相等，因此当匝数相等时，两相绕组所产生的磁通密度矢量的幅值也必然相等。这样，两绕组磁通密度矢量的长度随时间变化关系可分别表示为

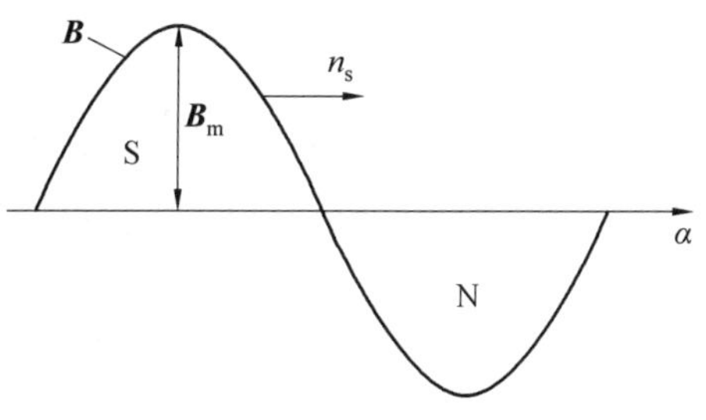

图 2.14　旋转磁场示意图

$$\begin{aligned}\boldsymbol{B}_{\mathrm{k}}&=\boldsymbol{B}_{\mathrm{km}}\sin\omega t\\ \boldsymbol{B}_{\mathrm{f}}&=\boldsymbol{B}_{\mathrm{fm}}\sin(\omega t-90^\circ)\\ \boldsymbol{B}_{\mathrm{km}}&=\boldsymbol{B}_{\mathrm{fm}}=\boldsymbol{B}_{\mathrm{m}}\end{aligned}\tag{2.1}$$

相应的变化图形如图2.15所示。任何瞬间电机合成磁场的磁通密度矢量的长度为

$$\boldsymbol{B}=\sqrt{\boldsymbol{B}_{\mathrm{k}}^2+\boldsymbol{B}_{\mathrm{f}}^2}=\sqrt{[\boldsymbol{B}_{\mathrm{km}}\sin\omega t\,]^2+[\boldsymbol{B}_{\mathrm{fm}}\sin(\omega t-90^\circ)]^2}=\boldsymbol{B}_{\mathrm{m}}$$

综上所述，可以这样认为：在两相系统里，如果有两个脉振磁通密度，它们的轴线在空间相夹90°电角度，脉振的时间相位差为90°，其脉振的幅值又相等，那么这样两个脉振磁场的合成必然是一个圆形旋转磁场。

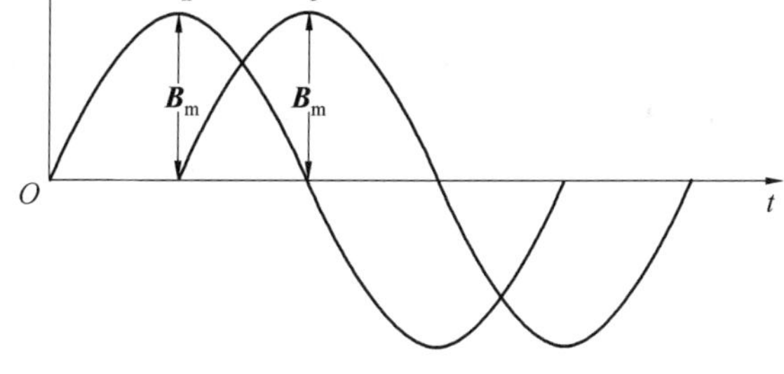

图 2.15　磁通密度随时间的变化

当两相绕组匝数不相等时，设匝数比为

$$k=\frac{W_{\mathrm{f}}}{W_{\mathrm{k}}}\tag{2.2}$$

可以看出，只要两个脉振磁场的磁势幅值相等，即$F_{\mathrm{fm}}=F_{\mathrm{km}}$，它们所产生的两个磁通密度的脉振幅值就相等，因而这两个脉振磁场合成的磁场也必然是圆形旋转磁场。由于磁势幅值

$$F_{\mathrm{fm}}\propto I_{\mathrm{f}}W_{\mathrm{f}}$$
$$F_{\mathrm{km}}\propto I_{\mathrm{k}}W_{\mathrm{k}}$$

式中　I_{f}、I_{k}——励磁绕组电流及控制绕组电流的有效值。

所以当$F_{\mathrm{fm}}=F_{\mathrm{km}}$时，必有

$$I_{\mathrm{f}}W_{\mathrm{f}}=I_{\mathrm{k}}W_{\mathrm{k}}\tag{2.3}$$

或

$$\frac{I_k}{I_f}=\frac{W_f}{W_k}=k \tag{2.4}$$

这就是说，当两相 W 组有效匝数不相等时，若要产生圆形旋转磁场，这时两个绕组中的电流值也应不相等，且应与绕组匝数成反比。

2.4 两相感应伺服电动机的控制

对于两相伺服电动机，若在两相对称绕组中外施两相对称电压，便可得到圆形旋转磁场。反之，两相电压因幅值不同，或相位差不是 90°电角度，所得的便是椭圆形旋转磁场。两相伺服电动机运行时，因控制绕组所加的控制电压U_c是变化的，一般来说，得到的是椭圆形旋转磁场，并由此产生电磁转矩而使电机旋转。若改变控制电压的大小或改变它与励磁电压之间的相位角，都能使电机气隙中旋转磁场的椭圆度发生变化，从而影响到电磁转矩。当负载转矩一定时，可以通过调节控制电压的大小或相位来达到改变电机转速的目的。因此，两相伺服电动机的控制方式有以下三种：

1. 幅值控制

这种控制方式是通过调节控制电压的大小来改变电机的转速，而控制电压$\dot{U}_c$与励磁电压$\dot{U}_f$之间的相位角始终保持 90°电角度。当控制电压$\dot{U}_c=0$ 时，电机停转，即 $n=0$。其接线图如图 2.16(a)所示。

2. 相位控制

这种控制方式是通过调节控制电压的相位(即调节控制电压与励磁电压之间的相位角 β)来改变电机的转速，控制电压的幅值保持不变。当 $\beta=0$ 时，电机停转，即 $n=0$。其接线图如图 2.16(b)所示。这种控制方式一般很少采用。

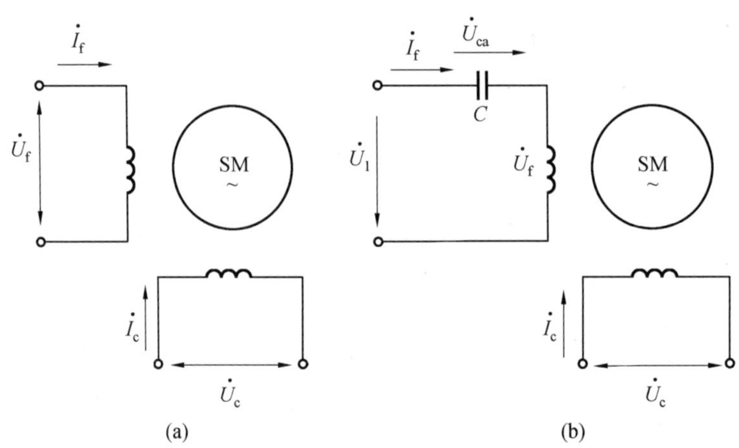

图 2.16 两相伺服电动机的不同控制方式接线图

3. 幅值一相位控制(或称电容控制)

这种控制方式是将励磁绕组串联电容 C 以后，接到稳压电源$\dot{U}_1$上，其接线图如图 2.16(b)所示。这时励磁绕组的电压$\dot{U}_f=\dot{U}_1-\dot{U}_{ca}$，参看图 2.17。而控制绕组上仍外施控制电压$\dot{U}_c$，$\dot{U}_c$的相位始终与$\dot{U}_1$相同。当调节控制电压$\dot{U}_c$的幅值来改变电动机的转速时，由于转子绕组的耦合作用，励磁绕组的电流$\dot{I}_f$亦发生变化，致使励磁绕组的电压$\dot{U}_f$及电容 C 上的电压$\dot{U}_{ca}$也随之改变。这就是说，电压$\dot{U}_c$和$\dot{U}_f$的大小及它们之间的相位角 β 也都随之改变，所以这是一种幅值和相位的复合控制方式。若控制电压$\dot{U}_c=0$ 时，电机便停转。这种控制方式是利用串联电容器来分相，它不需要复杂的移相装置，所以设备简单、成本较低，成为最常用的一种控制方式。

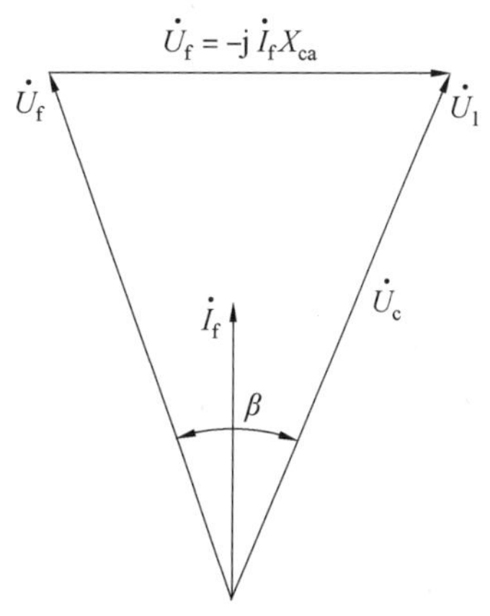

图 2.17　幅值一相位控制时的电压向量图

2.5　两相感应伺服电动机的主要性能指标

1. 空载始动电压U_{s0}

在额定励磁电压和空载情况下，使转子在任意位置开始连续转动所需的最小控制电压定义为空载始动电压U_{s0}，通常以额定控制电压的百分比来表示。U_{s0}越小，表示伺服电动机的灵敏度越高。一般要求 U_{s0}不大于额定控制电压的 3%～4%；用于精密仪器仪表中的两相感应伺服电动机，有时要求其不大于额定电压的 1%。

2. 机械特性非线性度k_m

在额定励磁电压下，任意控制电压时的实际机械特性与线性机械特性在转矩 $T=T_d/2$ 时的转速偏差 Δn 与空载转速n_0(对称状态时)之比的百分数，定义为机械特性非线性度，即

$$k_m=\frac{\Delta n}{n_0}\times 100\%$$

机械特性的非线性度如图 2.18 所示。

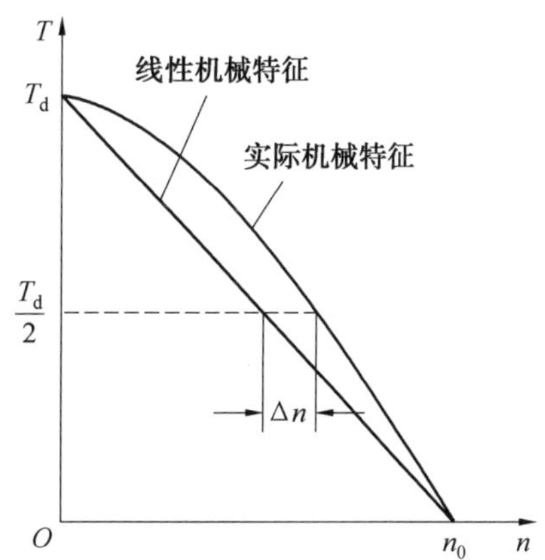

图 2.18　机械特性的非线性度

3. 调节特性非线性度k_v

在额定励磁电压和空载情况下，当$\alpha_e=0.7$ 时，实际调节特性与线性调节特性的转速偏差 Δn 与$\alpha_e=1$时的空载转速n_0之比的百分数定义为调节特性非线性度，即

$$k_v = \frac{\Delta n}{n_0} \times 100\%$$

调节特性的非线性度如图 2.19 所示。

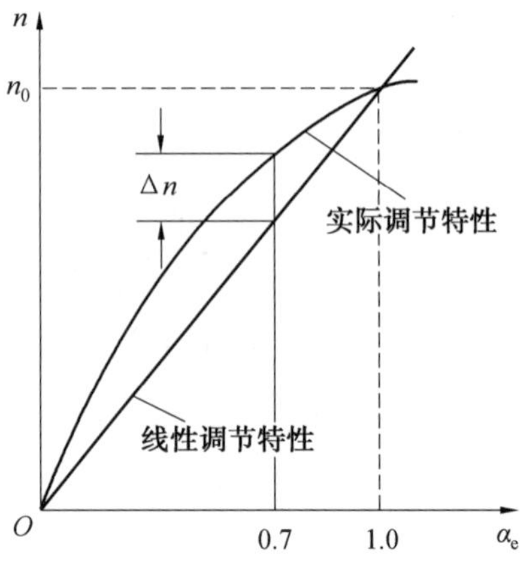

图 2.19　调节特性的非线性度

4. 堵转特性非线性度k_d

在额定励磁电压下，实际堵转特性与线性堵转特性的最大转矩偏差$(\Delta T_{dn})_{max}$与$\alpha_e=1$时的堵转转矩T_{d0}之比值的百分数，定义为堵转特性非线性度，即

$$k_d = \frac{(\Delta T_{dn})_{max}}{T_{d0}} \times 100\%$$

$\alpha_e=1$时的机械特性如图 2.20 所示。

以上这几种特性的非线性度越小，特性曲线越接近直线，系统的动态误差就越小，工作就越准确，一般要求$k_m \leqslant 10\%$（～20%），$k_r \leqslant 20\%$（～25%），$k_d \leqslant \pm 5\%$。

5. 机电时间常数τ_j

当转子电阻相当大时，异步型交流伺服电动机的机械特性接近于直线，如果把$\alpha_e=1$时的机械特性近似地用一条直线来代替，如图 2.21 中虚线所示，那么与这条线性机械特性相对应的机电时间常数就与直流伺服电动机机电时间常数表达式相同，即

$$\tau_j = \frac{J\omega_0}{T_{d0}} s \tag{2.5}$$

式中　J——转子转动惯量，单位是 $kg \cdot m^2$；

ω_0——对称状态下，空载时的角速度，单位是 rad/s；

T_{d0}——对称状态下的堵转转矩，单位是 $N \cdot m$。

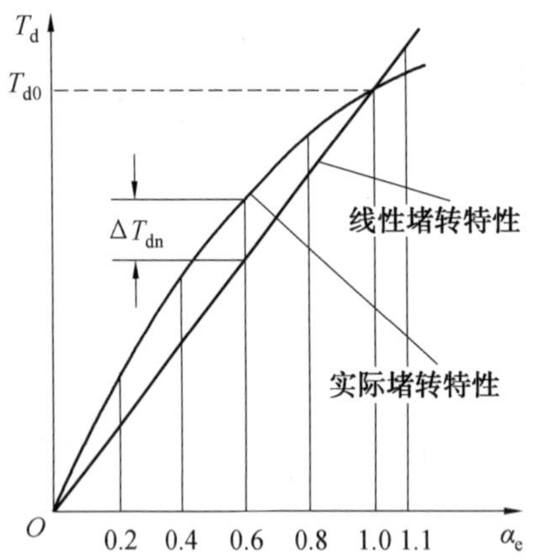

图 2.20　$\alpha_e=1$时的机械特性

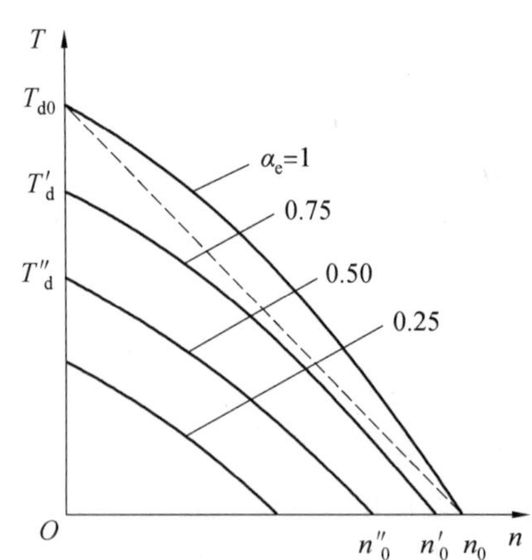

图 2.21　堵转特性的非线性度图

在技术数据中所给出的机电时间常数值就是按照上式计算的。但必须指出，伺服电动机经常工作于非对称状态，即$\alpha_e \neq 1$。随着α_e的减少，机械特性上的空载转速与堵转转矩的比值随着增大，即

$$\frac{n_0}{T_{d0}} < \frac{n'_0}{T'_0} < \frac{n''_0}{T''_d}$$

因而随着α_e的减少，相应的时间常数也随着增大，即

$$\tau_j < \tau'_j < \tau''_j$$

还可以很方便地得出机电时间常数与有效信号系数α_e的关系式。若机械特性可近似地看作直线，可得有效信号系数为α_e时的理论空载转速

$$n'_0 = \frac{2\alpha_e}{1+\alpha_e^2} n_s \tag{2.6}$$

堵转转矩

$$T_d = \alpha_e T_{d0} \tag{2.7}$$

将式(2.6)和式(2.7)代入式(2.5)，即可得出时间常数与有效信号系数的关系式为

$$\tau'_j = 0.21 \frac{J n_s}{(1+\alpha_e^2) T_{d0}} \tag{2.8}$$

可以看出，随着α_e的减小，机电时间常数τ_j增大。使用中就要根据实际情况，考虑α_e的大致变化范围来选取机电时间常数值。如果伺服电动机工作在接近于 0 的小控制电压的情况下（这是经常遇见的），根据式(2.8)，建议机电时间常数采用技术数据给出的 2 倍值。

由式$\tau_j = \frac{J\omega_0}{T_{d0}} s$可知，机电时间常数$\tau_j$与转子惯量 J 成正比，并与堵转转矩T_d成反比。为了减小转子惯量，交流伺服电动机的转子做得细而长。在电容伺服电动机中，为了提高堵转转矩，往往选择移相电容值，使电机在启动时控制电压与励磁电压成 90°的相位差，这些都是从缩短时间常数，提高电机的快速性方面考虑的。一般交流伺服电动机的机电时间常数$\tau_j < 0.03$ s。

2.6　三相异步电动机的结构特点和工作原理

在过去很长一个时期，三相感应电动机由于调速性能不佳，主要用于普通的恒速驱动场合，但随着变频调速技术的发展，特别是矢量控制技术的应用和日渐成熟，使得三相感应电动机的伺服性能大为改进。目前，采用矢量控制的三相感应电动机伺服驱动系统，无论是静态性能，还是动态性能，都已达到甚至超过直流伺服系统。在高性能伺服驱动领域，采用矢量控制的交流伺服电动机正在取代直流伺服电动机。

用于高性能矢量控制伺服驱动系统的三相感应伺服电动机与普通标准系列三相感应电动机相比，在结构和性能指标上都存在一定差异，常需专门设计。这主要表现在以下几个方面：

(1)作为一般恒速驱动用的三相感应电动机，由电网直接供电，运行频率是固定的工频，设计中主要考虑的是额定运行时的力能指标、启动性能过载能力和温升等技术指标，以及材料和加工成本等经济指标。而伺服驱动用三相感应伺服电动机的频率是可变的，

电动机要在很宽的频率范围内运行，并且对于伺服驱动系统，不仅有稳态性能的要求，还要满足相应的动态性能指标，因此设计中必须着眼于使电动机在整个速度范围内都具有良好的性能。

(2)普通三相感应电动机由电网直接供电，绕组中的电流基本上是正弦波，而伺服电动则由逆变器供电，电流(电压)中除了基波正弦分量之外，还不可避免地含有大量谐波，这些谐波电流(电压)在电动机中会产生谐波损耗和谐波转矩等，从而对电动机的运行产生不利影响。设计中必须采取相应措施，尽量减小谐波影响，这往往需要将电动机与逆变器的设计统一起来考虑，以使两者能很好地匹配。

(3)在冷却系统设计方面，三相感应伺服电动机与普通感应电动机也有很大差异。标准系列电动机通常在轴上装有风扇，采用自冷方式；对于伺服电动机则不然，因为电动机速度变化范围很大，一种风扇不可能在各种速度下都具有良好的性能。这里所谓良好的性能是指冷却效果好，且损耗低、噪声小。往往是低速时冷却效果差，而高速运行时风耗及噪声大。因此用于伺服驱动的感应伺服电动机常采用它冷方式。

2.7 移相方法和控制方式

为了在电机内形成一个圆形旋转磁场，要求励磁电压$\dot{U}_f$和控制电压$\dot{U}_k$之间应有 90°的相位差。但是，在实际工作中经常是单相或三相电源，极少有 90°相移的两相电源，这就需要设法使现有的电源改变成具有 90°相移的两相电源，以满足交流伺服电动机的需要。下面就来介绍几种常用的移相方法。

1. 利用三相电源的相电压和线电压构成 90°的移相

三相电源如有中点，可取一相电压如$\dot{U}_A$以(或经过单相变压器变压)加到控制绕组上，另外两相的线电压如$\dot{U}_{CB}$(也可经过单相变压器变压) 供给励磁绕组，从图 2.22 所示的相量图可知，因$\dot{U}_A \perp \dot{U}_{CB}$，所以$\dot{U}_A$和$\dot{U}_{CB}$两个电压的相位差为 90°。

三相电源如无中点，这时可接上一个三相变压器利用三相变压器副边上的相电压和线电压形成具有 90°相移的两相电压，如图 2.23(a)所示。也可采用一个具有中点抽头的带铁芯的电抗线圈(或变压器绕组)造成人工相电压和线电压的相移中点，把电抗线圈两端接在三相电源的 B、C 两头上；如果它的中间抽头为 D 点，那么$\dot{U}_{BC}$与$\dot{U}_{DA}$两个电压的相位差也正好是 90°，如图 2.23(b)所示。

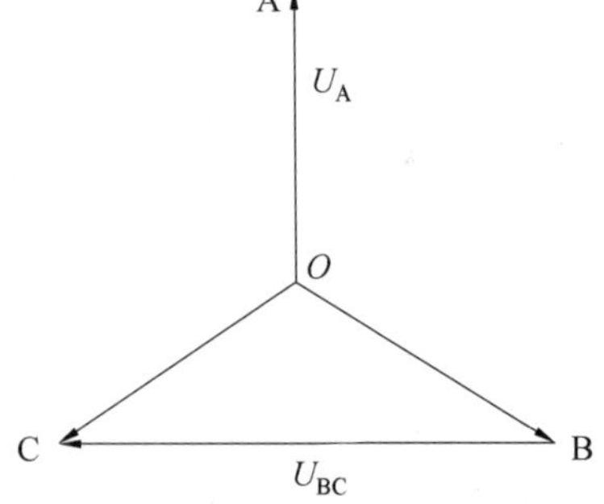

图 2.22 相电压和线电压的相移

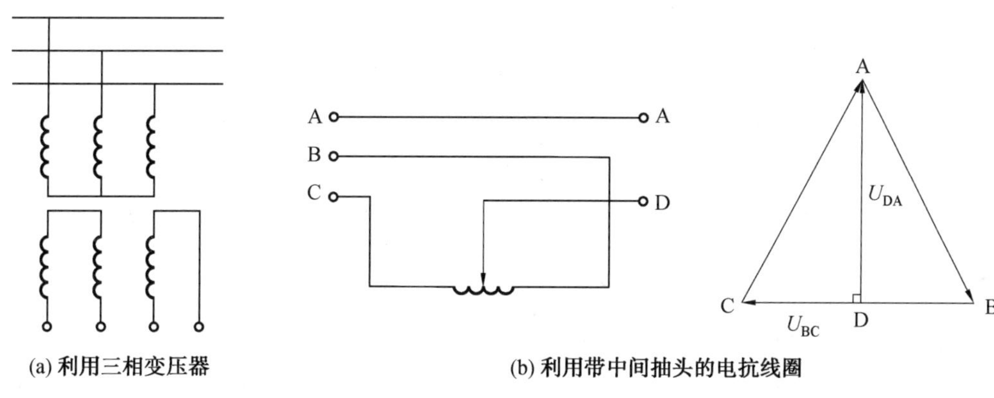

图 2.23　三相电源变换成两相电源

2. 利用三相电源的任意两个线电压

三相电源三个线电压的相位互差 120°，有时为了方便，直接取任意两个线电压使用，若再加上系统中其他元件（如自整角机、伺服放大器等）的相位移，这时加到伺服电动机定子绕组上的两个电压就能接近 90°的相位差。

3. 采用移相网络

在系统的控制线路中，为了使伺服电动机的控制电压与励磁电压成 90°的相移，往往采用移相网络，如图 2.24 所示。这时把线路上恒定的单相交流电源$\dot{U}$作为基准电压供给系统中的各个元件（如图中的自整角机及交流伺服电动机），由敏感元件（如自整角变压器）输出的偏差信号经过电子移相网络再输入到交流放大器中去，这样通过移相网络移相，再加上敏感元件和放大器的相移，在交流放大器输出端就能得到与系统基准电压$\dot{U}$成 90°相移的控制电压$\dot{U}_k$。

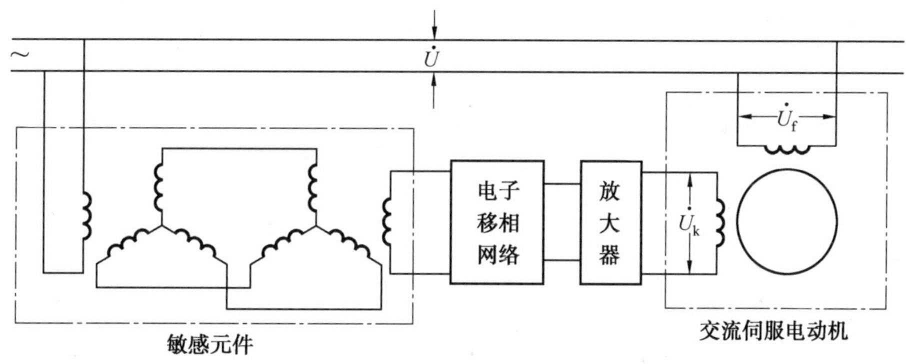

图 2.24　采用电子移相网络的伺服系统

以上几种移相方法是直接将电源移相或通过移相网络使励磁电压和控制电压之间有固定的 90°相移，这些移相方法统称为电源移相。采用电源移相时，交流伺服电动机只是通过改变控制电压的值来控制转速的，而定子绕组上两电压的相位差恒定地保持为 90°。这种控制方式常称为幅值控制。

4. 在励磁相中串联电容器

这种移相方法只要在交流伺服电动机的励磁相电路中串联(或串、并联)上一定的电容 C,在放大器之前就不需要再引入电子移相网络了,其控制线路如图 2.25 所示。这时,线路上的单相电源$\dot{U}$一方面直接供给敏感元件,同时又通过串联电容器 C 供给伺服电动机的励磁绕组。由于这种移相方法非常简单方便,因此在自动控制系统中得到非常广泛的应用。采用励磁相交流放大器串联电容器移相的交流伺服电动机通常简称为电容伺服电动机,这种移相方法简称为电容移相。下面来分析电容的移相作用。

交流伺服电动机的励磁绕组和控制绕组如同带有铁芯的电感线圈一样,它们对电源来说是属于电感性负载,因此励磁电流 $\dot{I}_f$ 和控制电流 $\dot{I}_k$ 分别落后励磁电压$\dot{U}_f$与控制电压$\dot{U}_k$一个阻抗角φ_f与φ_k,而电容器两端的电压$\dot{U}_c=-j\ \dot{I}_f/(\omega C)$落后于电流 $\dot{I}_f$ 90°,电源电压$\dot{U}=\dot{U}_c+\dot{U}_f$。如果选择移相电容器的电容值 C,使它的容抗 $1/(\omega c)$ 大于励磁绕组的感抗,这样整个励磁回路的阻抗就成为容性的,即励磁回路电流 $\dot{I}_f$ 的相位将领先于电源电压$\dot{U}$,因而励磁电压$\dot{U}_f$也将领先电源电压。显然,可改变电容值 C,使励磁电流 $\dot{I}_f$ 和励磁电压$\dot{U}_f$领先于电源电压$\dot{U}$某一需要的角度。

如果敏感元件加上放大器的相移不大,控制电压$\dot{U}_k$可近似地看作与电源电压$\dot{U}$同相,这样$\dot{U}_f$与$\dot{U}_k$之间的相位差也就成为 90°了。若励磁绕组阻抗角φ_f与控制绕组阻抗角φ_k相等(如图 2.26 所示的情况),则$\dot{U}_f$与$\dot{U}_k$之间的相位差也就是励磁电流 $\dot{I}_f$ 与控制电流 $\dot{I}_k$ 之间的相位差,如图 2.26 所示的情况下,励磁电流 $\dot{I}_f$ 与控制电流 $\dot{I}_k$ 之间的相位差也为 90°(若阻抗角$\varphi_k\neq\varphi_f$,则两电压之间的相位差不等于两电流之间的相位差)。

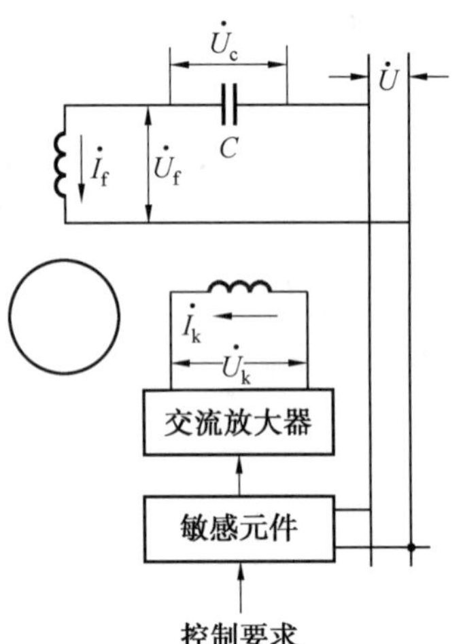

图 2.25 电容伺服电动机控制线路图

由上可见,在励磁相电路中串联电容 C,可使电压$\dot{U}_f$与$\dot{U}_k$以及电流 $\dot{I}_f$ 与 $\dot{I}_k$ 之间产生一定的相移,因此电容 C 起移相的作用,故称移相电容。

下面来求$\dot{U}_f$与$\dot{U}_k$相位差为 90°时的电容值。由图 2.26可以看出,在$\dot{U}$、$\dot{U}_f$和$\dot{U}_c$组成的直角三角形中,有

$$\frac{U_f}{U_c}=\sin\varphi_f \tag{2.9}$$

若励磁绕组阻抗为Z_f,电容 C 的容抗为X_c,则

$$U_f=I_fZ_f$$
$$U_c=I_fX_c$$

所以

$$\frac{U_f}{U_c}=\frac{I_f Z_f}{I_f X_c}=\frac{Z_f}{X_c} \tag{2.10}$$

将式(2.9)代入式(2.10)，即可求出U_f与U_k相位差为90°时所需电容器的容抗值，为

$$X_c=\frac{Z_f}{\sin\varphi_f} \tag{2.11}$$

由于容抗

$$X_c=\frac{10^6}{\omega C}=\frac{10^6}{2\pi fC}$$

所以，这时电容器的电容值为

$$C=\frac{\sin\varphi_f}{2\pi f Z_f}\times 10^6(\mu F) \tag{2.12}$$

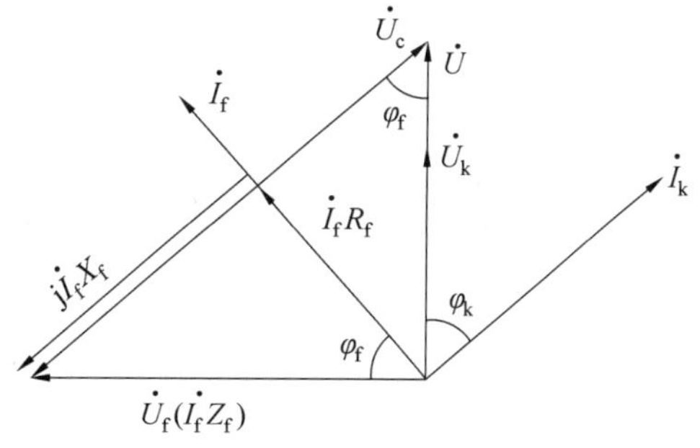

图 2.26　电容伺服电动机的电压向量图

相应地，U_f和U_c与电源电压 U 的关系为

$$U_f=U\tan\varphi_f \tag{2.13}$$

$$U_c=U\sec\varphi_f \tag{2.14}$$

由于 $\sec\varphi_f$值总是大于 1，通常 $\tan\varphi_f$也大于 1，因此串联电容后，励磁绕组和电容器上的电压会超过电源电压，这是值得注意的。

必须指出，阻抗Z_f和阻抗角φ_f是随着转速变化的。因为如果去掉移相电容，在励磁绕组和控制绕组上加入额定电压，使电机在对称状态下运行，当改变负载转矩使电机转速变化时，可以看到电流$\dot{I}_f$的值和相位也随之变化，从而使阻抗$Z_f=\dot{U}_f/\dot{I}_f$的值和阻抗角随着转速而变化。这样，根据在某一转速下测得的 Z_f和φ_f，用式(2.12)确定的电容值只能保证在这一个转速下相位差成 90°，在其他转速下就不是了。通常需要的是在转速等于 0 时产生相位差 90°，如用Z_{f0}及φ_{f0}表示转速 $n=0$ 时的阻抗和阻抗角，C_0表示这时所需的电容值，则根据式(2.12)可得

$$C_0=\frac{\sin\varphi_{f0}}{2\pi f Z_{f0}}\times 10^6(\mu F) \tag{2.15}$$

这样，如果已知励磁绕组阻抗Z_{f0}及其阻抗角φ_{f0}，就可确定转速等于 0 时$\dot{U}_f$与$\dot{U}_k$。相移为 90°所需的电容值C_0。下面介绍用试验求取Z_{f0}及φ_{f0}的方法。

试验接线图如图 2.27(a)所示。这时控制绕组k_1，$-k_2$不加电压，因而转子不动，转速$n=0$。先断开开关 S，在励磁绕组上加以电压U_f，用电压表及电流表量测电压与电流的数值，则阻抗为

$$Z_{f0}=\frac{U_f}{I_f}$$

再合上开关 S，接上可变电容器 C，并改变电容值，使电流表读数达到最小，这时流经电容 C 的电流I_c完全补偿了绕组中的无功电流I_{fr}只剩下有功电流I_{fa}，电流表的读数就是I_{fa}的值。图 2.27(b)就是这时的电压和电流相量图，由图可见

$$\cos\varphi_{f0}=\frac{I_{f0}}{I_f}$$

将两次电流表的数值相除即得 $\cos\varphi_{f0}$，因而也可求得阻抗角φ_{f0}。

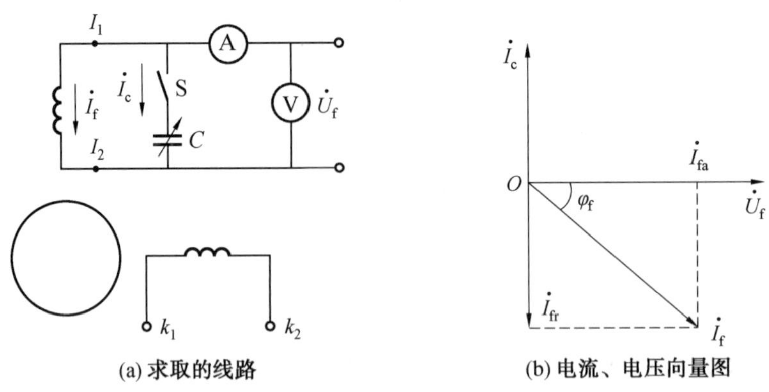

(a) 求取的线路　　(b) 电流、电压向量图

图 2.27　Z_{f0}及φ_{f0}的确定

除了用式$C_0=\dfrac{\sin\varphi_{f0}}{2\pi f Z_{f0}}\times10^6(\mu F)$求取电容值外，还可用示波器看李沙育图形的方法来选择电容，使电压U_f与U的相位差90°，试验按图 2.28 接线，控制绕组上不加电压，电机不转。将$\dot{U}$和$\dot{U}_f$分别送到示波器的水平输入端和垂直输入端，改变电容C值，当示波器屏上出现直立椭圆时，就表示$\dot{U}_f$和$\dot{U}$的相位差为 90°，这时可变电容器的电容值就是应串电容的数值。

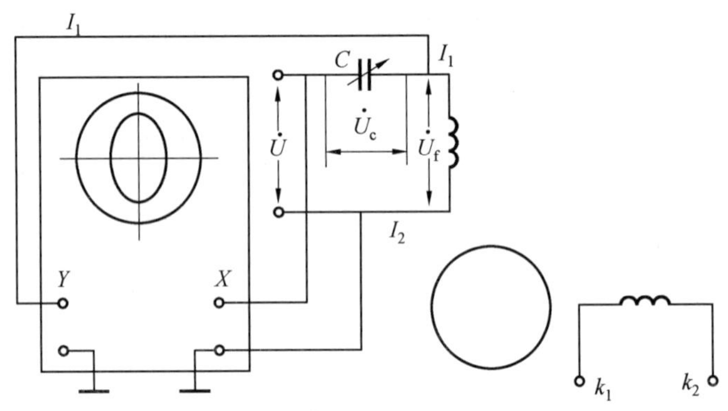

图 2.28　用示波器选择电容

一般频率为 400 Hz 的电容伺服电动机所串电容量为零点几个微法到几个微法，50 Hz的为几个微法到几十个微法。

在实际使用中往往要求不但使$\dot{U}_f$与$\dot{U}_k$相移 90°，而且还要求线路上电源电压$\dot{U}$与励磁绕组上电压$\dot{U}_f$值相等，且等于其额定值，即$U=U_f=U_{fn}$，这时电机运行的情况与电源移相时相同(但这只是对电机某一特定转速而言)。要同时达到这两个要求，只采用串联电容显然是不够的，还必须在励磁绕组两端再并联上电容，如图 2.29(a)所示，下面来导出电容C_1及C_2的值。

如果对图 2.29(a)进行分析，可以看出，图中虚线方框图中的电路，对于励磁绕组来说可看成是一个有源两端网络；根据有源两端网络定理，这个有源两端网络可以等值地用一个有源支路来代替，如图 2.29(b)所示。图中容抗为

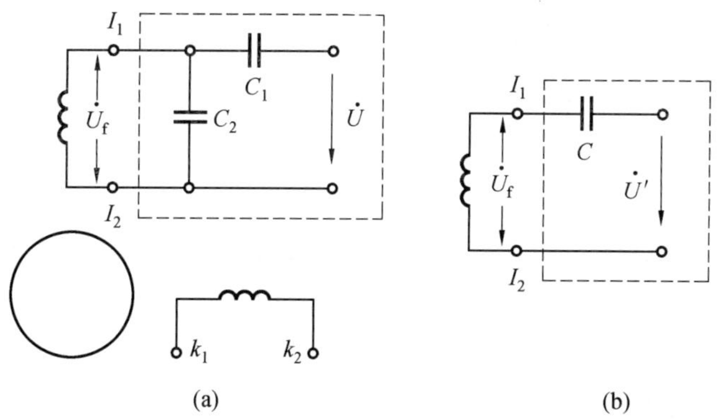

图 2.29　串、并联电容移相

$$X_c=\frac{X_{c1}X_{c2}}{X_{c1}+X_{c2}} \tag{2.16}$$

电压为

$$\dot{U}'=\frac{X_{c2}}{X_{c1}+X_{c2}}\dot{U} \tag{2.17}$$

根据式(2.11)和式(2.13)，当励磁绕组串联电容时，为使励磁电压$\dot{U}_f$和$\dot{U}'$相位差成90°，则有

$$X_c=\frac{Z_f}{\sin\varphi_f} \tag{2.18}$$

$$U_f=U'\tan\varphi_f \tag{2.19}$$

由式(2.19)和式(2.17)得

$$U_f=\frac{X_{c2}}{X_{c1}+X_{c2}}\tan\varphi_f\cdot U$$

要使$U_f=U$，则

$$\frac{X_{c2}}{X_{c1}+X_{c2}}\tan\varphi_f=1 \tag{2.20}$$

由式(2.16)和式(2.18)得

$$\frac{X_{c1}X_{c2}}{X_{c1}+X_{c2}}=\frac{Z_f}{\sin\varphi_f} \tag{2.21}$$

解联立式(2.20)和式(2.21)可得

$$X_{c1}=\frac{Z_f}{\cos\varphi_f}$$

$$X_{c2}=\frac{Z_f}{\sin\varphi_f-\cos\varphi_f}$$

相应地

$$C_2=\frac{\cos\varphi_f}{2\pi fZ_f}\times10^6(\mu\mathrm{F}) \tag{2.22}$$

$$C_2=\frac{\sin\varphi_f-\cos\varphi_f}{2\pi fZ_f}\times10^6(\mu\mathrm{F}) \tag{2.23}$$

$$C_1+C_2=\frac{\sin\varphi_f}{2\pi f Z_f}\times 10^6(\mu F)$$

这时，两电容器上的电压值为

$$U_{c2}=U_f=U$$

$$U_{c1}=\sqrt{2}U$$

当然，C_1和C_2的值也可用实验方法确定，比如根据前面所述的用示波器看李沙育图形的方法，可先只串联C_1，确定好使U_f和$\dot{U}$相移 90°时所需的电容值，然后并联上C_2，逐渐增加C_2值，同时相应地减少C_2值。当示波器上的图形是圆形时(示波器的 X 轴和 Y 轴输入调到相同的放大倍数)，这就表示U_f和$\dot{U}$不但相移 90°，而且其值相等。这时C_1、C_2值即为应串联和并联的电容值。

除了串、并联电容的方法外，有时还采用电阻和电容串联进行移相，如图 2.30(a)所示。只要选择适当的电阻 R 和电容 C 值，也能使$U_f=\dot{U}$且相移为 90°。图 2.30(b)所示是这时的电压相量图，由图不难求出

$$X_{c1}=Z_f(\sin\varphi_f+\cos\varphi_f)$$

$$R=Z_f(\sin\varphi_f-\cos\varphi_f)$$

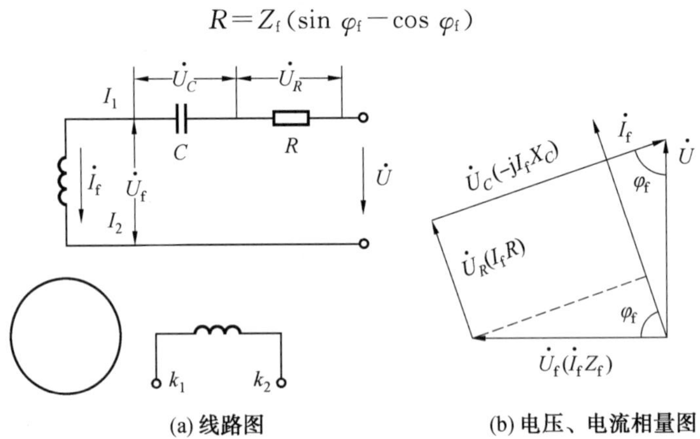

图 2.30　电阻、电容串联移相

由于电容移相方法只能在某一特定的转速下(如起动时)使励磁电压U_f与控制电压$\dot{U}_k$相移 90°，当系统改变控制电压$\dot{U}_k$的值，对伺服电动机进行转速控制而使其转速发生变化时，这时励磁电压U_f与控制电压$\dot{U}_k$之间的相移就不再是 90°，而且随着转速的变化而变化。这就是说，系统对电容伺服电动机控制时，不但控制电压$\dot{U}_k$的值在改变，而且控制电压$\dot{U}_k$与励磁电压U_f之间的相位移也在变化，所以这种控制方式常称为幅相控制。

2.8　三相感应伺服电动机及其矢量控制

在过去很长一个时期，三相感应电动机由于调速性能不佳，主要用于普通的恒速驱动场合，但随着变频调速技术的发展，特别是矢量控制技术的应用和日渐成熟，使得三相感

应电动机的伺服性能大为改进。目前，采用矢量控制的三相感应电动机伺服驱动系统，无论是静态性能，还是动态性能，都已达到甚至超过直流伺服系统。在高性能伺服驱动领域，采用矢量控制的交流伺服电动机正在取代直流伺服电动机。

2.8.1　三相感应电动机的变频运行

我们知道，对于三相感应电动机，当定子绕组通入三相对称正弦电流，其产生的基波合成磁场的旋转速度（即同步转速）为$n_s=\dfrac{60f_1}{p_n}$（式中p_n为电动机的极对数），而转子转速为$n=(1-s)n_s$。正常运行时，由于转差率s很小，$n\approx n_s$，因此若能连续地改变定子绕组的供电频率，就可以平滑地调节电动机的同步转速，从而达到调速的目的。

但值得注意的是，在三相感应电动机中，定子绕组电压与频率之间存在下述关系。

在变频过程中，如果定子电压U保持不变，电动机的气隙磁通会随着频率的改变相应地变化。在电动机调速过程中，我们希望其每极磁通Φ_m能保持额定值不变。如果磁通减少，会导致电动机出力下降，意味着电动机的铁芯没有得到充分利用，是一种浪费；如果磁通过分增大，又会使铁芯饱和，引起定子电流励磁分量的急剧增加，导致功率因数下降、损耗增加、电动机过热等。因此在感应电动机变频调速过程中需进行电压频率协调控制，使电动机的端电压随着频率的变化而变化，以使气隙磁通能保持额定值不变。最基本的电压频率协调控制方式就是使$U_s/f_1=$常数，即所谓的恒压频比控制。

根据三相感应电动机的等效电路，可以求得在$U_s/f_1=$常数的情况下感应电动机变频运行时的机械特性，如图 2.31 所示。

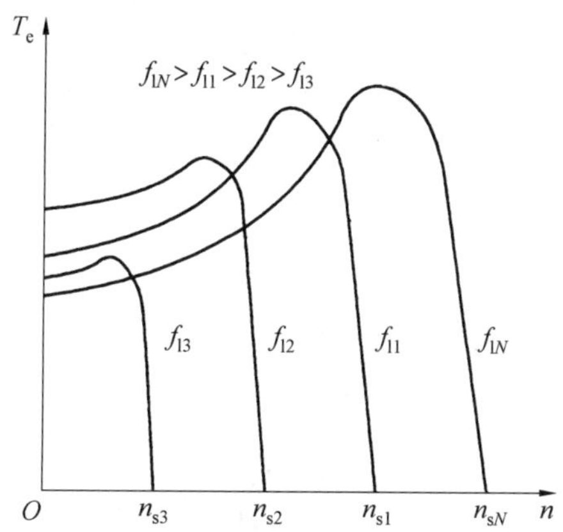

图 2.31　$U_s/f_1=$常数时三相感应电动机变频运行的转矩－转速特性

由图 2.31 可以看出，按$U_s/f_1=$常数进行控制时，电磁转矩的最大值随着频率的降低而下降，低频时，由于最大转矩下降较多，会影响电动机的带载能力。这一现象是由于定子电阻R_s的影响造成的。在三相感应电动机中，U_s与E_1之间差一个定子漏阻抗压降，$\dot{U}_s=(R_s+\mathrm{j}X_s)\dot{I}_s-\dot{E}_1$，当频率较高时$U_s$、$E_1$较大，定子漏阻抗压降相对较小，其影响可以忽略不计，当按$U_s/f_1=$常数进行控制时，由于$\Phi_m\propto E_1/f_1$小，故Φ_m近似不变；但当频率较低时，由于U_s随f_1成比例下降，而电流一定时的电阻压降I_sR_s却保持不变，将使E_1

明显小于U_s，从而导致磁通Φ_m降低，最大转矩随之下降。对于恒转矩负载，往往要求在整个调速范围内过载能力不变，因此希望变频运行时不同频率下的最大转矩保持恒定，为此通常需在低频时进行电压补偿，即在U_s/f_1=常数的基础上，适当提高低频时的电压，以补偿定子电阻压降的影响，典型的电压一频率特性如图2.32所示。

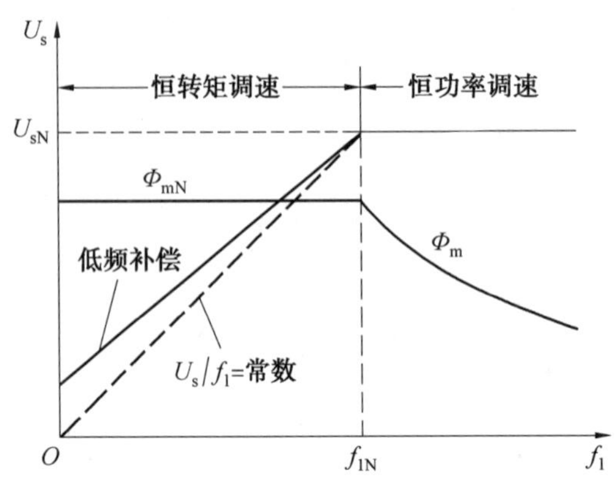

图2.32　变频运行时的电压一频率特性曲线

电动机在额定频率f_{1N}(变频调速中常称为基频)以下时，采用恒压频比控制或带低频补偿的恒压频比控制，不同频率下的气隙磁通近似保持 额定磁通Φ_{mN}不变，电动机的最大转矩也近似保持不变，则当要求过载能力一定时，不同转速下电动机允许输出转矩不变，适合于恒转矩负载，这种调速特性称为恒转矩调速。当运行频率达到基频时，如图2.32所示，电压已达额定值，若频率超过基频，电压不能继续增加，通常使之保持额定值不变，这样在基频以上气隙磁通将随频率升高近似成反比变化，电动机进入弱磁调速阶段，在该阶段由于磁通降低导致电动机的最大转矩随频率升高而下降，具有近似恒功率特性。带低频补偿时三相感应电动机变频运行的转矩一转速特性，即变频调速时的机械特性，如图2.33所示。

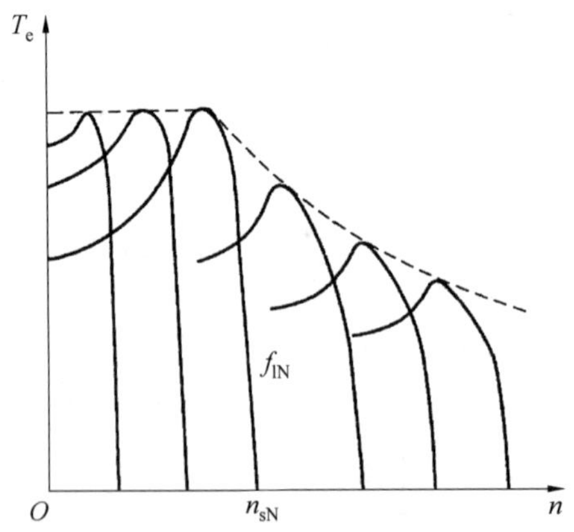

图2.33　带低频电压补偿时三相感应电动机变频运行的转矩一转速特性

需要指出的是，虽然有多种方法(如调压调速、串级调速等)可以通过改变转差率s实现三相感应电动机的调速，另外通过改变极对数P_n也可改变电动机的同步转速n_s从而实现调速(变极调速),但多年来的研究和实践表明,变频调速是三相感应电动机最理想的调速方法,在伺服驱动领域更是如此。

2.8.2 矢量控制的基本概念与坐标变换

1. 矢量控制的基本概念

普通的变频调速控制方法虽能实现三相感应电动机的变速运行,但就动态性能而言与直流伺服电动机相比尚有明显差距。原因在于普通的控制方法无法对感应电动机的动态转矩进行有效控制,而对动态转矩的控制是决定电动机动态性能的关键。

在直流伺服电动机中,电磁转矩

$$T=C_t\Phi i_a$$

式中　Φ——主磁通,由励磁绕组电流 i_f产生;

i_a——电枢绕组电流。

若电刷置于磁极几何中性线上,电枢电流i_a所产生的电枢反应磁场与主磁通 Φ 在空间相互垂直,当磁路不饱和或通过补偿绕组对电框反应磁动势予以补偿后,电枢电流 i_a不影响主磁通中,并且i_a和 Φ 可以通过电枢绕组和励磁绕组分别独立地进行调节。当励磁电流i_a保持不变时,磁通 Φ 恒定,通过对电枢电流 i_a的控制,即可实现对动态转矩的有效控制,从而决定了其良好的动态性能。

在感应电动机中情况要复杂得多。感应电动机的电磁转矩并不与定子电流的大小成正比,因为其定子电流中既有产生转矩的有功分量,又有产生磁场的励磁分量,二者纠缠在一起,而且都随着电动机运行情况的改变而相应变化,因此要在动态过程中准确地控制感应电动机的电磁转矩就显得十分困难。矢量控制理论为解决这一问题提供了一套行之有效的方法。

矢量控制的基本思想是:借助于坐标变换,把实际的三相感应电动机等效成旋转坐标系中的直流电动机,在一个适当选择的旋转坐标系中,三相感应电动机具有与直流电动机相似的转矩公式,并且定子电流中的转矩分量与励磁分量可以实现解耦,分别相当于直流电动机中的电枢电流与励磁电流,这样在该坐标系中就可以模仿直流电动机的控制方式对感应电动机进行控制,从而使三相感应电动机具有与直流伺服电动机相似的动态性能。

2. 坐标变换与绕组等效

从数学的角度看,所谓坐标变换就是将方程中原来的变量用一组新的变量代替,或者说用新的坐标系去替换原来的坐标系,目的是使分析、计算得以简化。电机分析与控制中的坐标变换具有明确的物理意义。从物理意义上看,电机分析中的坐标变换可以看作是电机绕组的等效变换。

我们知道在感应电机中,最重要的就是旋转磁场的产生。以定子绕组为例,不管绕组的具体结构和参数如何,只要其产生磁场的大小、空间分布、转速、转向等均相同,它与转子的相互作用情况就相同,即在转子中感应电动势、产生电流及电磁转矩的情况相同,也就是说从转子侧只能看到定子绕组产生的磁场,而看不到产生磁场的定子绕组本身。对转子绕组有同样的结论,从定子侧只能看到转子绕组产生的磁场,而看不到转子绕组的具体结构。而不同结构形式或参数的绕组在产生磁场方面是可以相互等效的，这就为我们对电机进行等效变换提供了可能。其实在感应电机中通常将笼型转子等效成绕线转子进行分析、计算也正是基于这一点。

图 2.34 分别示出了三相对称静止绕组、两相对称静止绕组和两相旋转正交绕组三种不同形式的绕组，若在图 2.34(a)的三相对称静止绕组中通入角频率 $\omega_1=2\pi f_1$ 的三相对称正弦电流i_A、i_B、i_C，则可产生一个在空间以电角速度ω_1旋转的旋转磁动势 F；若在图 2.34(b)的两相对称静止绕组中通入角频率为ω_1的两相对称正弦电流i_α、i_β，同样可以产生一个在空间以电角速度ω_1旋转的旋转磁动势；再看图 2.34(c)中的两个匝数相同且在空间互差 90°电角度的绕组 d、q，若分别通入直流电流 i_d、i_q，则在空间产生一个相对 d、q 绕组静止的磁动势 F，若使 d、q 绕组在空间以电角速度ω_1旋转，则磁动势 F 也变成了转速为 ω_1的空间旋转磁动势。不难设想，在一定条件下上述三种绕组可以产生大小相等，转速、转向等均相同的磁动势，因此从产生磁场的角度看，它们之间可以相互等效。由此我们就不难理解为什么可以把定子为三相对称静止绕组的三相感应电动机等效成一台旋转坐标系中的直流电动机了。

3. 电机分析与控制中的坐标变换

由上述分析不难看出，在进行绕组等效变换时，变换前后绕组中的物理量(电流、电压等)之间必须满足一定的关系，才能保证变换前后的作用等效，这种关系就是所谓的坐标变换关系。

可以证明，欲使图 2.34 中的两相静止绕组与三相静止绕组等效，应使两套绕组的有效匝数比 $N_2/N_3=\sqrt{3/2}$，并且两相绕组电流与三相绕组电流之间满足

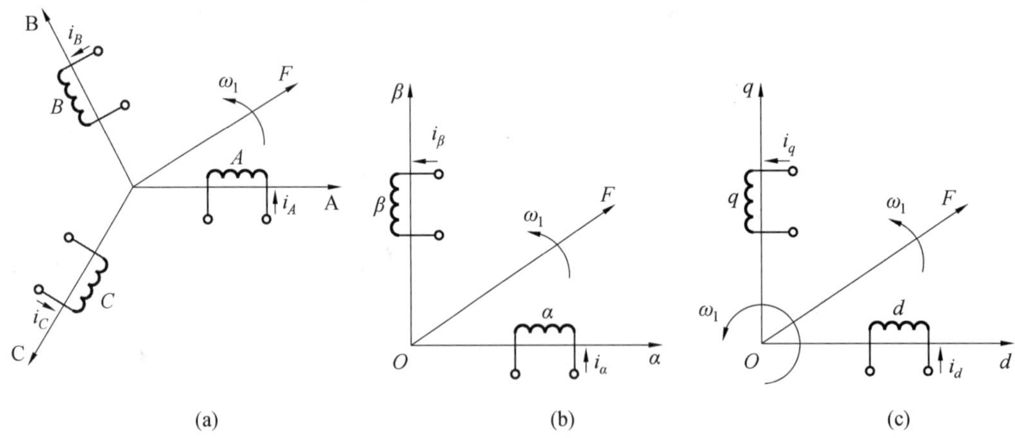

图 2.34　三相静止、两相静止及两相旋转绕组间的等效

$$\begin{bmatrix} i_\alpha \\ i_\beta \\ i_0 \end{bmatrix}=\sqrt{\frac{2}{3}}\begin{bmatrix} 1 & -\frac{1}{2} & -\frac{1}{2} \\ 0 & \frac{\sqrt{3}}{2} & -\frac{\sqrt{3}}{2} \\ \frac{1}{\sqrt{2}} & \frac{1}{\sqrt{2}} & \frac{1}{\sqrt{2}} \end{bmatrix}\begin{bmatrix} i_A \\ i_B \\ i_C \end{bmatrix} \tag{2.24}$$

式中，$i_0=(i_A+i_B+i_C/\sqrt{3})$，称为零轴分量，是为了使新旧坐标系中的变量之间能建立唯一确定的对应关系而引入的。在逆变器供电的三相感应电动机中，定子绕组通常采用无中线的 Y 连接，有$i_A+i_B+i_C=0$，此时$i_0=0$，因此在进行有关分析、计算时通常不需考虑零轴分量。

上述由三相静止坐标系到两相静止坐标系的坐标变换称为三相－两相变换，简称3/2变换。其逆变换为

$$\begin{bmatrix} i_A \\ i_B \\ i_C \end{bmatrix}=\sqrt{\frac{2}{3}}\begin{bmatrix} 1 & 0 & \frac{1}{\sqrt{2}} \\ -\frac{1}{2} & \frac{\sqrt{3}}{2} & \frac{1}{\sqrt{2}} \\ -\frac{1}{2} & -\frac{\sqrt{3}}{2} & \frac{1}{\sqrt{2}} \end{bmatrix}\begin{bmatrix} i_\alpha \\ i_\beta \\ i_0 \end{bmatrix} \tag{2.25}$$

这是由两相静止坐标系到三相静止坐标系的坐标变换，简称 2/3 变换。

两相静止绕组与两相旋转绕组等效时，绕组有效匝数不变。由两相静止坐标系到两相旋转坐标系的坐标变换，称为两相－两相旋转变换，或矢量旋转变换，简称旋转变换（常用 VR 表示）或 $2s/2r$ 变换，其变换关系为

$$\begin{bmatrix} i_d \\ i_q \end{bmatrix}=\begin{bmatrix} \cos\theta & \sin\theta \\ -\sin\theta & \cos\theta \end{bmatrix} \tag{2.26}$$

式中　θ——d 轴领先 α 轴的电角度。

相应的逆变换常称为反旋转变换（常用 VR^{-1}表示）或 $2r/2s$ 变换，其变换关系为

$$\begin{bmatrix} i_\alpha \\ i_\beta \end{bmatrix}=\begin{bmatrix} \cos\theta & -\sin\theta \\ \sin\theta & \cos\theta \end{bmatrix}\begin{bmatrix} i_d \\ i_q \end{bmatrix} \tag{2.27}$$

对于绕组中的其他量，如电压 u、磁链 ψ 等，其坐标变换关系与电流相同，只需将上述的“i”换成“u”或“ψ”即可。

2.8.3　三相感应电动机的动态数学模型

矢量控制的目的是解决感应电动机动态过程中的转矩控制问题。在动态过程中，三相感应电动机的电磁关系与稳态时有很大不同，因此在具体讨论矢量控制之前首先要建立三相感应电动机的动态方程。

1. 两相静止坐标系中的动态数学模型

鉴于按实际三相感应电动机的物理模型建立动态方程推导过于烦琐，为了简化推导，在此假定已将实际三相感应电动机定、转子绕组的各物理量经坐标变换，变换到了两相静

止坐标系。在两相静止坐标系中，感应电动机的物理模型如图 2.35 所示。

图 2.35 中将实际的定子三相静止绕组等效为 $\alpha\beta$ 坐标系中的两相静止绕组α_s、β_s，实际的转子旋转绕组等效到 $\alpha\beta$ 坐标系中成为位于 α、β 轴上的“伪静止绕组”α_r、β_r。注意这里“伪静止绕组”的概念，伪静止绕组具有静止和旋转双重属性：一方面从产生磁场的角度讲，它相当于静止绕组，绕组电流产生的磁动势轴线在空间静止不动；另一方面从产生感应电动势的角度讲，绕组又具有旋转的属性，即除了因磁场变化而在绕组中产生变压器电动势外，绕组还会因旋转而产生速度电动势。这是因为对实际的旋转绕组来讲，虽然从产生磁场的角度可以等效为静止绕组，但其本身由于旋转而产生速度电动势的特性不能用静止绕组来反映，故引入了伪静止绕组的概念。仔细研究一下直流电动机的电枢绕组不难发现，它就是一个伪静止绕组。在直流电动机中，一方面由于电刷和换向器的作用，电枢电流的空间分布情况不受绕组导体旋转的影响，其所产生的电枢磁动势在空间是静止不动的；另一方面由于绕组导体是旋转的，会切割磁力线，从而在绕组中产生速度电动势，即电枢电动势E_a。

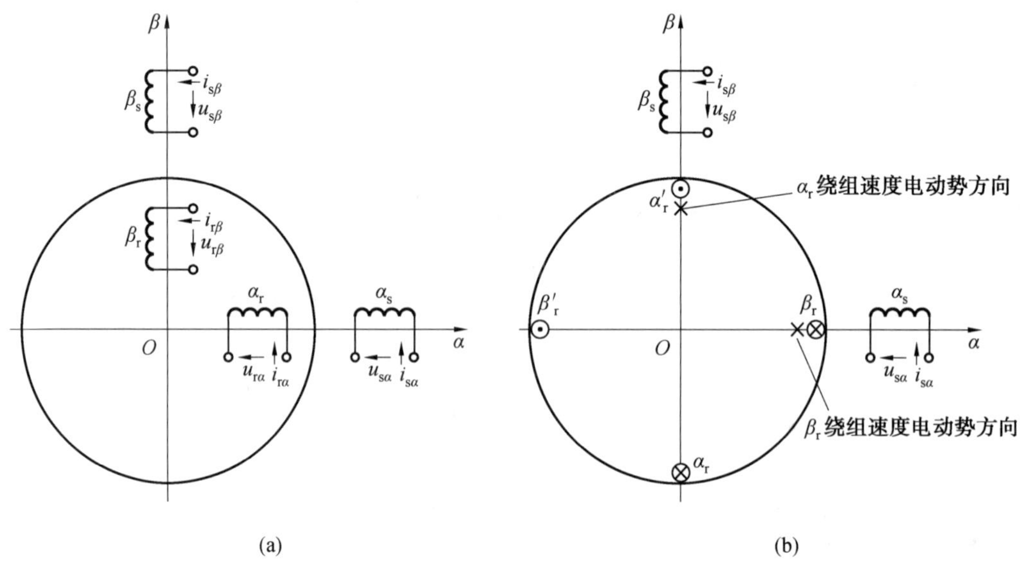

图 2.35　$\alpha\beta$ 坐标系中的三相感应电动机物理模型

为了便于后面的分析，在图 2.35(b)中给出了将转子绕组用整距集中绕组表示后的情况。

绕组中各物理量的正方向符合电动机惯例：在绕组内部电流的正方向与电压的正方向一致；绕组流过正向电流时产生正向磁通；感应电动势的正方向与产生该电动势的磁通的正方向之间符合右手螺旋关系，所以感应电动势正方向与电流正方向一致。

我们知道，在电机中若某绕组电阻为 R，外施电压为 u，绕组电流为 i，感应电动势 e，且各量正方向符合上述规定，则其电压平衡方程应为 $u=Ri-e$。据此，考虑到两相定子绕组为静止绕组，感应电动势中只有变压器电动势，即

$$\left.\begin{aligned} e_{s\alpha}&=-\frac{\mathrm{d}\,\psi_{s\alpha}}{\mathrm{d}t}\\ e_{s\beta}&=-\frac{\mathrm{d}\,\psi_{s\alpha}}{\mathrm{d}t}\end{aligned}\right\} \tag{2.28}$$

则定子绕组的电压平衡方程应为

$$\left.\begin{aligned} u_{s\alpha}&=R_s i_{s\alpha}+p\,\psi_{s\alpha}\\ u_{s\beta}&=R_s i_{s\beta}+p\,\psi_{s\beta}\end{aligned}\right\} \tag{2.29}$$

式中　R_s——定子绕组电阻；

p——微分算子，$p=\dfrac{\mathrm{d}}{\mathrm{d}t}$；

$\psi_{s\alpha}$、$\psi_{s\beta}$——两绕组的磁链。

由图 2.34 可得

$$\left.\begin{aligned} \psi_{s\alpha}&=L_{11} i_{s\alpha}+L_{12} i_{r\alpha}\\ \psi_{s\beta}&=L_{11} i_{s\beta}+L_{12} i_{r\beta}\end{aligned}\right\} \tag{2.30}$$

式中　L_{11}——定子绕组自感；

L_{12}——轴线重合时定、转子绕组间的互感。

转子绕组α_r、β_r是“伪静止绕组”，如前所述，其感应电动势应包括变压器电动势与速度电动势两部分，变压器电动势由磁链变化所产生，分别为$-\dfrac{\mathrm{d}\,\psi_{r\alpha}}{\mathrm{d}t}$和$-\dfrac{\mathrm{d}\,\psi_{r\beta}}{\mathrm{d}t}$，而速度电动势由导体切割磁力线产生。由图 2.34(b)可知，α_r绕组导体位于β轴处，其速度电动势大小应与转子转速ω_r及β轴处的磁密之积成正比，而β_r绕组导体位于α轴处，其速度电动势大小应与ω_r及α轴处的磁密之积成正比。进一步分析表明，两绕组速度电动势大小分别为$\omega_r\psi_{r\beta}$和$\omega_r\psi_{r\alpha}$。同时，由右手定则可知，α_r绕组速度电动势方向与参考正方向相反，故应为负；而β_r绕组速度电动势方向与参考正方向一致，故电动势为正。综合上述分析可得

$$\left.\begin{aligned} e_{r\alpha}&=-\frac{\mathrm{d}\,\psi_{r\alpha}}{\mathrm{d}t}-\omega_r\psi_{r\beta}\\ e_{r\beta}&=-\frac{\mathrm{d}\,\psi_{r\beta}}{\mathrm{d}t}+\omega_r\psi_{r\alpha}\end{aligned}\right\} \tag{2.31}$$

则转子绕组电压平衡方程式应为

$$\left.\begin{aligned} u_{r\alpha}&=R_r i_{r\alpha}+p\,\psi_{r\alpha}+\omega_r\psi_{r\beta}\\ u_{r\beta}&=R_r i_{r\beta}+p\,\psi_{r\beta}-\omega_r\psi_{r\alpha}\end{aligned}\right\} \tag{2.32}$$

转子绕组磁链方程为

$$\left.\begin{aligned} \psi_{r\alpha}&=L_{12} i_{s\alpha}+L_{22} i_{r\alpha}\\ \psi_{r\beta}&=L_{12} i_{s\beta}+L_{22} i_{r\beta}\end{aligned}\right\} \tag{2.33}$$

式中　L_{22}——转子绕组自感。

此外，由图 2.34(b) 还可以看出：α_r绕组电流与β轴磁场相互作用将产生正向转矩，β_r绕组电流与α轴磁场相互作用将产生反向转矩，这两个转矩合成起来即为感应电动机的电磁转矩，可以证明两相静止坐标系中感应电动机的电磁转矩公式为

$$T_e=p_n(\psi_{r\beta}i_{r\alpha}-\psi_{r\alpha}i_{r\beta}) \tag{2.34}$$

电压方程式(2.29)和式(2.41)、磁链方程式(2.30)和式(2.33)以及转矩公式(2.34)结合式(2.35)的机械运动方程,就构成了 $\alpha\beta$ 坐标系上三相感应电动机的动态数学模型。

$$T_e = T_L + \frac{R_\Omega}{P_n}\omega_r + \frac{J}{P_n}\frac{d\omega_r}{dt} \tag{2.35}$$

若将定、转子绕组的磁链方程式(2.30)和式(2.22)代入电压方程式(2.29)和式(2.41),并写成矩形形式,可得到以电感参数表达的电压方程式(2.36)

$$\begin{bmatrix} u_{s\alpha} \\ u_{s\beta} \\ u_{r\alpha} \\ u_{r\beta} \end{bmatrix} = \begin{bmatrix} R_s + L_{11}p & 0 & L_{12}p & 0 \\ 0 & R_s + L_{11}p & 0 & L_{12}p \\ L_{12}p & \omega_r L_{12} & R_r + L_{22}p & \omega_r L_{22} \\ -\omega_r L_{12} & L_{12}p & -\omega_r L_{22} & R_r + L_{22}p \end{bmatrix} \tag{2.36}$$

2. 同步旋转坐标系中的动态数学模型

前已述及,矢量控制是通过把实际三相感应电动机等效变换成旋转坐标系中的直流电动机才得以实现的,为此我们还需要建立在两相同步旋转坐标系中的感应电动机动态数学模型,这可以由 $\alpha\beta$ 坐标系中的动态方程通过坐标变换得到。

所谓两相同步旋转坐标系是指转速为同步角速度(即旋转磁场转速)ω_1 的两相旋转正交坐标系 dq,两相同步旋转坐标系中感应电动机的物理模型以及其与 $\alpha\beta$ 坐标系的关系如图 2.36 所示。

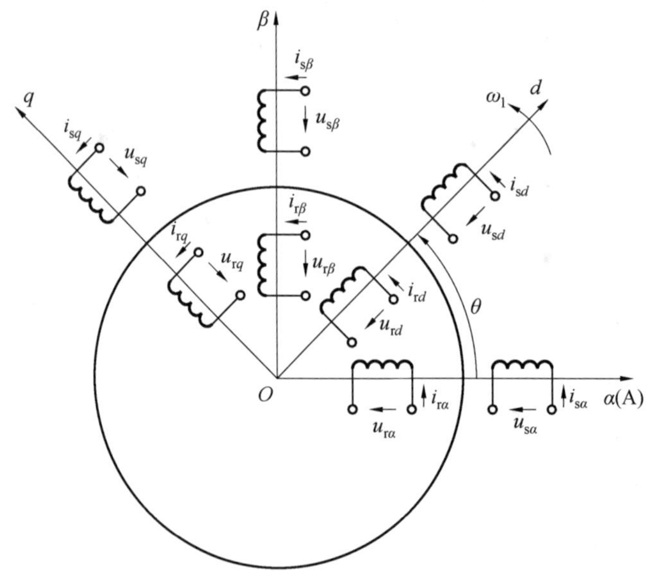

图 2.36　两相同步旋转坐标系中感应电动机的物理模型

设某时刻 dq 坐标系的 d 轴领先 $\alpha\beta$ 坐标系 α 轴 θ 电角度,根据式(2.27)的坐标变换关系,应有

$$u_{s\alpha} = u_{sd}\cos\theta - u_{sq}\sin\theta$$

$$i_{s\alpha} = i_{sd}\cos\theta - i_{sq}\sin\theta$$

$$\psi_{s\alpha} = \psi_{sd}\cos\theta - \psi_{sq}\sin\theta$$

代入式(2.29)第一式，整理得

$$u_{sd}\cos\theta-u_{sq}\sin\theta=(R_s i_{sd}+p\psi_{sd}-\omega_1\psi_{sq})\cos\theta-(R_s i_{sq}+p\psi_{sq}+\omega_1\psi_{sd})\sin\theta$$

欲使上式对任一 θ 均成立，应有

$$\left.\begin{aligned}u_{sd}&=R_s i_{sd}+p\psi_{sd}-\omega_1\psi_{sq}\\u_{sq}&=R_s i_{sq}+p\psi_{sq}+\omega_1\psi_{sd}\end{aligned}\right\}\tag{2.37}$$

式中　ω_1——dq 坐标系在空间的旋转电角速度，$\omega_1=\dfrac{d\theta}{dt}$；

ψ_{sd}、ψ_{sq}——定子 d、q 绕组的磁链，有

$$\left.\begin{aligned}\psi_{sd}&=L_{11}i_{sd}+L_{12}i_{rd}\\\psi_{sq}&=L_{11}i_{sq}+L_{12}i_{sq}\end{aligned}\right\}\tag{2.38}$$

式(2.37)和式(2.38)即分别为 dq 坐标系中感应电动机的定子绕组电压方程和磁链方程。由式(2.37)可见，在 dq 坐标系的定子电压方程中出现了速度电动势项，这是因为实际在空间静止的定子绕组从旋转的 dq 坐标系看，相对该坐标系是以角速度 ω_1 反向旋转的旋转绕组，等效成为 dq 坐标系中的静止绕组后，应是伪静止绕组。

经类似推导，可得 dq 坐标系中的转子绕组电压方程和磁链方程为

$$\left.\begin{aligned}u_{rd}&=R_r i_{rd}+p\psi_{rd}-\omega_{s1}\psi_{rq}\\u_{rq}&=R_r i_{rq}+p\psi_{rq}+\omega_{s1}\psi_{rd}\end{aligned}\right\}\tag{2.39}$$

$$\left.\begin{aligned}\psi_{rd}&=L_{12}i_{sd}+L_{22}i_{rd}\\\psi_{rq}&=L_{12}i_{sq}+L_{22}i_{rq}\end{aligned}\right\}\tag{2.40}$$

式中　ω_{s1}——转差角速度，$\omega_{s1}=\omega_1-\omega_r$。

将 $\psi_{r\alpha}$、$\psi_{r\beta}$ 与 ψ_{rd}、ψ_{rq} 以及 $i_{r\alpha}$、$i_{r\beta}$ 与 i_{rd}、i_{rq} 的坐标变换代入电磁转矩公式(2.34)整理后可得 dq 坐标系中的转矩公式为

$$T_e=p_n(\psi_{rq}i_{rd}-\psi_{rd}i_{rq})\tag{2.41}$$

也可将转矩公式用定子磁链和定子电流表示。由式(2.38)和式(2.40)将转子磁链 ψ_{rd}、ψ_{rq} 和转子电流 i_{rd}、i_{rq} 用定子磁链 ψ_{sd}、ψ_{sq} 和定子电流 i_{sd}、i_{sq} 表示，并代入式(2.41)，整理后可得

$$T_e=p_n(\psi_{sd}i_{sq}-\psi_{sq}i_{sd})\tag{2.42}$$

机械运动方程不参与坐标变换，仍为式(2.35)。

2.8.4　三相感应电动机矢量控制原理

1. 按转子磁场定向的 MT 坐标系

前面建立同步旋转坐标系 dq 时，只规定了 q 轴以同步角速度 ω 随磁场同步旋转，并未对 d 轴与旋转磁场的相对位置做任何限定，这样的 dq 坐标系实际上有无穷多个，在普遍的 dq 坐标系中感应电动机并不具有和直流电动机相似的电磁关系，因此也不能实现转矩控制与磁场控制的解耦。在矢量控制中为了实现定子绕组电流转矩分量与励磁分量的解耦，必须进一步对 d 轴的取向进行限定，称为定向。通常是使 d 轴与电机某一旋转磁场的方向一致，称为磁场定向，所以矢量控制也称为磁场定向控制(Field Orientation Control，FOC)。矢量控制可以按不同的磁场进行定向，如按转子磁场定向、按气隙磁场

定向、按定子磁场定向等。在感应电动机矢量控制中，最常用的是按转子磁场定向。所谓按转子磁场定向，是指使 dq 坐标系的 d 轴始终与转子磁链矢量$\boldsymbol{\psi}_{\mathrm{r}}$的方向一致，为了与未定向的 dq 坐标系加以区别，常将定向后的 d 轴改称 M(Magnetization)轴，相应地 q 轴改称 T(Torque)轴，定向后的坐标系称为按转子磁场定向的 MT 坐标系，如图 2.37 所示。

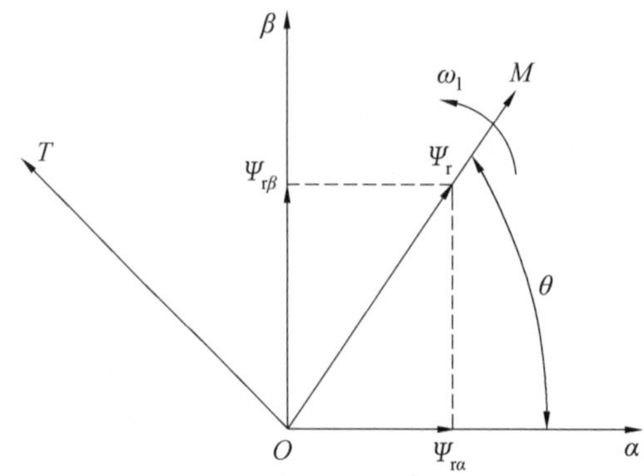

图 2.37 按转子磁场定向的 MT 坐标系

2. 按转子磁场定向 MT 坐标系中感应电动机的动态数学模型

由于 MT 坐标系是 dq 坐标系的特例，因此，原则上只要将前述同步 cq 坐标系动态方程中的 d 轴变量换成 M 轴变量，q 轴变量换成 T 轴变量，就可以得到 MT 坐标系中的动态方程。但是，鉴于定向后的 M 轴与ψ_{r}方向一致，T 轴与ψ_{r}垂直，转子磁链ψ_{r}的 M 轴分量和 T 轴分量存在以下关系

$$\left.\begin{aligned}\psi_{\mathrm{r}M}&=\psi_{\mathrm{r}}\\\psi_{\mathrm{r}T}&=0\end{aligned}\right\}\tag{2.43}$$

因此，在按转子磁场定向的 MT 坐标系中，转子磁链方程和转子电压方程都会有所简化。

根据式(2.40)，结合式(2.43)，MT 坐标系中的转子磁链方程应为

$$\left.\begin{aligned}\psi_{\mathrm{r}}&=L_{12}i_{\mathrm{s}M}+L_{22}i_{\mathrm{r}M}\\0&=L_{12}i_{\mathrm{s}T}+L_{22}i_{\mathrm{r}T}\end{aligned}\right\}\tag{2.44}$$

相应地，转子电压方程应为

$$\left.\begin{aligned}u_{\mathrm{r}M}&=R_{\mathrm{r}}i_{\mathrm{r}M}+p\,\psi_{\mathrm{r}}\\u_{\mathrm{r}T}&=R_{\mathrm{r}}i_{\mathrm{r}T}+\omega_{\mathrm{s}1}\psi_{\mathrm{r}}\end{aligned}\right\}$$

考虑到感应电动机转子绕组是自行闭合的短路绕组，$u_{\mathrm{r}M}=u_{\mathrm{r}T}=0$，转子电压方程可进一步简化为

$$\left.\begin{aligned}0&=R_{\mathrm{r}}i_{\mathrm{r}M}+p\,\psi_{\mathrm{r}}\\0&=R_{\mathrm{r}}i_{\mathrm{r}T}+\omega_{\mathrm{s}1}\psi_{\mathrm{r}}\end{aligned}\right\}\tag{2.45}$$

在 MT 坐标系中，定子绕组各方程的形式不变，因此其定子电压方程和定子磁链方程分别为

$$\left.\begin{aligned}u_{\mathrm{s}M}&=R_{\mathrm{s}}i_{\mathrm{s}M}+p\,\psi_{\mathrm{s}M}-\omega_1\psi_{\mathrm{s}T}\\u_{\mathrm{s}T}&=R_{\mathrm{s}}i_{\mathrm{s}T}+p\,\psi_{\mathrm{s}T}+\omega_1\psi_{\mathrm{s}M}\end{aligned}\right\}\tag{2.46}$$

$$\left.\begin{aligned}\psi_{sM}&=L_{11}i_{sM}+L_{12}i_{rM}\\ \psi_{sT}&=L_{11}i_{sT}+L_{12}i_{rT}\end{aligned}\right\} \tag{2.47}$$

由式(2.41)，在按转子磁场定向的 MT 坐标系中的转矩公式为

$$T_e=-p_n\psi_r i_{rT} \tag{2.48}$$

将各磁链表达式代入电压方程，并写成矩阵形式，可得

$$\begin{bmatrix}u_{sM}\\u_{sT}\\0\\0\end{bmatrix}=\begin{bmatrix}R_s+L_{11}p & -\omega_1 L_{11} & L_{12}p & -\omega_1 L_{12}\\ \omega_1 L_{11} & R_s+L_{11}p & \omega_1 L_{12} & L_{12}p\\ L_{12}p & 0 & R_s+L_{11}p & 0\\ \omega_{s1}L_{12} & 0 & \omega_{s1}L_{22} & R_r\end{bmatrix}\begin{bmatrix}i_{sM}\\i_{sT}\\i_{rM}\\i_{rT}\end{bmatrix} \tag{2.49}$$

3. 按转子磁场定向的感应电动机矢量控制方程

在感应电动机矢量控制系统中，由于可直接测量和控制的只有定子边的量，因此需从上述方程中找出定子电流的两个分量 i_{sM}、i_{sT} 与其他物理量的关系。首先看转子磁链中，与定子电流之间的关系。

由式(2.45)第 1 式的转子 M 轴电压方程可得

$$i_{rM}=-\frac{p\psi_r}{R_r} \tag{2.50}$$

代入式(2.44)第 1 式，整理得

$$i_{sM}=\frac{T_r p+1}{L_{12}}\psi_r \tag{2.51}$$

或

$$\psi_r=\frac{L_{12}}{T_r p+1}i_{sM} \tag{2.52}$$

式中　T_r——转子绕组时间常数，$T_r=L_{22}/R_r$。

下面再来看电磁转矩与定子电流的关系。由式(2.44)第 2 式得

$$i_{rT}=-\frac{L_{12}i_{sT}}{L_{22}} \tag{2.53}$$

代入式(2.45)，可得

$$T_e=p_n\frac{L_{12}}{L_{22}}\psi_r i_{sT} \tag{2.54}$$

此外，由式(2.45)第 2 式和式(2.110)可得

$$\omega_{s1}=\frac{L_{12}}{T_r\psi_r}i_{sT} \tag{2.55}$$

式(2.51)或式(2.52)与式(2.54)和式(2.55)反映了感应电动机矢量控制的基本电磁关系，常称为接转子磁场定向的感应电动机矢量控制方程。

式(2.51)或式(2.52)表明，转子磁链 ψ_r 仅由定子电流的 M 轴分量 i_{sM} 产生，与 T 轴分量 i_{sT} 无关。而由转矩公式(2.54)可见，电磁转矩由转子磁链 ψ_r 和 i_{sT} 共同决定，在 ψ_r 一定的情况下，电磁转矩与 i_{sT} 成正比。因此在按转子磁场定向的 MT 坐标系中，i_{sM} 是产生有效磁场(转子磁链 ψ_r)的励磁分量，相当于直流伺服电动机中的励磁电流 i_f，称为定子电流的励磁分量，通过控制 i_{sM} 可以控制 ψ_r 的大小；而定子电流的 T 轴分量 i_{sT}，是产生电磁转矩的

有效分量，相当于直流伺服电动机的电枢电流i_a，称为定子电流的转矩分量。由于i_{sT}不影响转子磁链ψ_r，所以定子电流的转矩分量和励磁分量是解耦的，它们分别对转矩产生影响。因此在按转子磁场定向的 MT 坐标系中我们可以像在直流电机中分别控制电枢电流和励磁电流一样，通过对i_{sT}和i_{sM}的控制实现对感应电动机动态电磁转矩和转子磁链的控制。

式(2.55)称为转差公式，它反映了转差角速度与定子电流转矩分量 i 和转子磁链的关系，是转差型矢量控制的基础。由式(2.55)可知，在ψ_r恒定的情况下，转差角速度ω_{sl}与定子电流的转矩分量i_{sT}成正比，即与电磁转矩大小成正比。

2.8.5 感应电动机矢量控制伺服驱动系统

三相感应电动机矢量控制中的关键问题是磁场定向 MT 坐标系的确定，在控制系统中需实时获取转子磁链矢量ψ_r的空间位置，从而确定按转子磁场定向的 MT 坐标系 M 轴的空间位置角θ，以便在该 MT 坐标系中对定子电流的励磁分量和转矩分量进行控制。系统实现时通常还需通过坐标变换，将 MT 坐标系中控制器产生的直流控制量变换成三相交流时变量，以实现对实际三相感应电动机的控制。

根据按转子磁场定向 MT 坐标系 M 轴空间位置角θ 的确定方法，感应电动机矢量控制系统可分为直接定向矢量控制系统和间接定向矢量控制系统两大类。在直接定向矢量控制系统中，θ 角通过反馈的方式产生，即根据有关量的实测值通过相应转子磁链模型获得，故也叫作磁通检测型或磁通反馈型矢量控制。间接定向矢量控制系统中，θ 角以前馈的方式产生，即根据给定值由转差公式获得，故也叫作前馈型或转差型矢量控制。这两类矢量控制系统结构差别很大，下面分别予以介绍。

1. 感应电动机直接定向矢量控制伺服驱动系统的原理框图

感应电动机的直接定向矢量控制系统结构形式多种多样，图 2.38 给出了其中一种方案，该系统中除对位置、转速、转矩进行闭环控制外，还有一个磁链调节器，通过对定子电流励磁分量i_{sM}的调节以控制转子磁链的大小。转子磁链参考值ψ_r^*由函数发生器 FG 产生，FG 的输入为实测转速ω_r，当ω_r小于基速(对应于基频)时，ψ_r^*保持恒定，进行恒磁通控制；当ω_r大于基速时，ψ_r^*随转速增加成反比减少，以实现弱磁控制。ψ_r^*与实际磁链ψ_r比较后，经磁链调节器输出i_{sM}^*，作为 MT 坐标系中定子电流励磁分量的给定值。定子电流转矩分量的给定值i_{sT}^*由转矩调节器根据转矩给定值T_e^*与转矩反馈值T_e的差值产生。

为了使定子电流励磁分量和转矩分量的实际值i_{sM}、i_{sT}能够很好地跟踪其给定值i_{sM}^*、i_{sT}^*，矢量控制系统通常需对电流进行闭环控制。电流闭环控制可以在 MT 坐标系中实现，也可以在三相静止坐标系中进行，本例采用了后者。为此，在图 2.37 中，i_{sM}^*和 i_{sT}^*经 $2r/2s$ 变换和 2/3 变换产生三相电流给定值 i_A^*、i_B^*、i_C^*，它们与实测三相电流比较后的偏差值输入三相电流控制器，电流控制器的输出作为逆变器的脉宽调制(Pulse-Width Modulation，PWM)控制信号，通过 PWM 逆变器使感应电动机的三相电流快速跟踪其给定值，从而保证即使在动态过程中定子电流的励磁分量和转矩分量也能跟踪其给定值 i_{sM}^*、i_{sT}^*的变化，以实现对动态转矩和磁链的有效控制。

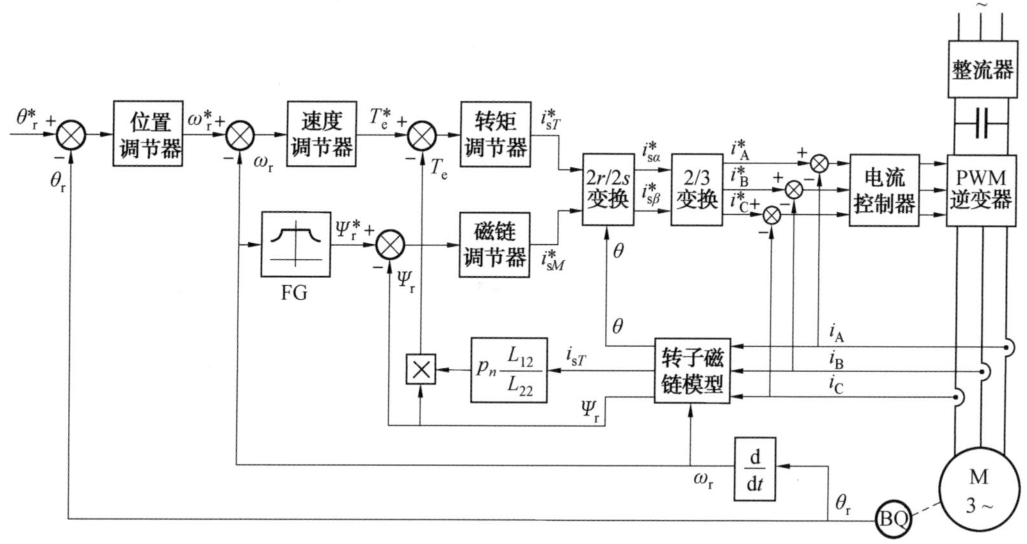

图 2.38　感应电动机直接定向矢量控制伺服驱动系统原理图

电磁转矩反馈值T_e可由ψ_r和i_{sT}根据式(2.54)通过计算获得。

2. 感应电动机转差型矢量控制伺服驱动系统

转差型矢量控制采用间接定向方式，不需像直接定向矢量控制那样通过复杂的运算对实际转子融链进行检测，因而系统结构简单。图 2.39 给出了这种矢量控制伺服驱动系统的原理框图。

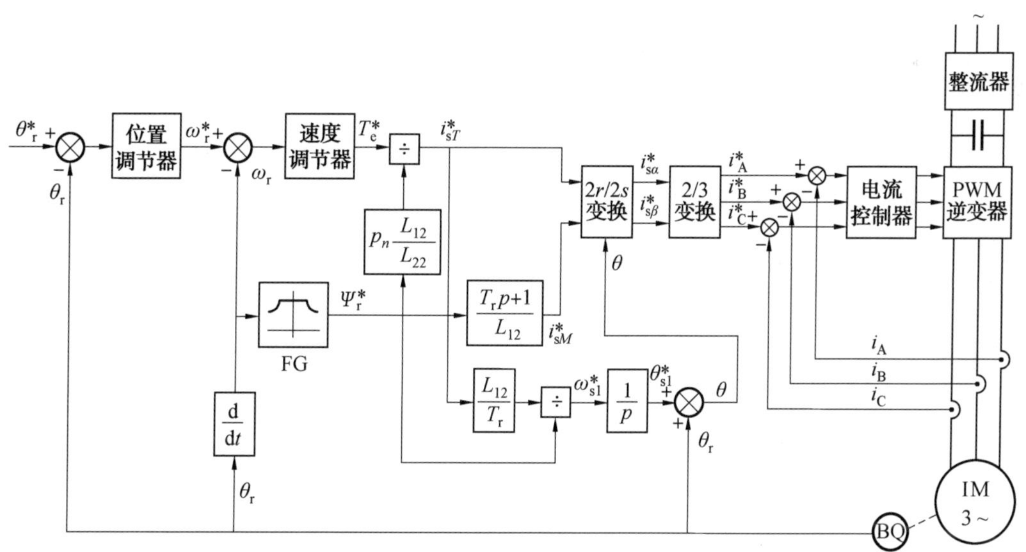

图 2.39　感应电动机转差型矢量控制伺服驱动系统原理图

该系统与图 2.38 的一个明显不同就是取消了磁链调节器，因为间接定向矢量控制系统中不检测实际转子磁链，所以常采用磁链开环控制方式，这样就不需磁链反馈值了。

系统中定子电流励磁分量的给定值i_{sM}^*直接根据式(2.51)由转子磁链给定值ψ_r^*求得。另外,图2.39所示系统也未使用转矩调节器,其定子电流转矩分量给定值i_{sT}^*是由转速调节器的输出T_e^*根据转矩公式(2.54)通过计算得到,即

$$i_{sT}^*=\frac{L_{22}T_e^*}{p_nL_{12\psi_r^*}} \tag{2.56}$$

为了实现对定子电流两个分量的控制,在间接定向矢量控制系统中仍需要知道转子磁链矢量$\boldsymbol{\psi}_r$的相位角θ,以确定按转子磁场定向MT坐标系M轴的空间位置角。如何在不使用转子磁链模型对实际转子磁链进行检测的前提下获得θ,是间接定向矢量控制系统的关键。

转差型矢量控制中相位角θ的获取方法如下:如果逆变器响应速度足够快,能够保证感应电动机三相电流实际值i_A、i_B、i_C快速跟踪其给定值i_A^*、i_B^*、i_C^*,则可以认为电动机中的实际磁链ψ_r以及定子电流的转矩分量i_{sT}与其给定值ψ_r^*、i_{sT}^*一致,这样就可以根据矢量控制方程,由给定值中ψ_r^*、i_{sT}^*确定θ。

将转差公式(2.55)中的转子磁链中,和定子电流转矩分量i用给定值代入,可得

$$\omega_{s1}^*=\frac{L_{12}}{T_r\psi_r^*}i_{sT}^* \tag{2.57}$$

考虑到ω_{s1}^*是M轴相对于转子的转差角速度,若转子电角速度的实测值为ω_r,则M轴的电角速度为

$$\omega_1^*=\omega_{s1}^*+\omega_r \tag{2.58}$$

M轴的空间相位角θ应为

$$\theta=\int\omega_1^*\,\mathrm{d}t=\int(\omega_{s1}^*+\omega_r)\,\mathrm{d}t=\theta_{s1}^*+\theta_r \tag{2.59}$$

式中

$$\theta_{s1}^*=\int\omega_{s1}^*\,\mathrm{d}t \tag{2.60}$$

有了θ即可通过坐标变换,由MT坐标系中定子电流励磁分量和转矩分量给定值i_{sM}^*、i_{sT}^*得到三相静止坐标系中的电流给定值i_A^*、i_B^*、i_C^*,从而通过电流控制器和PWM逆变器实现对感应电动机三相定子电流的控制。

第 3 章　无刷直流电动机

3.1　概　　述

直流伺服电动机具有良好的机械特性和调节特性，堵转转矩又大，因而被广泛应用于驱动装置及伺服系统中。但是，一般直流电动机都有换向器和电刷，其间形成滑动的机械接触并容易产生火花，引起无线电干扰，过大的火花甚至影响电机的正常运行。此外，因存在着滑动接触，又使维护麻烦，影响到电机工作的可靠性，所以人们早就开始寻求直流电动机的无接触式换向。早在 1934 年出现过采用电子管线路代替机械滑动接触的无换向器直流电动机。但由于当时电子器件的技术水平和制造成本的限制，这种电动机并没有得到发展。直到晶体管和大功率可控硅元件广泛采用后，无换向器直流电动机才真正实现，相应地各种微型无刷直流电动机也得到了发展。

近年来出现的无刷直流电动机，是用晶体管开关电路和位置传感器来代替电刷和换向器。这使无刷直流电动机既具有直流伺服电动机的机械特性和调节特性，又具有交流电动机的维护方便、运行可靠等优点。但目前的无刷直流电动机成本还较高，总的体积亦较大。这些缺点将随着科学技术的不断发展，新材料、新元件、新技术和新工艺的出现而被逐步克服。目前我国生产的这种型式电动机的型号为 SW。

3.2　无刷直流电动机结构及工作原理

无刷直流电动机通常是由电动机、转子位置传感器和晶体管开关电路三部分组成，它的原理方框图和简要的结构图分别如图 3.1 和图 3.2 所示。

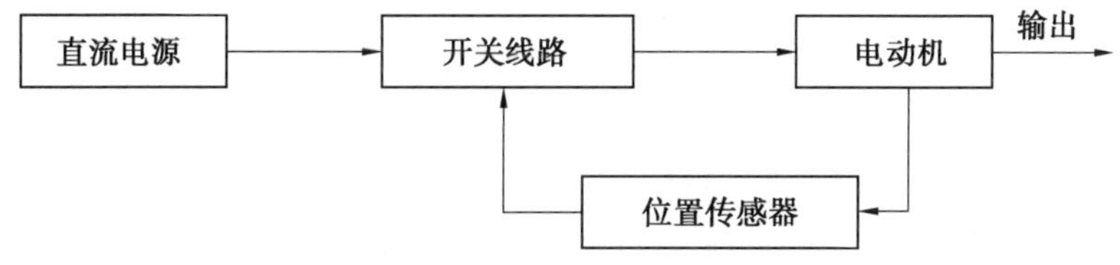

图 3.1　无刷直流电动机的原理方框图

无刷直流电动机在结构上是一台反装式的普通直流电动机。它的电枢放置在定子上，永磁磁极位于转子上，与旋转磁极式同步电机相像。它的电枢绕组为一多相绕组，各相绕组分别与晶体管开关电路中的功率开关元件相连接，如图 3.2 所示。其中 A 相与晶体管 V、B 相与晶体管 V、C 相与晶体管 V 相接。通过转子位置传感器，使晶体管的导通和截止完全由转子的位置角所决定，从而电枢绕组的电流将随着转子位置的改变按一定的顺序进行换流，实现了无接触式的电子换向。

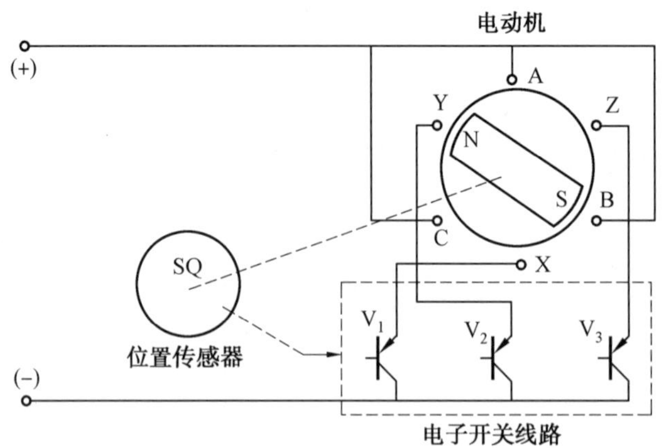

图 3.2　无刷直流电动机的结构简图

无刷直流电动机中装设位置传感器。它的作用是检测转子磁场相对于定子绕组的位置，并在确定的位置处发出信号控制晶体管元件，使定子绕组中电流进行切换。位置传感器有多种不同的结构形式，如光电式、电磁式、接近开关式和磁敏元件(霍尔元件)式等。为了解其基本工作原理，这里仅以光电式位置传感器为例做一简介。

光电式位置传感器是利用光束与转子位置角之间的对应关系，按指定的顺序照射光电元件(如光二极管、光三极管、光电池)，由它发出电信号去导通开关电路中相应的晶体管，并使定子绕组依此换流。图 3.3 所示的一种光电位置传感器，是用一个带有小孔的光屏蔽罩和转轴连接在一起，随同转子围绕一固定光源旋转，安放在对应于定子绕组几个确定位置上的光电池受到了光束的照射，从而检测出定子绕组需要进行换流的确切位置。再由光电池发出的电信号去控制晶体管，使相应的定子绕组进行电流切换。

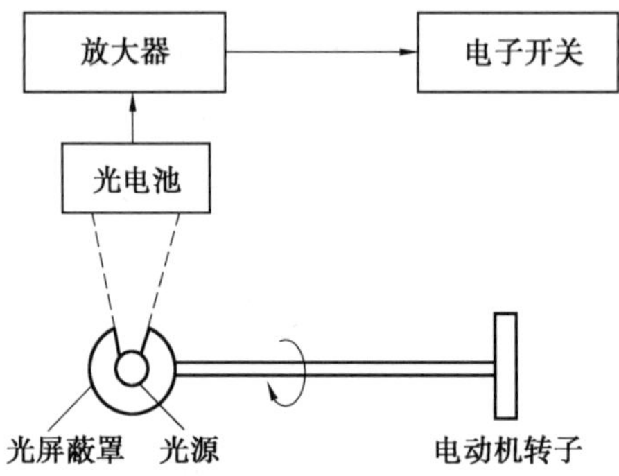

图 3.3　光电位置传感器原理图

下面以一台采用晶体管开关电路进行换流的两极三相绕组、并带有光电位置传感器的无刷直流电动机为例，说明转矩产生的基本原理。在图 3.4 中表示电机转子在几个不同位置时定子电枢绕组的通电状况；且通过电枢绕组磁势和转子绕组磁势的相互作用，来分析电动机转矩的产生。

(1)当电机转子处于图 3.4(a)瞬时，光源照射到光电池P_a上，它便有电压信号输出，其余两个光电池P_b、P_c则无输出电压。由P_a的输出电压放大后使晶体管V_1开始导通(如图 3.2)，而晶体管V_2、V_3截止。这时，电枢绕组 AX 有电流通过，电枢磁势F_a的方向如图

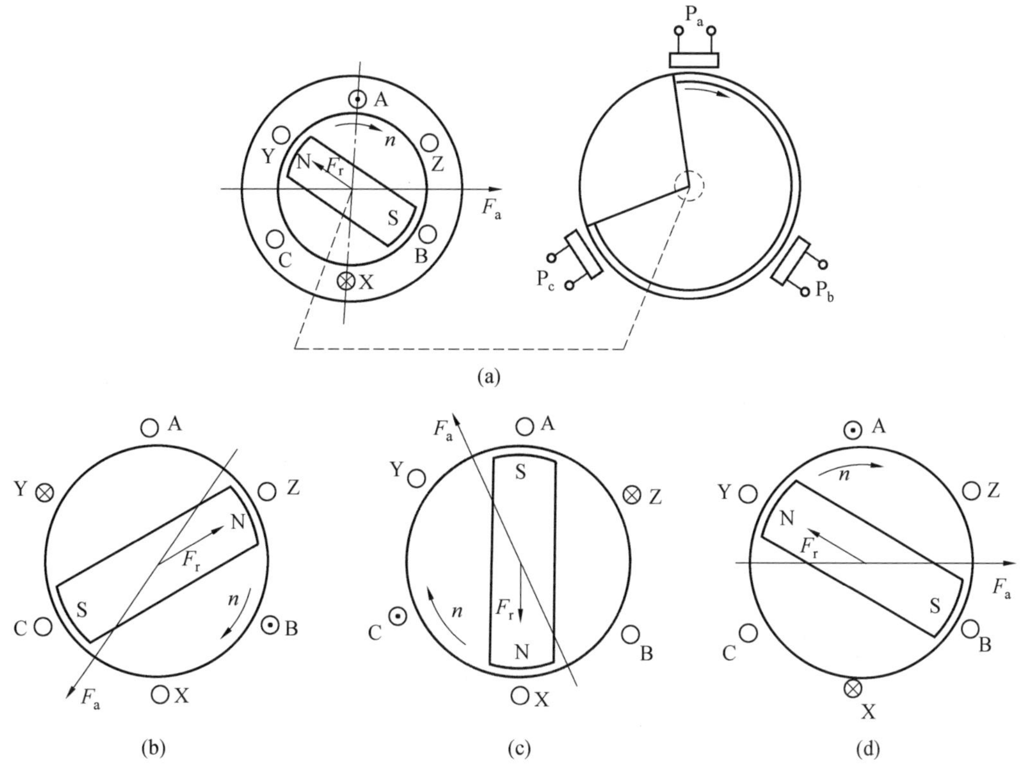

图3.4　电枢磁势和转子磁势之间的相互关系

3.4(a)所示。电枢磁势F_a和转子磁势相互作用便产生转矩，使转子沿顺时针方向旋转。

(2)当电机转子在空间转过$\frac{2\pi}{3}$电角度时，光屏蔽罩也转过同样角度，从而使光电池P_b开始有电压信号输出，其余两个光电池P_a、P_c则无输出电压。由P_b的输出电压放大后使晶体管V_2开始导通(如图3.2)，晶体管V_1、V_3截止。这时，电枢绕组BY有电流通过，电枢磁势F_b的方向如图3.4(b)所示。电枢磁势F_b和转子磁势相互作用所产生的转矩，使转子继续沿顺时针方向旋转。

(3)当电机转子在空间转过$\frac{4\pi}{3}$电角度时，同理，光电池P_c使晶体管V_3开始导通，晶体管V_1、V_2截止，相应电枢绕组CZ有电流通过，电枢磁势F_c的方向如图3.4(c)所示。它与转子磁势相互作用所产生的转矩，仍使转子沿顺时针方向旋转。

若电机转子继续转过$\frac{2\pi}{3}$电角度，又回到原来的起始位置。通过位置传感器，重复上述的换流情况，如此循环进行。无刷直流电动机在电枢磁势和转子磁势的相互作用下产生转矩，并使电机转子按一定的转向旋转。

从上述例子的分析可以看出，在这种晶体管开关电路换流的无刷直流电动机中，当转子转过2π电角度，定子绕组共有3个通电状态。每一状态仅有一相导通，而其他两相截止，其持续时间应为转子转过$\frac{2\pi}{3}$电角度所对应的时间，各相绕组与晶体管导通顺序的关系如表 3.1 所示。各相绕组中电流的波形如图 3.5 所示。

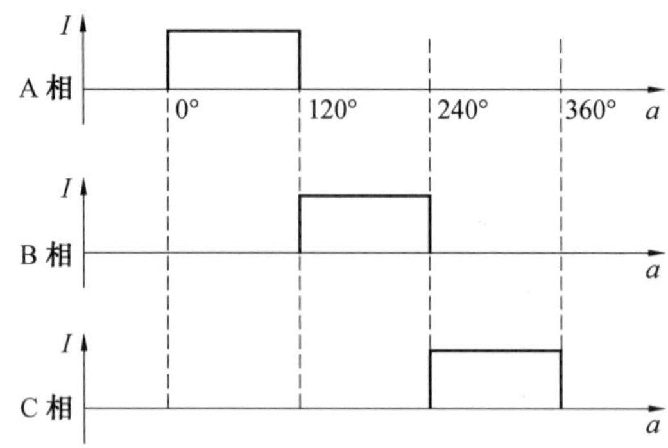

图 3.5　各相绕组的电流波形

表 3.1　各相绕组与晶体管导通顺序的关系

电角度	0	$\frac{2\pi}{3}$	$\frac{2\pi}{4}$	2π
定子绕组的导通相	A	B		C
导通的晶体管元件	V_1	V_2		V_3

3.3　无刷直流电动机运行分析

以图 3.6 所示的星形全桥接法三相无刷直流电动机为例，对无刷直流电动机的具体工作情况进一步分析。

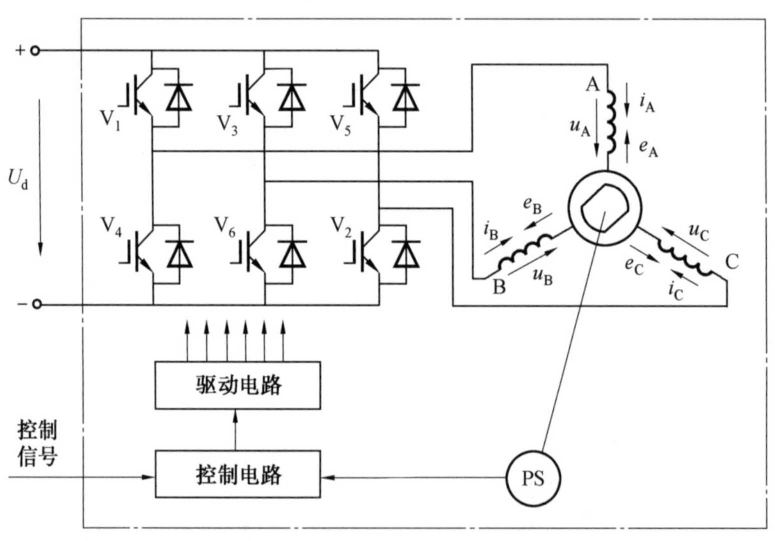

图 3.6　三相无刷直流电动机原理图

假设无刷直流电动机为 2 极，定子绕组为三相整距集中绕组，转子采用表面式结构，永磁体宽度为 120°电角度，转子按逆时针方向旋转，电角速度为ω_r，如图 3.7 所示。图中F_f表示永磁体的励磁磁动势，F_a表示电枢磁动势。

以转子处于图 3.7(a)所示位置时作为 $t=0$ 时刻，即转子空间位置角$\theta_r=\omega_r t=0°$的时刻，此时转子磁极轴线(图中F_f处)领先 B 相绕组轴线 90°电角度，B 相绕组的两个线圈边恰在转子磁极轴线处。由于假定永磁体宽度为 120°，此时 A 相绕组的导体即将转入永磁体磁极下，而 C 相绕组导体即将从永磁体下转出。显然在此时刻之前线圈边 Y、C 在 N 极下，而 B、Z 在 S 极下，为产生逆时针方向的电磁转矩，绕组电流应如图 3.7(a)所示，B 相电流为负，C 相电流为正。相应逆变器各功率开关的通断情况及电流路径如图 3.6 所示，V_5、V_6同时导通，其他功率开关关断，来自直流电源的电流由 C 相流进、B 相流出，由于 A 相上、下桥臂均不导通，A 相电流为零，电流路径为：电源正极→V_5→C 相绕组→B 相绕组→V_6→电源负极。

在图 3.7(a)所示 $t=0$ 时刻，线圈边 A、X 开始分别转入 N、S 极永磁体下，而 C、Z 即将从永磁体下转出，为使转矩保持不变，应使 C 相绕组断开，A 相绕组导通，即 C 相与 A 相进行换相，换相后的绕组电流及逆变器工作情况如图 3.6 所示，A 相电流为正，B 相电流为负，C 相电流为零，电流路径为：电源正极→V_1→A 相绕组→B 相绕组→V_6→电源负极。这种换相是由控制器根据转子位置传感器提供的转子位置信号，产生相应的通断信号，使逆变器的V_5关断、V_1导通来实现的。

在转子由图 3.7(b)所示位置转过 60°之前，保持定子绕组的导通情况不变，若绕组电流保持恒定，则电磁转矩恒定不变。转子转过 60°到达图 3.7(c)所示位置时，B 相绕组线圈边即将从永磁体下转出，而 C 相绕组线圈边 Z、C 即将分别进入 N、S 极永磁体下，此时应使逆变器的V_6关断，V_2导通，电流由 B 相换到 C 相，而 A 相绕组导通情况不变，换相后绕组电流和逆变器工作情况如图 3.7(d)和图 3.6 所示，电流由 A 相流进，C 相流出，B 相电流为零，电流路径为：电源正极→V_1→A 相绕组→C 相绕组→V_2→电源负极。

依此类推，转子每转过 60°电角度，就进行一次换相，使绕组导通情况改变一次，转子转过一对磁极，对应于 360°电角度，需进行 6 次换相，相应地定子绕组有 6 种导通状态，而在每个 60°区间都只有两相绕组同时导通，另外一相绕组电流为零，这种工作方式常称为二相导通三相六状态。由上述分析不难得出，各 60°区间同时导通的功率开关依次为V_6V_1→V_1V_2→V_2V_3→V_3V_4→V_4V_5→V_5V_6。

由上述分析可见，按照这种工作方式，由控制器根据转子磁极的空间位置，改变逆变器功率开关的通断情况，以控制电枢绕组的导通情况及绕组电流的方向，即实现绕组电流的换相，在直流电流一定的情况下，只要主磁极所覆盖的空间足够宽，则任何时刻永磁极所覆盖线周边中的电流方向及大小均保持不变，导体所受电磁力在转子上产生的反作用转矩的大小和方向也保持不变，从而推动转子不断旋转。

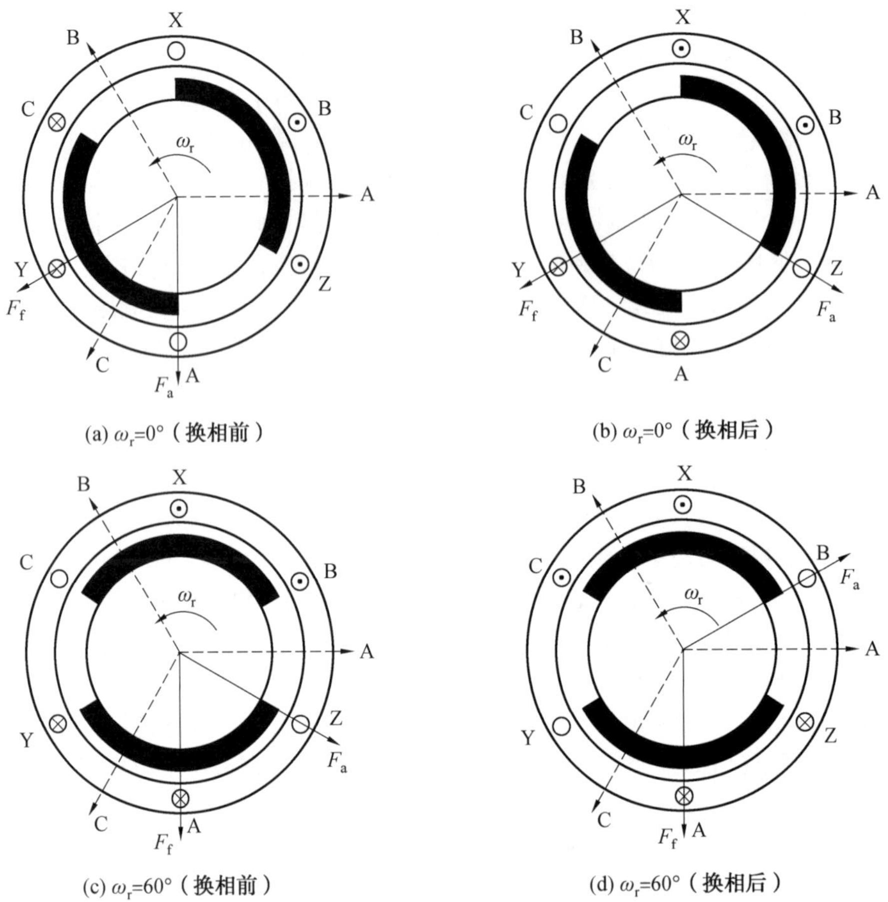

(a) $\omega_r=0°$（换相前）　(b) $\omega_r=0°$（换相后）

(c) $\omega_r=60°$（换相前）　(d) $\omega_r=60°$（换相后）

图 3.7　无刷直流电动机分析示意图

3.4　无刷直流电动机的模型

前面讨论了无刷直流电动机的工作原理及其稳态特性，为了突出主要问题，分析是在假定感应电动势波形为理想的梯形波、忽略换相过程、绕组电流为理想方波的前提下进行的。实际无刷直流电动机的感应电动势、绕组电流波形往往与上述理想情况有明显差异。为了得到更接近实际的结果，在无刷直流电动机的分析研究中常采用系统仿真的方法，为此需建立无刷直流电动机的动态数学模型。另外，无刷直流电动机作为伺服电动机，除了稳态性能外，对其动态性能的分析、研究也是不可缺少的，这往往也需借助于动态数学模型和系统仿真。

一般交流电机的磁动势和气隙磁场等均可认为在空间按正弦规律分布，可以用空间矢量来描述，在研究动态问题时通过坐标变换的方法常常可以使动态方程得以简化，在讨论三相感应电动机矢量控制时我们便采用了这种方法。但是在无刷直流电动机中，由于气隙磁场在空间不是按正弦规律分布的，因此坐标变换理论已不是有效的分析方法。无刷直流电动机的动态数学模型通常直接建立在静止的 ABC 坐标系上。

假定三相无刷直流电动机的定子绕组为 Y 接，无中线引出：转子采用表面式结构，且无阻尼绕组；忽略铁芯磁滞和涡流损耗，并不计磁路饱和影响。采用图 3.6 所示的正方向规定，对各相绕组分别列电压方程并写成矩阵形式，可得

$$\begin{bmatrix} u_A \\ u_B \\ u_C \end{bmatrix} = \begin{bmatrix} R_s & 0 & 0 \\ 0 & R_s & 0 \\ 0 & 0 & R_s \end{bmatrix} \begin{bmatrix} i_A \\ i_B \\ i_C \end{bmatrix} + \frac{d}{dt} \begin{bmatrix} L_A & L_{AB} & L_{AC} \\ L_{BA} & L_B & L_{BC} \\ L_{CA} & L_{CB} & L_C \end{bmatrix} \begin{bmatrix} i_A \\ i_B \\ i_C \end{bmatrix} + \begin{bmatrix} e_A \\ e_B \\ e_C \end{bmatrix} \tag{3.1}$$

式中　u_A、u_B、u_C——定子三相绕组电压；

e_A、e_B、e_C——定子三相绕组的感应电动势；

L_A、L_B、L_C——定子三相绕组自感；

L_{AB}、L_{AC}、L_{BA}、L_{BC}、L_{CA}、L_{CB}——定子三相绕组间的互感。

采用表面式转子结构的无刷永磁伺服电动机是一种隐极式同步电动机，其自感和互感均与转子位置无关，为常值；同时考虑到定子三相绕组的对称性，故有

$$L_A = L_B = L_C = L$$

$$L_{AB} = L_{AC} = L_{BA} = L_{BC} = L_{CA} = L_{CB} = M$$

式中　L——每相绕组的自感；

M——相间互感。

则式(3.1)变为

$$\begin{bmatrix} u_A \\ u_B \\ u_C \end{bmatrix} = \begin{bmatrix} R_s & 0 & 0 \\ 0 & R_s & 0 \\ 0 & 0 & R_s \end{bmatrix} \begin{bmatrix} i_A \\ i_B \\ i_C \end{bmatrix} + \frac{d}{dt} \begin{bmatrix} L & M & M \\ M & L & M \\ M & M & L \end{bmatrix} \begin{bmatrix} i_A \\ i_B \\ i_C \end{bmatrix} + \begin{bmatrix} e_A \\ e_B \\ e_C \end{bmatrix} \tag{3.2}$$

由于定子绕组为三相 Y 接，无中线，故有$i_A + i_B + i_C = 0$，则有 $Mi_B + Mi_C = -Mi_A$，$Mi_C + Mi_A = -Mi_B$，$Mi_A + Mi_B = -Mi_C$，代入式(3.2)并整理，得

$$\begin{bmatrix} u_A \\ u_B \\ u_C \end{bmatrix} = \begin{bmatrix} R_s & 0 & 0 \\ 0 & R_s & 0 \\ 0 & 0 & R_s \end{bmatrix} \begin{bmatrix} i_A \\ i_B \\ i_C \end{bmatrix} + \frac{d}{dt} \begin{bmatrix} L-M & 0 & 0 \\ 0 & L-M & 0 \\ 0 & 0 & L-M \end{bmatrix} \begin{bmatrix} i_A \\ i_B \\ i_C \end{bmatrix} + \begin{bmatrix} e_A \\ e_B \\ e_C \end{bmatrix} \tag{3.3}$$

根据式(3.3)，无刷直流电动机的等效电路如图 3.8 所示。

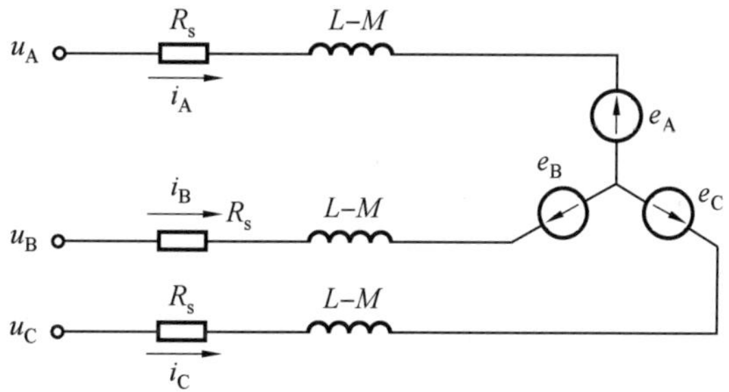

图 3.8　三相无刷直流电动机的等效电路

三相无刷直流电动机的电磁转矩公式为

$$T_e = \frac{1}{\Omega_r}(e_A i_A + e_B i_B + e_C i_C) \tag{3.4}$$

式中　Ω_r——转子机械角速度。

机械运动方程为

$$T_e = T_L + J\frac{d\Omega_r}{dt} \tag{3.5}$$

式中　T_L——负载转矩；

J——转动惯量。

式(3.3)～(3.5)构成了无刷直流电动机本体的动态数学模型，进行系统仿真时，还需与逆变器以及控制电路相结合。

3.5　无刷直流电动机的转矩脉动

1. 引起转矩脉动的原因

在图3.9所示的理想情况下，相绕组感应电动势为平顶宽度大于120°的梯形波，绕组电流为正、负半波各120°电角度的方波，且方波电流与梯形波电动势相位一致，则无刷直流电动机的电磁转矩无脉动，但对于实际电动机上述理想条件很难满足。

首先，就感应电动势波形而言，既与永磁励磁磁场的空间分布有关，又与定子绕组结构及是否采用斜槽等有关，典型情况如图3.9中e_A所示，平顶宽度小于120°电角度。当定子绕组采用整距集中绕组，且无定子斜槽和转子斜极时，电动势波形畸变较小。

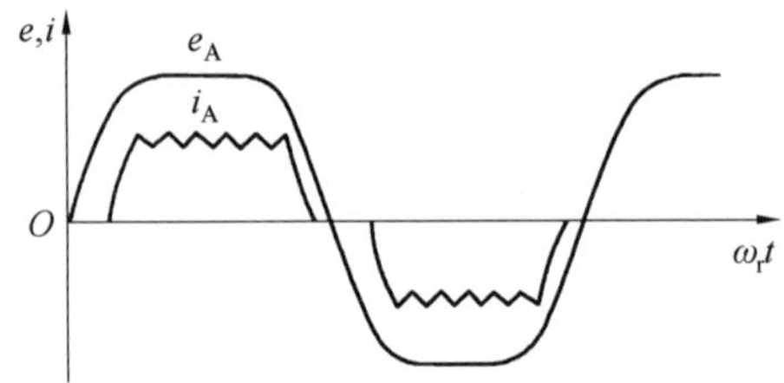

图3.9　典型的感应电动势和绕组电流波形

其次，就绕组电流波形而言，由于电枢绕组电感的存在，绕组电流不能突变，一相绕组关断，另一相绕组导通的换相不可能瞬间完成，关断相绕组电流的下降和导通相绕组电流的上升都需要一个过程，此过程称为换相过程，由换相引起的转矩脉动称为换相转矩脉动。当逆变器采用PWM控制时，还会导致绕组电流产生纹波。考虑到上述两个方面因素，典型的绕组电流波形如图3.9中的i_A所示。

感应电动势波形和绕组电流波形与理想波形的偏差均会导致电磁转矩脉动。其中由绕组电流换相引起的换相转矩脉动影响最大，换相期间可能产生很大的转矩尖峰。而由PWM控制产生的电流纹波由于频率较高（一般大于5 kHz），考虑到电动机机械惯性的滤波作用，由此产生的转矩脉动对转速影响很小，一般可不必考虑。

此外，由于定子齿槽的存在，转子旋转时气隙磁阻会随着转子位置的改变而发生变化，从而引起转矩脉动，称为齿槽转矩。为了减小齿槽转矩，可以在电动机设计时采用定子斜槽或转子斜极等措施。值得注意的是，这些措施在削弱齿槽转矩的同时，也会抑制电动势波形中的谐波分量，使电动势波形更加接近正弦，从而减小其平顶宽度。

另外，如果绕组电流相位与感应电动势相位不一致，也会使转矩脉动增大，为避免出现这种情况，转子位置信号及换相时刻必须准确。

2. 换相转矩脉动分析

前已述及，绕组电流换相所产生的换相转矩脉动是导致无刷直流电动机转矩脉动的主要因素，下面对换相转矩脉动做进一步分析。分析以 A 相上桥臂V_1到 B 相上桥臂V_3的换相过程为例进行，所得结论对于其他换相时刻同样适用。

(1)换相期间的电磁转矩。

换相之前，V_1和V_2导通，电流I_d由电源正极经过V_1流进 A 相绕组，然后经V_2由 C 相绕组回到电源负极，此时有

$$i_A=-i_C=I_d, i_B=0$$

在V_1到V_3的换相时刻，V_1关断、V_3导通，由于绕组电感的存在，关断相电流i_A不能突变，而是经过下桥臂反并联二极管VD_4续流，因此在 A 相电流下降到 0 之前，三相绕组同时导通，如图 3.10 所示。

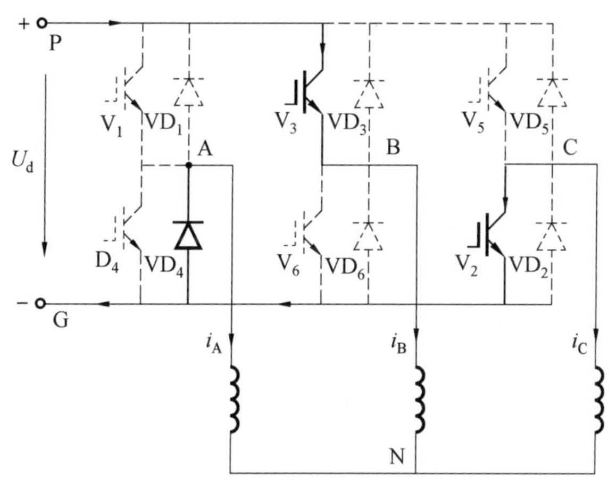

图 3.10　由V_1到V_3换相期间的绕组导通情况

根据转矩公式(3.4)，假定反电动势波形的平顶部分足够宽，整个换相期间各相电动势均处于平顶范围，即有

$$e_A=e_B=-e_C=E_p \tag{3.6}$$

则

$$T_e=\frac{1}{\Omega_r}(e_A i_A+e_B i_B+e_C i_C)=\frac{1}{\Omega_r}(E_p i_A+E_p i_B-E_p i_C) \tag{3.7}$$

由于$i_A+i_B+i_C=0$，所以有

$$T_e=\frac{2E_p}{\Omega_r}(i_A+i_B)=-\frac{2E_p}{\Omega_r}i_C \tag{3.8}$$

可见，换相期间的电磁转矩与非换相相电流(这里 C 相是非换相相)大小成正比，若能使非换相相电流在换相期间保持换相前的值不变，即使$-i_C=I_d$，就不会因换相产生转矩脉动。考虑到$-i_C=i_A+i_B$，这意味着换相期间应使关断相电流i_A的下降速度与开通相

电流i_B的上升速度相等。下面就来分析为此应满足的条件，以及不同换相条件下的转矩脉动情况。

(2)换相期间各相绕组电流的变化率。

令$L_s=L-M$，式(3.3)的电压方程可以重写为

$$\left.\begin{aligned}u_A&=R_s i_A+L_s\frac{\mathrm{d}\,i_A}{\mathrm{d}t}+e_A\\u_B&=R_s i_B+L_s\frac{\mathrm{d}\,i_B}{\mathrm{d}t}+e_B\\u_C&=R_s i_C+L_s\frac{\mathrm{d}\,i_C}{\mathrm{d}t}+e_C\end{aligned}\right\}\tag{3.9}$$

注意：式(3.9)中的电压u_A、u_B、u_C为三相绕组的相电压，若各功率开关的通断状态已知，可以直接得到的是三相绕组端点对直流地G的电压u_{AG}、u_{BG}、u_{CG}，设三相绕组中点N对直流地的电压为u_{NG}，则三相相电压为

$$u_A=u_{AG}-u_{NG},u_B=u_{BG}-u_{NG},u_C=u_{CG}-u_{NG}\tag{3.10}$$

为了求出u_{NG}，可以将式(3.10)代入式(3.9)，然后将3个方程相加，并考虑到$i_A+i_B+i_C=0$，可得

$$u_{NG}=\frac{1}{3}[(u_{AG}+u_{BG}+u_{CG})-(e_A+e_B+e_C)]\tag{3.11}$$

在V_1到V_3换相期间，假定在换相结束之前PWM不起作用，即换相期间各功率开关的通断不受PWM影响，则有

$$u_{NG}=\frac{1}{3}U_d-E_p\tag{3.12}$$

将上述关系代入电压方程式(3.9)，并忽略定子电阻压降的影响，可得换相期间三相绕组电流的变化率为

$$\left.\begin{aligned}\frac{\mathrm{d}\,i_A}{\mathrm{d}t}&=-\frac{U_d+2\,E_p}{3L_s}\\\frac{\mathrm{d}\,i_B}{\mathrm{d}t}&=\frac{2\,U_d-2\,E_p}{3L_s}\\\frac{\mathrm{d}\,i_C}{\mathrm{d}t}&=\frac{-U_d+4\,E_p}{3L_s}\end{aligned}\right\}\tag{3.13}$$

(3)不同转速下换相期间绕组电流的变化情况与换相转矩脉动。

考虑到电动势幅值E_p与转子转速成正比，式(3.13)表明：在直流电压U_d和电感L_s一定的条件下，换相期间绕组电流的变化情况与电动机转速有关，下面对此做具体分析。

① $4\,E_p=U_d$时：在一定转速下，换相期间有

$$-\frac{\mathrm{d}\,i_A}{\mathrm{d}t}=\frac{\mathrm{d}\,i_B}{\mathrm{d}t}=\frac{U_d}{2L_s},\frac{\mathrm{d}\,i_C}{\mathrm{d}t}=0$$

这意味着在此条件下关断相电流的下降速度与开通相电流的上升速度相等，而非换相相电流将保持换相前的值不变，即换相期间有

$$i_C=i_A+i_B=I_d$$

相关波形如图3.11(a)所示，此时换相期间转矩无脉动。

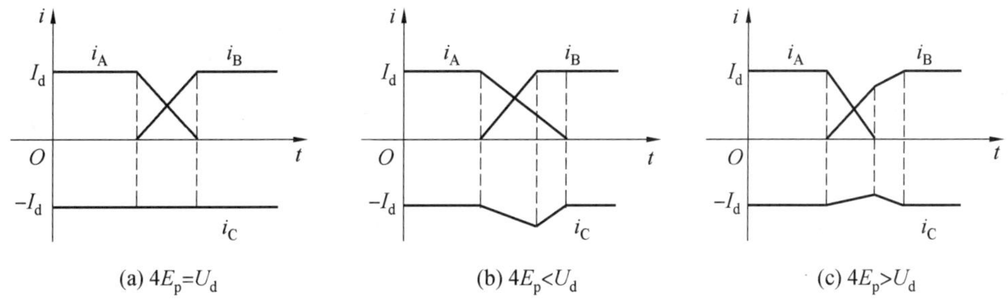

图 3.11　换相期间绕组电流变化情况

② $4E_p<U_d$时：若转速低于上述转速，则 $4E_p<U_d$，在此条件下，有

$$-\frac{\mathrm{d}i_A}{\mathrm{d}t}<\frac{\mathrm{d}i_B}{\mathrm{d}t},\frac{\mathrm{d}}{\mathrm{d}t}(-i_C)>0$$

即开通相电流上升快，而关断相电流下降慢，相应地非换相相电流幅值将增大，相关波形如图 3.11(b)所示，此时换相期间转矩会增大。

③ $4E_p>U_d$时：若电动机转速高于前述第一种情况下的转速，则 $4E_p>U_d$，在此条件下有

$$-\frac{\mathrm{d}i_A}{\mathrm{d}t}<\frac{\mathrm{d}i_B}{\mathrm{d}t},\frac{\mathrm{d}}{\mathrm{d}t}(-i_C)<0$$

即关断相电流下降快，开通相电流上升慢，而非换相相电流幅值将减小，相关波形如图 3.11(c)所示，因此换相期间转矩会减小。

注意：上述分析是在换相期间开通相电流达到I_d之前 PWM 不起作用的前提下得到的，若换相期间功率开关仍处于 PWM 状态，所采用的 PWM 方式及换相期间的 PWM 占空比会影响换相期间各相绕组电压的平均值，从而影响各相绕组电流的变化率。不难想象，若在换相期间采用适当的 PWM 策略和 PWM 占空比，有可能使非换相相电流大小保持不变，从而达到抑制换相转矩脉动的目的。对具体的换相转矩脉动抑制措施这里不做进一步讨论。

无刷直流电动机与正弦波永磁同步电动机相比，控制要求及控制系统都相对简单，成本较低，而且具有更高的功率密度，因此得到了广泛应用。但由于转矩脉动较大，使其在高性能伺服系统中的应用受到一定限制，如何抑制转矩脉动是无刷直流电动机的一个重要研究课题。

3.6　无位置传感器的转子位置检测

无刷直流电机的运行是利用转子位置信息来控制定子绕组换相的，转子位置的检测至关重要。但位置传感器安装在电机内部有限的空间里，会使电机结构设计复杂，增加电机尺寸和制造成本，且维修困难。另外，位置传感器接线多，使得系统接线复杂、易受干扰、密封困难，在某些恶劣的环境(高温、腐蚀、污浊等)中，其可靠性降低，甚至无法正常工作。

无位置传感器的位置检测是获取转子位置信号的一种间接方法，虽然省去了位置传

感器，但电机的基本工作原理并未改变。在电机运转的过程中，作为功率开关器件换相导通时序的转子位置信号仍然是需要的，仍然是通过转子磁极的位置来控制功率开关电路的通断。此时，位置信号不再是由位置传感器来提供，而是由新的位置信号检测措施来代替，通过电动机本体的输入、输出电量，经过控制器的硬件检测或软件计算来得到转子磁极位置。其核心和关键是构架转子位置信号检测线路，从硬件和软件两个方面来间接获得可靠的转子位置信号。

1. 反电动势过零点检测原理

在无刷直流电动机中，因为定子电枢绕组反电动势过零点与转子位置之间有着固定的关系，所以确定了反电动势的过零点也就确定了转子的位置。所谓过零法，是通过检测电枢绕组的端电压来确定未导通相反电动势的过零点，经过一定的延迟，给该相绕组通电。

以三相 Y 形联结无刷直流电动机为例，易知电势平衡方程为公式(3.3)所示。假设电机具有理想的梯形波反电动势波形，三相绕组对称，忽略电枢反应以及定子齿槽的影响，采用两相导通的三相六状态 120°工作方式。若不考虑换相的过渡过程，则每 60° 内三相绕组中只有两相绕组导通，即总有一相绕组处于断电状态。

例如，假设在 0°～60°区间内，A 相和 B 相导通，C 相断电，则 C 相电流为零。C 相电势方程可以简化为

$$u_C = e_C + u_N$$

从而得到 C 相的反电动势过零点检测方程为

$$e_C = e_{C0} + u_N$$

由于 C 相绕组是断电的，因此可以通过比较端电压u_C与中性点电压u_N来获得 C 相反电动势过零点时刻。注意到该检测点超前于下一次换相时刻 30°电角度，故检测到反电动势过零点后，应延迟 30°电角度后再进行换相，以保证电机能产生最大平均电磁转矩。

同理，可以得到 A 相和 B 相的反电动势过零点检测方程为

$$e_A = e_{A0} + u_N$$

$$e_B = e_{B0} + u_N$$

一般情况下，电机三相绕组 Y 形接法的中性点并没有引线引出来，真正的电机中性点电压不能直接得到，因此需要想办法获得中性点电压。

在上述 0° ～60°区间内，$i_B = -i_A$，$e_B = -e_A$，将式(3.3)中 A、B 两相的电势平衡方程相加得到中性点电压：

$$u_N = \frac{1}{2}(u_A + u_B)$$

因此，C 相反电动势过零点检测方程变形为

$$e_C = u_C - \frac{1}{2}(u_A + u_B)$$

同理，可以得到 A 相和 B 相的反电动势过零点检测方程为

$$e_A = u_A - \frac{1}{2}(u_B + u_C)$$

$$e_B = u_B - \frac{1}{2}(u_A + u_C)$$

上述两种形式都可以用于检测反电动势过零点，其区别在于中性点电压的获得方式不同。

2. 反电动势过零法的实现

反电动势过零点检测可以采用硬件比较法或者软件计算法来具体实现。

硬件法是先将端电压利用电阻分压并滤波后，再利用对称电阻网络虚构一个中性点，通过比较器比较端电压与该中性点电压来获得反电动势过零点信息。硬件法原理电路如图 3.12 所示，图中 N′为虚构的中性点。

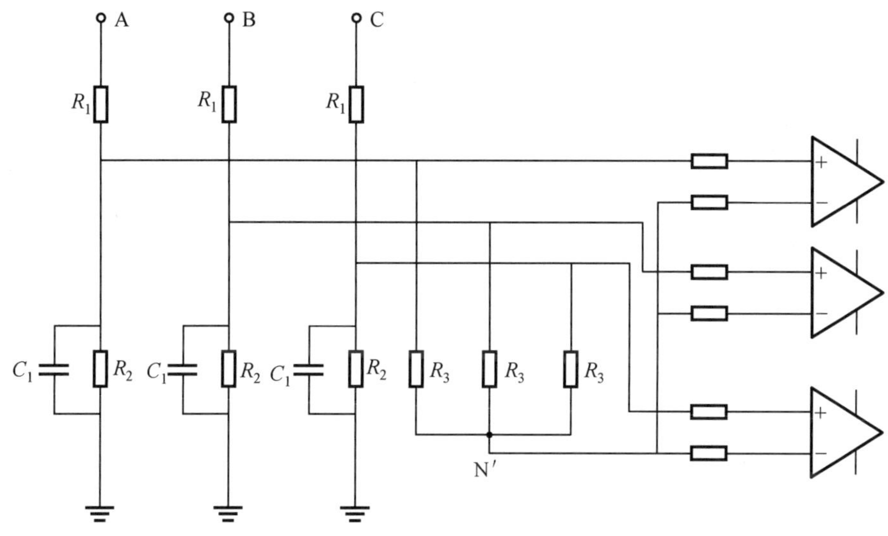

图 3.12　硬件法原理电路

软件法是将端电压分压并滤波后，再利用 A/D 转换由微处理器读取三路端电压，通过实时计算得到反电动势过零点。当采用电流调制的方式进行调速控制时，在开关管开通或关断时，电流的突变会产生电抗电势，使电抗电势波形出现尖峰，当与反电动势反相的尖峰电压均较大时，合成电势会出现较多的过零点，影响换相点判断的准确性。因此，必须以很高的采样率对反电动势进行采样，同时为了保证换相的可靠性，还要在算法上对伪过零点进行滤除，这势必占用大量的 CPU 资源，不利于系统开发。

无论是硬件法还是软件法，检测信号都是经电阻分压、低通滤波后得到的，滤波电容的存在，会使检测到的过零点相对于实际过零点有延迟，而且转速越高，延迟越多，使位置检测不准确。因此，即使采用硬件法，在调速应用场合也必须结合软件根据转速进行适当的修正。可以求得图 3.12 所示电路的延迟角 α 为

$$\alpha = \arctan\frac{2\pi f R_1 R_2 R_3 C_1}{R_1 R_2 + R_2 R_3 + R_3 R_1}$$

式中　f——信号频率。

3. 三段式启动

因为电动机静止或转速较低时，反电动势信号没有或很小，无法根据反电动势信号检

测转子位置,所以电动机必须先开环启动至一定转速,然后切换到位置检测的闭环运行状态。必须解决静止启动和自同步切换这两个问题,其中的一种方法是采用所谓的三段式启动法。

三段式启动时,先给预先设定的两相绕组通以短暂电流,使转子磁极稳定在该两相绕组的合成磁场轴线上,以此作为转子磁极的初始位置;然后按照定、转子间正确的空间位置关系,送出开关电路的控制信号,使对应的功率开关管导通,并逐渐增加控制信号频率,电机启动并升速;当电动机反电动势随着转速的升高达到一定值时,通过反电动势过零检测已经能够确定转子位置,即从开环启动切换到了自同步运行。

第4章　永磁同步电动机

4.1　概　　述

电机是以磁场为媒介进行电能和机械能互相转换的电磁装置。由于磁场是电机的媒介，根据磁场来源的不同，电机可以分为电励磁电机和永磁电机。电励磁电机需要有专门的绕组、集电环和电刷等装置，还需要提供电能来维持电流。永磁电机是用永磁体自带的磁场代替直流励磁产生的磁场而构成的电机。与电励磁电机相比，永磁电机简化了电机结构，省去了容易出问题的电刷和集电环，提高了电机运行的可靠性；节约了能量，不需要励磁电流，从而去除了励磁损耗，提高了电机的效率。

4.2　永磁同步电动机结构及工作原理

永磁同步电动机和普通的感应电机一样，是由定子和转子等部分构成。其中定子部分与普通的感应电动机基本相同，由采用叠片结构的定子铁芯和嵌在铁芯中的多相对称绕组构成，采用叠片结构是为了减少电动机运行时的铁耗。为了削弱齿槽效应引起的转矩脉动，定子铁芯采用斜槽；定子槽中嵌放对称的多相定子绕组，可以采用星形或者角形连接，目前较为普遍的是三相绕组电机。定子绕组的布置应使得定、转子极数相同。

转子部分是用永磁材料取代了电励磁同步电动机的转子励磁绕组。使用的永磁材料主要有铁氧体和稀土永磁钕铁硼等，铁氧体永磁的剩磁密度不高，一般在实际中做成扁平形状，应用在小型永磁电机；在60年前，稀土永磁价格昂贵，主要用于航空航天和要求性能高于价格的高科技领域，在近几十年，稀土钕铁硼永磁价格逐步降低，这类永磁材料广泛应用于工业、农业和日常民用领域。转子结构可以设计为两极，也可设计成多极，图4.1所示即为6极永磁同步电动机。根据永磁体在转子上放置方式的不同，永磁同步电动机通常分为表贴式和内置式，图4.1所示分别为最基本形式的表贴式和内置式转子结构。其中，表贴式转子永磁体又有凸出式和嵌入式；内置式转子又有径向式、切向式和混合式。当电动机转速不是很高时，一般采用表贴式转子结构；而对于高速电机多采用内置式转子结构。图4.1中，表贴式永磁体为径向充磁，内置式永磁体为平行充磁，转子对外表现为N、S交替的磁极极性。无论是采用哪种形式的转子磁极结构，都设计为尽量使转子永磁体产生的气隙磁场沿圆周正弦分布，以使当电机旋转时，转子永磁磁场在定子绕组中产生正弦波反电动势。

电机本体由定子和转子两部分组成，如图4.1所示。

永磁同步电动机转矩产生和旋转的原理相当简单，下面用一个简单的两极电动机加

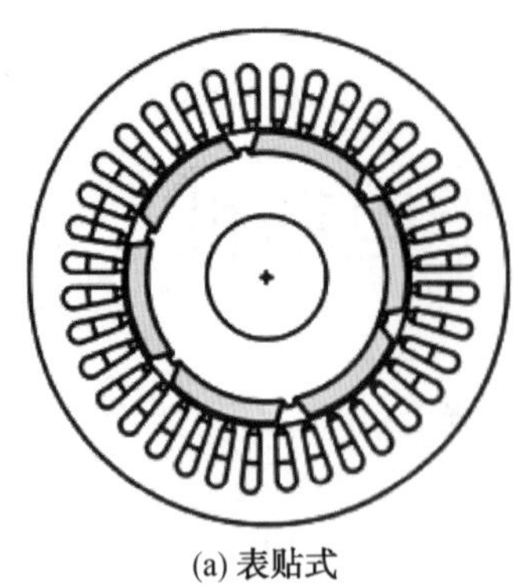

(a) 表贴式

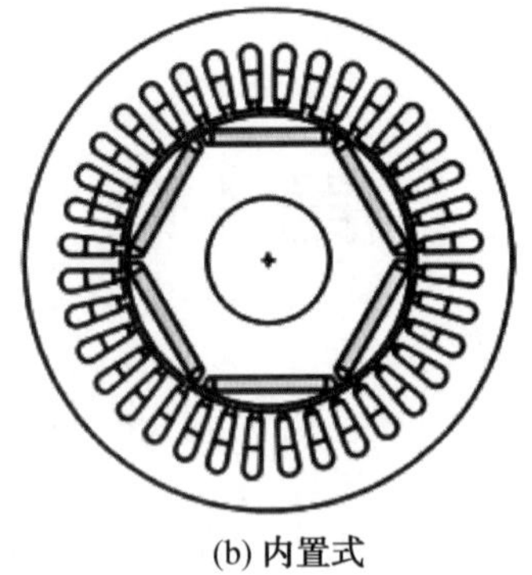

(b) 内置式

图 4.1　永磁同步电动机本体结构

以说明。图 4.2 中所表示的转子是一个具有两个磁极的永磁转子。当同步电动机的定子对称绕组通入对称的多相交流电后，会在电机气隙中出现一个由定子电流和转子永磁体合成产生的两极旋转磁场，这个旋转磁场在图中用另一对旋转磁极来等效，其转速取决于电源频率。

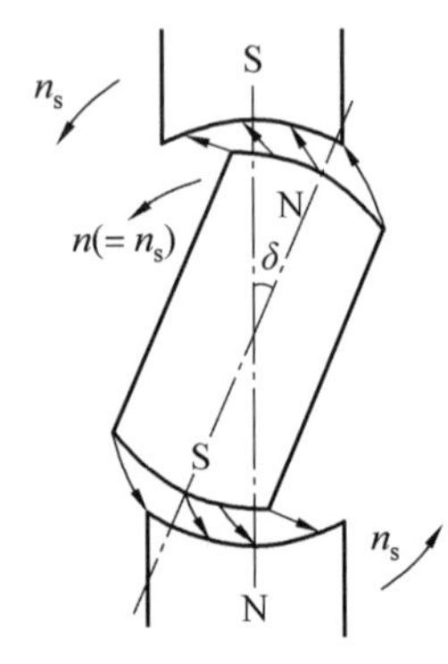

图 4.2　永磁同步电动机的工作原理

在图 4.2 中，当气隙旋转磁场以同步速 n_s 沿图示的转向旋转时，根据 N 极与 S 极互相吸引的道理，气隙旋转磁场的磁极就要与转子永久磁极紧紧吸住，并带着转子一起旋转。由于转子是由气隙旋转磁场带着旋转的，因而转子的转速应该与气隙旋转磁场的转速(即同步速 n_s)相等。当转子上的负载阻转矩增大时，气隙磁场磁极轴线与转子磁极轴线间的夹角 δ 就会相应增大；当负载阻转矩减小时，夹角 δ 又会减小。通常将夹角 δ 称为转矩角或者功角。

气隙磁场磁极与转子两对磁极间的磁力线如同有弹性的橡皮筋一样，尽管在负载变化时，气隙磁场磁极与转子磁极轴线之间的夹角会变大或变小，但只要负载不超过一定限度，转子就始终跟着气隙旋转磁场以恒定的同步速 n_s 转动，即转子转速为

$$n=n_s=\frac{60f}{p_n}(\mathrm{r/min}) \tag{4.1}$$

式中　f——定子绕组电源频率；

p_n——极对数。

可见，转子转速只取决于电源频率和电机极对数。但是，如果轴上负载阻转矩超出一定限度，转子就不再以同步速运行，甚至最后会停转，这就是同步电动机的失步现象。这个最大限度的转矩称为最大同步转矩。因此，当使用同步电动机时，负载阻转矩不能大于最大同步转矩。

应该注意，如果不采取其他措施，那么对永磁同步电动机直接用高频供电时其自身启动比较困难。主要原因是刚启动时，虽然施加了电源，电机内产生了旋转磁场，但转子还是静止不动的，转子在惯性的作用下跟不上旋转磁场的转动，使气隙磁场与转子两对磁极

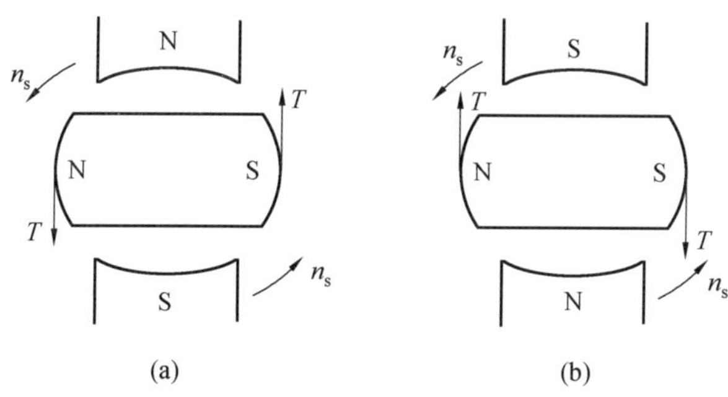

图 4.3　永磁同步电动机的启动转矩

之间存在着相对运动,转子所受到的平均转矩为 0。例如,在图 4.3(a)所示启动瞬间,气隙磁场与转子磁极的相互作用倾向于使转子沿逆时针方向旋转,但由于惯性的影响,转子受到作用后不能马上转动;当转子还来不及转起来时,气隙旋转磁场已转过 180°,到了如图 4.3(b)所示的位置,这时气隙磁场与转子磁极的相互作用又趋向于使转子沿顺时针方向旋转。这样,转子所受到的转矩时正时反,其平均转矩为 0,因而永磁同步电动机往往不能在高频供电下自行启动。从图 4.3 还可看出,在同步电动机中,如果转子的转速与旋转磁场的转速不相等,那么转子所受到的平均转矩总是为 0。

综上所述,影响永磁同步电动机不能自行启动的因素主要有下面两个方面:

(1)转子及其所带负载存在惯性。

(2)定子供电频率高,使定、转子磁场之间转速相差过大。

传统上,为了使永磁同步电动机能自行启动,在转子上一般都装有启动绕组,图 4.4 所示即为几种设计有启动绕组的永磁同步电动机转子结构,它们都具有永磁体和鼠笼形的启动绕组两部分。启动绕组的结构与鼠笼形伺服电动机转子结构相同。当永磁同步电动机高频供电启动时,依靠鼠笼形启动绕组,就可使电机如同异步电动机工作时一样产生启动转矩,因而转子就转动起来;等到转子转速上升到接近同步速时,气隙旋转磁场就与转子永久磁钢相互吸引,把转子牵入同步,转子与旋转磁场一起以同步速旋转。但如果电动机转子及其所带负载本身惯性不大,或者是多极的低速电机,气隙旋转磁场转速不很大,那么永磁同步电动机不另装启动绕组还是会自行启动的。需要指出的是,在永磁交流伺服电机中,电机是通过逆变电路供电的,施加到电机绕组上等效正弦电压的有效值和频率可以调节,就可以降低频率启动,使得电机在低频下先转动起来,然后逐渐升高频率直到电机达到运行转速。因而,在永磁交流伺服电动机转子上一般不设计启动绕组。

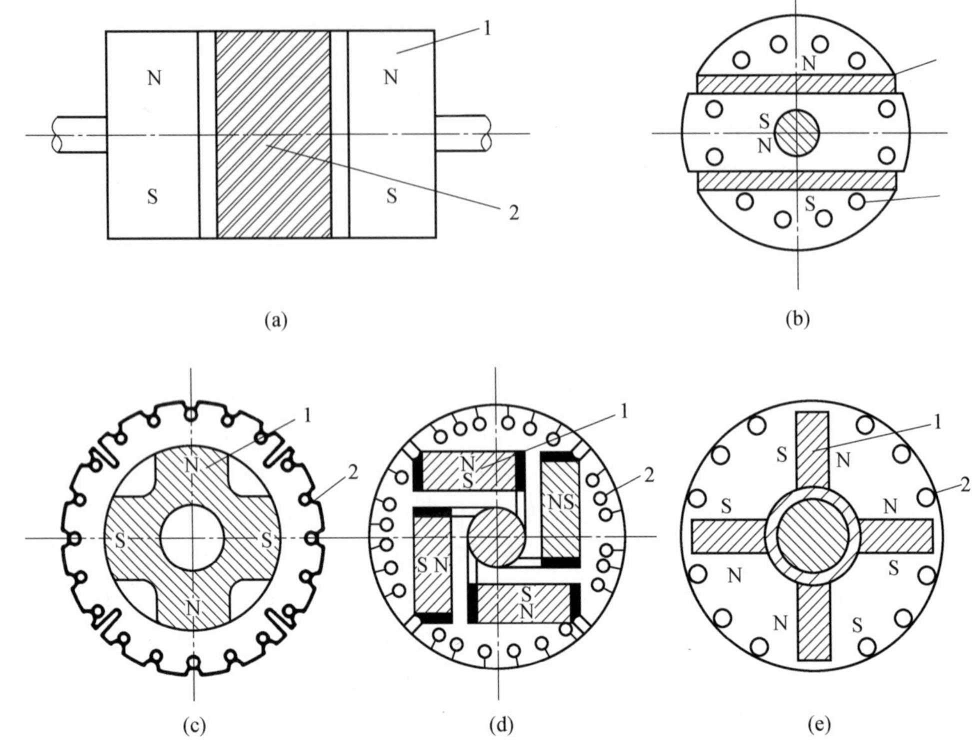

图 4.4　有启动绕组的永磁同步电动机转子结构

1—永磁体;2—启动绕组

4.3　永磁同步电动机的稳态分析

4.3.1　定子绕组的电势平衡方程

设三相永磁交流伺服电动机所施加的相电压为$\dot{U}$,流入的相电流为$\dot{I}_a$,功率因数角为φ,转子永磁磁场在定子绕组中产生的电势为正弦波。

永磁同步电动机运行时,电机中存在两个旋转磁势:一个是转子永磁体产生的机械旋转磁势,另一个是定子多相对称电流产生的电气旋转磁势,而影响电机性能的是这两个磁势合成后所产生的磁场。在不考虑磁路的饱和时,可以应用叠加原理,认为它们各自独立地产生相应的磁通,并在定子绕组中产生感应电势。此外,电机中还存在由定子电流产生的漏磁场。

因此,永磁同步电动机运行时,定子绕组的感应电势有:①匝链转子永磁磁场的磁通$\dot{\Phi}_f$产生的电势$\dot{E}_0$;②匝链定子磁场的磁通$\dot{\Phi}_a$产生的电势$\dot{E}_a$;③由定子绕组漏磁通 $\dot{\Phi}_\sigma$产生的电势$\dot{E}_\sigma$。

(1)电势$\dot{E}_\sigma$。$\dot{E}_\sigma$类似于变压器或者异步型交流伺服电动机中的漏磁电势,可以用漏

电抗 X_σ上的电压降来表示

$$\dot{E}_\sigma = -\mathrm{j}X_\sigma \dot{I}_a \tag{4.2}$$

(2)电势 E_0。E_0 是定子绕组切割转子永磁磁场所产生的电势，即由转子永磁磁场匝链定子绕组的磁通 Φ_f 交变所产生的电势，在相位上滞后于磁通 Φ_f 相位 90°，大小为

$$E_0 = 4.44 f W_s \Phi_f \tag{4.3}$$

式中　f——频率，$f=\dfrac{p_n ns}{60}$；

W_s——定子绕组每相有效串联匝数。

E_0 在电动机运行中为反电势。

(3)电势$\dot{E}_a$。电势$\dot{E}_a$的计算就要复杂一些，为方便分析，定义转子磁极轴线的位置为直轴(d 轴)，而与之正交(夹角为 90°电角度)的位置为交轴(q 轴)，相位关系图如图 4.5 所示。取磁通 Φ_f 沿直轴方向，原因是电势 E_0 的相位滞后于磁通 Φ_f 的相位 90°，则电势 E_0 沿 q 轴。将电势 E_0 与定子电流 I_a 之间的夹角标记为 ψ，称为内功率因数角。当 I_a 超前于 E_0 时，ψ 为正。

在永磁同步电动机中，由于永磁体特别是稀土永磁材料的磁导率接近于空气的磁导率，因此定子磁势沿直轴作用与沿交轴作用时所遇到的磁阻可能不相等。例如，图 4.1(b)中所示的内置式转子结构，沿直轴与沿交轴的磁阻就不相等；而图 4.1(a)中所示的表贴式转子结构，沿直轴与沿交轴的磁阻近似相等。那么，同样大小的定子磁势作用在直轴磁路上和作用在交轴磁路上所产生的磁通大小就可能不一样。当电动机所带负载不同时，转子磁极的位置会发生变化，定子磁势作用在不同的空间位置，对应着不同的磁阻，产生不同的磁通和电势，给分析和计算带来困难。

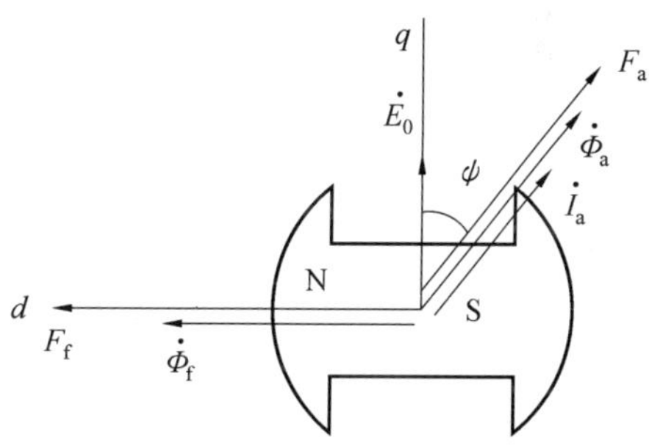

图 4.5　相位关系图

因此，根据直轴和交轴磁阻的不同，应用双反应理论，将定子绕组的三相合成磁势 F_a 分解为直轴磁势 F_{ad}和交轴磁势 F_{aq} 两个分量来分别研究。参考图 4.5，将电流$\dot{I}_a$按 ψ 角分解成两个分量，即与$\dot{E}_0$同相的(q 轴)分量$\dot{I}_q$和与$\dot{E}_0$正交的(d 轴)分量$\dot{I}_d$，且

$$\dot{I}_a = \dot{I}_d + \dot{I}_q \tag{4.4}$$

$$\left.\begin{aligned} \dot{I}_d &= \dot{I}_a \sin\psi \\ \dot{I}_q &= \dot{I}_a \cos\psi \\ I_a^2 &= I_d^2 + I_q^2 \end{aligned}\right\} \tag{4.5}$$

当电流$\dot{I}_d$流过定子绕组时，产生直轴磁势 F_{ad}；当电流$\dot{I}_q$流过定子绕组时，产生交轴磁势 F_{aq}。可以理解为，定子磁势 F_a 按 ψ 角分解成作用在直轴磁路的磁势 F_{ad}和作用在交轴磁路的磁势 F_{aq}，且

$$\left.\begin{aligned} F_{ad} &= F_a \sin\varphi \\ F_{ad} &= F_a \sin\varphi \end{aligned}\right\} \tag{4.6}$$

直轴磁势 F_{ad} 固定地作用在直轴磁路上，对应于一个恒定不变的磁阻，产生磁通 $\dot{\Phi}_{ad}$；交轴磁势 F_{aq} 固定地作用在交轴磁路上，也对应于一个恒定不变的磁阻，产生磁通 $\dot{\Phi}_{aq}$。磁通 $\dot{\Phi}_{ad}$ 与 $\dot{\Phi}_{aq}$ 分别在定子绕组中感应出电势 $\dot{E}_{ad}$ 和 $\dot{E}_{aq}$。假如不考虑磁路饱和程度的变化，则直轴和交轴磁路的磁阻都恒定不变，所以 $\dot{E}_{ad}$ 正比于 $\dot{\Phi}_{ad}$、F_{ad}、$\dot{I}_d$；$\dot{E}_{aq}$ 正比于 $\dot{\Phi}_{aq}$、F_{aq}、$\dot{I}_q$。这样，电势 $\dot{E}_{ad}$ 和 $\dot{E}_{aq}$ 可以写为电抗压降的形式：

$$\left.\begin{aligned} \dot{E}_{ad} &= -\mathrm{j}X_{ad}\dot{I}_d \\ \dot{E}_{aq} &= -\mathrm{j}X_{aq}\dot{I}_q \\ \dot{E}_a &= \dot{E}_{ad} + \dot{E}_{aq} \end{aligned}\right\} \tag{4.7}$$

(4)电势平衡方程。根据以上分析，并考虑定子绕组中存在的电阻 R_s，写出定子绕组的电势平衡方程：

$$\begin{aligned} \dot{U} &= \dot{E}_0 + R_s\dot{I}_a - \dot{E}_\sigma - \dot{E}_a \\ &= \dot{E}_0 + R_s\dot{I}_a - \dot{E}_\sigma - \dot{E}_{ad} - \dot{E}_{aq} \\ &= \dot{E}_0 + R_s\dot{I}_a + \mathrm{j}X_\sigma\dot{I}_a + \mathrm{j}X_d\dot{I}_d + \mathrm{j}X_q\dot{I}_q \end{aligned} \tag{4.8}$$

因为

$$\dot{E}_0 = -\mathrm{j}X_\sigma I_0 = \mathrm{j}X_\sigma(\dot{I}_d + \dot{I}_q) \tag{4.9}$$

所以

$$\dot{U} = \dot{E}_0 + R_s\dot{I}_a + \mathrm{j}X_d\dot{I}_d + \mathrm{j}X_d\dot{I}_q \tag{4.10}$$

式中，$X_d = X_{ad} + X_\sigma = \omega L_d$ 称为直轴同步电抗，L_d 为直轴同步电感；$X_q = X_{aq} + X_\sigma = \omega L_q$ 称为交轴同步电抗，L_q 为交轴同步电感。

对于图 4.1(a)中所示的表贴式转子结构，由于交、直轴磁路的磁阻基本相等，所以 $X_d = X_q = X_s = X_a + X_\sigma = \omega L_s$。其中 X_s 称为表贴式结构永磁同步电动机的同步电抗，L_s 称为同步电感。此时，$\dot{E}_a = -\mathrm{j}X_a\dot{I}_a$。电势平衡方程为

$$\begin{aligned} \dot{U} &= \dot{E}_0 + R_s\dot{I}_a - \dot{E}_\sigma - \dot{E}_a \\ &= \dot{E}_0 + R_s\dot{I}_a + \mathrm{j}X_\sigma\dot{I}_a + \mathrm{j}X_a\dot{I}_a \\ &= \dot{E}_0 + R_s\dot{I}_a + \mathrm{j}X_s\dot{I}_a \end{aligned} \tag{4.11}$$

4.3.2 电磁转矩和矩角特性

为计算永磁交流伺服电动机的电磁转矩，在式(4.11)中忽略定子电阻和漏电抗，并结合图 4.5 所给出的磁场量与电量之间的关联关系，画出永磁同步电动机电量与磁场量相量图如图 4.6 所示，以说明功角的另一个意义。

在图 4.6 中，$\dot{E}_0$ 是转子磁通 $\dot{\Phi}_f$ 在定子绕组中的感应电势，在相位上滞后于磁通 $\dot{\Phi}_f$ 的相

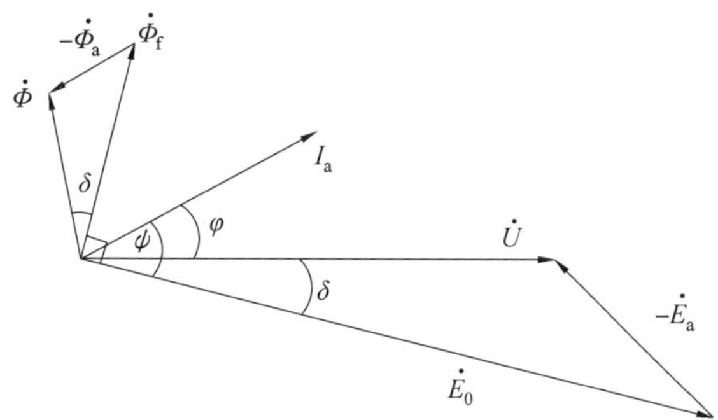

图 4.6　永磁同步电动机电量与磁场量相量图

位 90°；$\dot{E}_a$是定子电流$\dot{I}_a$所产生磁通$\dot{\Phi}_a$在定子绕组中的感应电势，在相位上滞后于磁通$\dot{\Phi}_a$的相位 90°；$\dot{E}_0$与$-\dot{E}_a$的合成相量为电源电压 $\dot{U}$，可以认为是定子绕组中的总电势，由转子磁通$\dot{\Phi}_f$和定子磁通$-\dot{\Phi}_a$的合成磁通 $\dot{\Phi}$ 所产生，当然就滞后于 $\dot{\Phi}$ 的相位 90°。磁通 $\dot{\Phi}$ 与$\dot{\Phi}_f$之间的夹角就是图 4.2 中的功角 δ，也等于电压 $\dot{U}$ 与电势$\dot{E}_0$之间的夹角。此结论同样适用于根据式(4.10)画出的永磁同步电动机相量图，如图 4.7 所示。

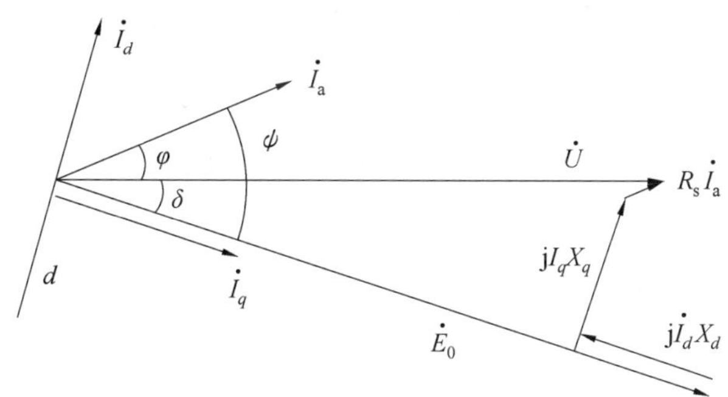

图 4.7　永磁同步电动机相量图

在图 4.6 和图 4.7 中，定子绕组上所加的电源电压 $\dot{U}$ 都小于转子磁场在定子绕组中所产生的感应电势$\dot{E}_0$。电势$\dot{E}_0$正比于转子转速，意味着在一定的电源电压下，可以允许电机以较高的转速运行，这是由于定子磁势 F_{ad}对转子磁势 F_f 的抵消(去磁)作用削弱了定子绕组中合成磁通 $\dot{\Phi}$ 所带来的结果。实际控制系统中，在电源电压一定的情况下，为扩大永磁交流伺服电动机的调速范围，常常利用上述这一特征实现弱磁扩速。当然，弱磁扩速会使得电机的负载能力下降。

根据图 4.7 可以得出

$$\varphi=\psi-\delta \tag{4.12}$$

$$\varphi=\arctan\frac{\dot{I}_d}{\dot{I}_q} \tag{4.13}$$

$$\left.\begin{aligned}\dot{U}\sin\delta&=X_q\dot{I}_q+R_s\dot{I}_d\\ \dot{U}\cos\delta&=\dot{E}_0-X_d\dot{I}_d+R_s\dot{I}_q\end{aligned}\right\}\tag{4.14}$$

从式(4.14)求出定子电流的直轴和交轴分量为

$$\left.\begin{aligned}\dot{I}_d&=\frac{R_s\dot{U}\sin\delta+X_q(\dot{E}_0-\dot{U}\cos\delta)}{R_s{}^2+X_dX_q}\\ \dot{I}_q&=\frac{X_d\dot{U}\sin\delta-R_s(\dot{E}_0-\dot{U}\cos\delta)}{R_s{}^2+X_dX_q}\end{aligned}\right\}\tag{4.15}$$

电动机的输入功率为

$$\begin{aligned}P_1&=mUI_a\cos\varphi=mUI_a\cos(\psi-\delta)\\&=mU(I_a\cos\psi\cos\delta+\sin\psi\sin\delta)\\&=mU(I_d\sin\delta+I_q\cos\delta)\\&=\frac{mU\left[E_0(X_q\sin\delta-R_s\cos\delta)+R_sU+\dfrac{U(X_d-X_q)\sin2\delta}{2}\right]}{R_s{}^2+X_dX_q}\end{aligned}\tag{4.16}$$

式中 m——相数。

为进一步说明问题的本质忽略定子绕组的电阻，可得电动机的电磁功率为

$$P_M=P_1=\frac{mUE_0}{X_d}\sin\delta+\frac{mU^2}{2}\left(\frac{X_d-X_q}{X_dX_q}\right)\sin2\delta\tag{4.17}$$

电磁功率除以电动机的同步机械角速度 Ω_s，得到电磁转矩为

$$T=\frac{P_M}{\Omega_s}=\frac{mUE_0}{\Omega_sX_d}\sin\delta+\frac{mU^2}{2\Omega_s}\left(\frac{1}{X_q}-\frac{1}{X_d}\right)\sin2\delta=T'+T''\tag{4.18}$$

式中，$\Omega_s=\dfrac{2\pi f}{p_n}$，式中的第一项 T' 是转子永磁磁场和定子合成磁场相互作用产生的基本电磁转矩，也称为永磁转矩；第二项 T'' 是由于电动机直轴和交轴磁路磁阻不同所产生的磁阻转矩，也称为反应转矩。对图 4.1(b)中所示内置式转子结构的电动机，因为直轴磁阻大于交轴磁阻，则 $X_d<X_q$，所以当 δ 在 0°～90°范围内变化时，磁阻转矩为负。

当外施电源电压的大小及频率不变时，永磁同步电动机的电磁转矩仅随功角 δ 变化。电磁转矩随功角变化的曲线称为其矩角特性。永磁同步电动机的矩角特性如图 4.8 所示，图中曲线 1 为永磁转矩，2 为磁阻转矩，3 为总的电磁转矩。

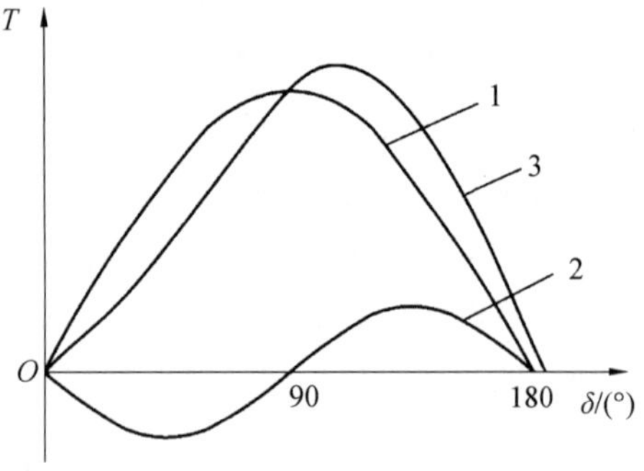

图 4.8　永磁同步电动机的矩角特性

对图 4.1(a)中所示表贴式转子结构的电动机，由于 $X_d=X_q=X_s$，因此式(4.18)变为

$$T=\frac{mUE_0}{X_s\Omega_s}\sin\delta\tag{4.19}$$

仅有永磁转矩而无磁阻转矩，其矩角特性为图 4.8 中所示的曲线 1。永磁同步电动

机矩角特性上有一个电磁转矩最大值 $T_{\max}$，它是电机所能产生的最大转矩。如果电动机的总阻转矩(包括负载转矩和电动机本身的空载阻转矩)大于 $T_{\max}$，电动机将由于带不动负载而出现失步，因此 $T_{\max}$ 也被称为电机的失步转矩。为保证电机的可靠运行，通常将电机的额定转矩 T_N 设计为小于最大转矩 $T_{\max}$，最大转矩 $T_{\max}$ 与额定转矩 T_N 的比值 $K_M=T_{\max}/T_N$ 称为电动机的过载能力或者最大转矩倍数，是电动机的一个很重要的性能指标。

4.4　永磁同步电动机的数学模型

变频器供电的永磁同步电动机加上转子位置闭环控制系统便构成自同步永磁电动机，其中反电动势波形和供电电流波形都是矩形波的电动机，称为矩形波永磁同步电动机，又称无刷直流电动机。而反电动势波形和供电电流波形都是正弦波的电动机，称为正弦波永磁同步电动机。分析正弦波电流控制的调速永磁同步电动机最常用的方法就是 d、q 轴数学模型，它不仅可用于分析正弦波永磁同步电动机的稳态运行性能，也可以用来分析电动机的瞬态性能。

为建立正弦波永磁同步电动机的 dq 轴数学模型，首先假设：

(1)忽略电动机铁芯的饱和；

(2)不计电动机中的涡流和磁滞损耗；

(3)电动机的电流为对称的三相正弦波电流。由此可以得到如下的电压、磁链、电磁转矩和机械运动方程(式中各量为瞬态值)。

电压方程

$$\left.\begin{aligned}u_d&=\frac{\mathrm{d}\varphi_d}{\mathrm{d}t}-\omega\varphi_q+R_1 i_d\\u_q&=\frac{\mathrm{d}\varphi_q}{\mathrm{d}t}-\omega\varphi_d+R_1 i_q\\0&=\frac{\mathrm{d}\varphi_{2d}}{\mathrm{d}t}+R_{2d}i_{2d}\\0&=\frac{\mathrm{d}\varphi_{2q}}{\mathrm{d}t}+R_{2q}i_{2q}\end{aligned}\right\}\tag{4.20}$$

磁链方程

$$\left.\begin{aligned}\varphi_d&=L_d i_d+L_{md}i_{2d}+L_{md}i_{\mathrm{f}}\\\varphi_q&=L_q i_q+L_{mq}i_{2q}\\\varphi_{2d}&=L_{2d}i_{2d}+L_{md}i_d+L_{md}i_{\mathrm{f}}\\\varphi_{2q}&=L_{2q}i_{2q}+L_{mq}i_q\end{aligned}\right\}\tag{4.21}$$

电磁转矩方程

$$T_{\mathrm{em}}=p(\varphi_d i_q-\varphi_q i_d)\tag{4.22}$$

机械运动方程

$$J\frac{\mathrm{d}\Omega}{\mathrm{d}t}=T_{\mathrm{em}}-T_L-R_\Omega\Omega\tag{4.23}$$

式中 u——电压；

i——电流；

φ——磁链；

d、q——下标，分别表示定子的 dq 轴分量；

$2d$、$2q$——下标，分别表示转子的 dq 轴分量；

L_{md}、L_{mq}——定、转子间的 dq 轴互感；

L_d、L_q——定子绕组的 dq 轴电感，$L_d=L_{md}+L_1$、$L_q=L_{mq}+L_1$；

L_{2d}、L_{2q}——转子绕组的 dq 轴电感，$L_{2d}=L_{md}+L_2$、$L_{2q}=L_{mq}+L_2$；

L_1、L_2——定、转子漏电感；

i_f——永磁体的等效励磁电流，当不考虑温度对永磁体性能的影响时，其值为一常数，$i_f=\varphi_f/L_{md}$；

φ_f——永磁体产生的磁链，可由 $\varphi_f=e_0/\omega$ 求取，e_0 为空载反电动势，其值为每相绕组反电动势有效值的$\sqrt{3}$倍，即 $e_0=\sqrt{3}E_0$；

J——转动惯量（包括转子转动惯量和负载机械折算过来的转动惯量）；

R_Ω——阻力系数；

T_L——负载转矩。

电动机的 dq 轴系统中各量与三相系统中实际各量间的联系可通过坐标变换实现。如从电动机三相实际电流 i_U、i_V、i_W 坐标系的电流到 dq 坐标系的电流 i_d、i_q，采用功率不变约束的坐标变换（即 $e^{-j\theta}$变换）时有

$$\begin{bmatrix} i_d \\ i_q \\ i_0 \end{bmatrix}=\sqrt{\frac{2}{3}}\begin{bmatrix} \cos\theta & \cos\left(\theta-\frac{2\pi}{3}\right) & \cos\left(\theta+\frac{2\pi}{3}\right) \\ -\sin\theta & -\sin\left(\theta-\frac{2\pi}{3}\right) & -\sin\left(\theta+\frac{2\pi}{3}\right) \\ \sqrt{\frac{1}{2}} & \sqrt{\frac{1}{2}} & \sqrt{\frac{1}{2}} \end{bmatrix}\begin{bmatrix} i_U \\ i_V \\ i_W \end{bmatrix} \tag{4.24}$$

式中 θ——电动机转子位置信号，即电动机转子磁极轴线（直轴）与 U 相定子绕组轴线的夹角（电角度），且有 $\theta=\int\omega\mathrm{d}t+\theta_0$（$\theta_0$ 是电动机转子初始位置电角度）；

i_0——零轴电流。对于三相对称系统，变换后的零轴电流 $i_0=0$。

对绝大多数正弦波调速永磁同步电动机来说，转子上不存在阻尼绕组，因而，电动机的电压、磁链和电磁转矩方程可简化为

$$\left.\begin{aligned} u_d&=\frac{\mathrm{d}\varphi_d}{\mathrm{d}t}-\omega\varphi_q+R_1i_d \\ u_q&=\frac{\mathrm{d}\varphi_q}{\mathrm{d}t}-\omega\varphi_d+R_1i_q \\ \varphi_d&=L_di_d+L_{md}i_f \\ \varphi_q&=L_qi_q \\ T_{em}&=p(\varphi_di_q-\varphi_qi_d)=p[L_{md}i_fi_q+(L_d-L_q)i_di_q] \end{aligned}\right\} \tag{4.25}$$

如把上式中的有关量表示成空间矢量的形式，则

$$\left.\begin{aligned}&\dot{u}_s=u_d+\mathrm{j}u_q=R_1\dot{i}_s+\frac{\mathrm{d}\dot{\varphi}_s}{\mathrm{d}t}+\mathrm{j}\omega\dot{\varphi}_s\\&\dot{i}_s=i_d+\mathrm{j}i_q\\&\dot{\varphi}_s=\varphi_d+\mathrm{j}\varphi_q\\&T_{em}=p\dot{\varphi}_s\times\dot{i}_s=p\mathrm{Re}(\mathrm{j}\dot{\varphi}_s\dot{i}_s{}^*)\end{aligned}\right\}\tag{4.26}$$

式中　$\dot{i}_s^*$——$\dot{i}_s$ 的共轭复数。

图 4.9 为正弦波永磁同步电动机的空间矢量图。

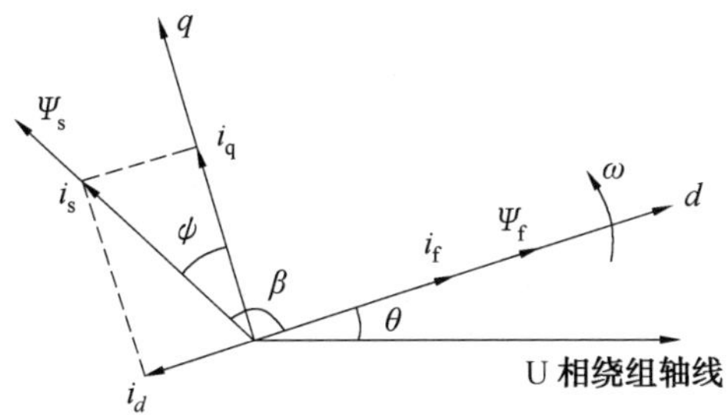

图 4.9　永磁同步电动机的空间矢量图

从图 4.9 中可以看出，定子电流空间矢量 $\dot{i}_s$ 与定子磁链空间矢量 $\dot{\varphi}_s$ 同相，而定子磁链与永磁体产生的气隙磁场间的空间电角度为 β，且

$$\left.\begin{aligned}i_d=i_s\cos\beta\\i_q=i_s\sin\beta\end{aligned}\right\}\tag{4.27}$$

将之代入式(4.27)的电磁转矩公式中，则

$$\begin{aligned}T_{em}&=p\left[L_{md}i_f i_s\sin\beta+\frac{1}{2}(L_d-L_q)i_s{}^2\sin 2\beta\right]\\&=p[\varphi_f i_q+(L_d-L_q)i_d i_q]\end{aligned}\tag{4.28}$$

由上式可以看出，永磁同步电动机输出转矩中含有两个分量，第一项是永磁转矩 T_m，第二项是由转子不对称所造成的磁阻转矩 T_r。对凸极永磁同步电动机，一般 $L_d>L_q$，因此，为充分利用转子磁路结构不对称所造成的磁阻转矩，应使电动机的直轴电流分量为负值，即 β 大于 90°。

在采用功率不变约束的坐标变换后，dq 轴系统中的各量(电压、电流、磁链)等于 UVW 轴系统中各量相有效值的 $\sqrt{m}$ 倍。比如，当 $m=3$ 时，$e_0=\sqrt{3}E_0$，$i_s=\sqrt{3}I_1$。

电动机稳定运行时，电磁转矩可表示为

$$\begin{aligned}T_{em}&=p\left[L_{md}i_f i_s\sin\beta+\frac{1}{2}(L_d-L_q)i_s{}^2\sin 2\beta\right]\\&=p[\varphi_f i_q+(L_d-L_q)i_d i_q]\\&=\frac{p}{\omega}[e_0 i_q+(X_d-X_q)i_d i_q]\end{aligned}\tag{4.29}$$

而电压可表示为

$$\begin{cases}u_d=-\omega L_q i_q+R_1 i_d\\u_q=\omega L_d i_d+\omega\varphi_f+R_1 i_q\end{cases}\tag{4.30}$$

相应的输入功率

$$P_1=u_d i_d+u_q i_q=e_0 i_s\sin\beta+\frac{1}{2}(X_d-X_q)i_s{}^2\sin 2\beta+i_s{}^2R_1\tag{4.31}$$

电磁功率

$$\begin{aligned}P_{em}=\Omega T_{em}&=\frac{\omega}{p}p\left[L_{md}i_f i_s\sin\beta+\frac{1}{2}(L_d-L_q)i_s{}^2\sin 2\beta\right]\\&=e_0 i_q+(X_d-X_q)i_d i_q\end{aligned}\tag{4.32}$$

4.4.1 永磁同步电动机的矢量控制

近二十多年来电动机矢量控制、直接转矩控制等控制技术的问世和计算机人工智能技术的进步，使得电动机的控制理论和实际控制技术上升到了一个新的高度。目前，永磁同步电动机调速传动系统仍以采用矢量控制的为多。

矢量控制实际上是对电动机定子电流矢量相位和幅值的控制。从式(4.28)可以看出，当永磁体的励磁磁链和交、直轴电感确定后，电动机的转矩便取决于定子电流的空间矢量 $\dot{i}_s$，而 $\dot{i}_s$ 的大小和相位又取决于 i_d 和 i_q，也就是说控制 i_d 和 i_q 便可以控制电动机的转矩。一定的转速和转矩对应一定的 i_d^* 和 i_q^*，通过这两个电流的控制，使实际 i_d 和 i_q 跟踪指令值 i_d^* 和 i_q^*，便实现了电动机转矩和转速的控制。

由于实际馈入电动机电枢绕组的电流是三相交流电流 i_U、i_V 和 i_W，因此，三相电流的指令值 i_U^*、i_V^* 和 i_W^* 必须由下面的变换($e^{j\theta}$变换)从 i_d^* 和 i_q^* 得到

$$\begin{bmatrix}i_U{}^*\\i_V{}^*\\i_W^*\end{bmatrix}=\sqrt{\frac{2}{3}}\begin{bmatrix}\cos\theta & -\sin\theta\\\cos\left(\theta-\frac{2\pi}{3}\right) & -\sin\left(\theta-\frac{2\pi}{3}\right)\\\cos\left(\theta+\frac{2\pi}{3}\right) & -\sin\left(\theta+\frac{2\pi}{3}\right)\end{bmatrix}\begin{bmatrix}i_d^*\\i_q^*\end{bmatrix}\tag{4.33}$$

上式中，电动机转子的位置信号由位于电动机非负载端轴上的速度、位置传感器(如光电编码器或旋转变压器)提供。

通过电流控制环，可以使电动机实际输入三相电流 i_U、i_V 和 i_W 与给定的指令值 i_U^*、i_V^* 和 i_W^* 一致，从而实现了对电动机转矩的控制。

需要指出的是，上述电流矢量控制对电动机稳态运行和瞬态运行都适用。而且，i_d 和 i_q 是各自独立控制的，因此更便于实现各种先进的控制策略。

正弦波永磁同步电动机的控制运行与系统中的逆变器密切相关，电动机的运行性能要受逆变器的制约。最为明显的是电动机的相电压有效值的极限值 U_{lim} 和相电流有效值的极限值 I_{lim} 要受到逆变器直流侧电压和逆变器的最大输出电流的限制。当逆变器直流侧电压最大值为 U_c 时，星形连接的电动机可达到的最大基波相电压有效值

$$U_{lim}=\frac{U_c}{\sqrt{3}\cdot\sqrt{2}}=\frac{U_c}{\sqrt{6}}\tag{4.34}$$

而在 dq 轴系统中的电压极限值为 $u_{\lim}=\sqrt{3}U_{\lim}$。

1. 电压极限椭圆

电动机稳定运行时，电压矢量的幅值

$$u=\sqrt{u_d^2+u_q^2} \tag{4.35}$$

将式(4.30)代入上式，可得稳定运行时电动机的电压

$$\begin{aligned} u &=\sqrt{(-\omega L_q i_q+R_1 i_d)^2+(\omega L_d i_d+\omega\varphi_f+R_1 i_q)^2} \\ &=\sqrt{(-X_q i_q+R_1 i_d)^2+(X_d i_d+e_0+R_1 i_q)^2} \end{aligned} \tag{4.36}$$

由于电动机一般运行于较高的转速，电阻远小于电抗，电阻上的电压降可以忽略不计，上式可简化为

$$\begin{aligned} u &=\sqrt{(-\omega L_q i_q)^2+(\omega L_d i_d+\omega\varphi_f)^2} \\ &=\sqrt{(-X_q i_q)^2+(X_d i_d+e_0)^2} \end{aligned} \tag{4.37}$$

以 $u_{\lim}$ 代替上式中的 u，有

$$(L_q i_q)^2+(L_d i_d+\varphi_f)^2=(u_{\lim}/\omega)^2 \tag{4.38}$$

当 $L_d\neq L_q$ 时，式(4.38)是一个椭圆方程，当 $L_d=L_q$ 时(即电动机为表面凸出式转子磁路结构时)，式(4.38)是一个以 $(-\varphi_f/L_d,0)$ 为圆心的圆方程，下面以 $L_d\neq L_q$ 为例进行分析。将式(4.38)表示在图 4.10 的 $i_d i_q$ 平面上，即可得到电动机运行时的电压极限轨迹——电压极限椭圆。对某一给定的转速，电动机稳态运行时，定子电流矢量不能超过该转速下的椭圆轨迹，最多只能落在椭圆上。随着电动机转速的提高，电压极限椭圆的长轴和短轴与转速成反比地相应缩小，从而形成了一族椭圆曲线。

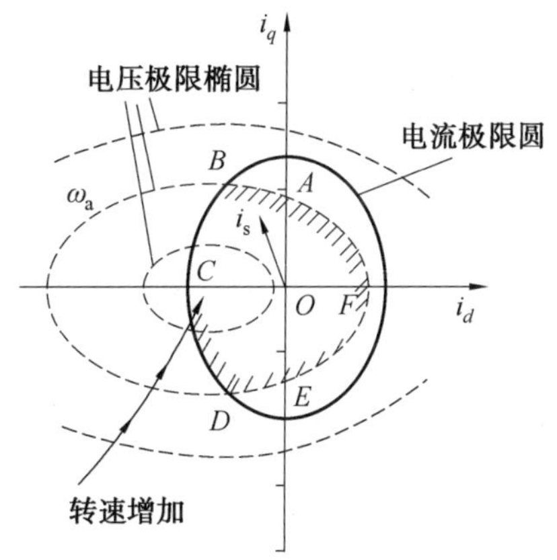

图 4.10　电压极限椭圆和电流极限圆

2. 电流极限圆

电动机的电流极限方程为

$$i_q^2+i_d^2=i_{\lim}^2 \tag{4.39}$$

上式中 $i_{\lim}=\sqrt{3}I_{\lim}$，$I_{\lim}$ 为电动机可以达到的最大相电流基波有效值。式(4.39)表示的电流矢量轨迹为一以 $i_d i_q$ 平面上坐标原点为圆心的圆(如图 4.10 中)。

电动机运行时，定子电流空间矢量既不能超出电动机的电压极限椭圆，也不能超出电流极限圆。如电动机转速为 ω_a 时电流矢量的范围只能是如图 4.10 中阴影线所包围的面积 $ABCDEF$。

3. 恒转矩轨迹

把电磁转矩公式(4.28)用标幺值表示，当 $L_d\neq L_q$ 时可以得到

$$T_{em}^*=i_q^*(1-i_d^*) \tag{4.40}$$

式中，电流的基值为 $i_b=\varphi_f/(L_q-L_d)$，转矩的基值为 $T_b=p\varphi_f i_b$。

图 4.11 在 $i_d^* i_q^*$ 平面上给出了一组转矩标幺值各不相同的转矩曲线(如图上的虚线所示)。对 $L_d=L_q$ 的电动机,电动机的恒转矩轨迹在 $i_d^* i_q^*$ 平面上为一系列平行于 d 轴的水平线。从图 4.11 中,可以发现,电动机的恒转矩曲线不仅关于 d 轴对称,而且在第二象限为正(运行于电动机状态),在第三象限为负(运行于制动状态)。

4. 最大转矩/电流轨迹

不论在第二象限还是在第三象限,某指令值的恒转矩轨迹上的任一点所对应的定子电流矢量均导致相同值的电动机转矩,这就牵涉到寻求一个幅值最小的定子电流矢量的问题,因为定子电流越小,电动机效率越高,所需逆变器容量也越低。在图 4.11 中,某指令值的恒转矩轨迹上距离坐标原点最近的点,即为产生该转矩时所需的最小电流的空间矢量。把产生不同转矩值所需要的最小电流点连起来,即形成电动机的最大转矩/电流轨迹,如图 4.11 中的实线所示。对 $L_d=L_q$ 的电动机来说,由于转子磁路对称,磁阻转矩为零,因而电动机的最大转矩/电流轨迹就是 q 轴。

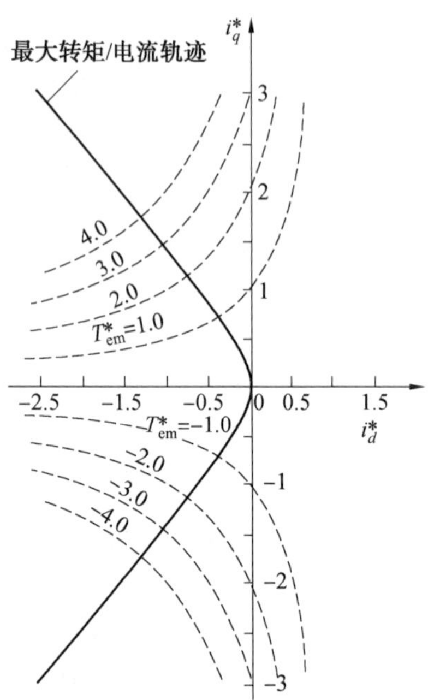

图 4.11　恒转矩轨迹

凸极永磁同步电动机的最大转矩/电流轨迹也是一条关于 d 轴对称的曲线,且在坐标原点处与 q 轴相切,在第二象限和第三象限内的渐近线均为一条 45°的直线。这些清楚地反映了 dq 轴电感不等的永磁同步电动机的转矩特性。因为 q 轴代表永磁转矩,恒转矩曲线上各点是永磁转矩和磁阻转矩的合成。当转矩较小时,最大转矩/电流轨迹靠近 q 轴,表明永磁转矩起主导作用。当转矩增大时,与电流平方成正比的磁阻转矩要比电流成线性关系的永磁转矩增加的更快,故最大转矩/电流轨迹越来越偏离 q 轴。进一步的研究发现,定子齿的局部饱和将导致定子电流增加时电动机最大转矩/电流轨迹向 q 轴靠近。

4.4.2　矢量控制方法

永磁同步电动机用途不同,电动机电流矢量的控制方法也各不相同。可采用的控制方法主要有:$i_d=0$ 控制、$\cos\varphi=1$ 控制、恒磁链控制、最大转矩/电流控制、弱磁控制、最大输出功率控制等。不同的电流控制方法具有不同的优缺点,如 $i_d=0$ 最为简单,$\cos\varphi=1$ 可降低与之匹配的逆变器容量,恒磁链控制可增大电动机的最大输出转矩等。下面分别就几种最常用的矢量控制方法进行分析。

1. $i_d=0$ 控制

$i_d=0$ 时,从电动机端口看,相当于一台他励直流电动机,定子电流中只有交轴分量,且定子磁动势空间矢量与永磁体磁场空间矢量正交,β 等于 90°,电动机转矩中只有永磁转矩分量,其值为

$$T_{em}=p\varphi_f i_s \tag{4.41}$$

$i_d=0$ 控制时的时间相量图如图 4.12 所示。从图中可以看出，反电动势相量 $\dot{E}_0$ 与定子电流相量 $\dot{I}_1$ 同相。对于表面凸出式转子磁路结构的永磁同步电动机来说，此时单位定子电流可获得最大的转矩。或者说，在产生所要求转矩的情况下，只需最小的定子电流，从而使铜耗下降，效率有所提高。这也是表面凸出式磁路结构的永磁同步电动机通常采用 $i_d=0$ 控制的原因.

图 4.13 为 $i_d=0$ 控制系统简图，图中，ω 和 θ 为检测出的电动机转速和角度空间位移，i_U、i_V 和 i_W 为检测出的实际定子三相电流值。

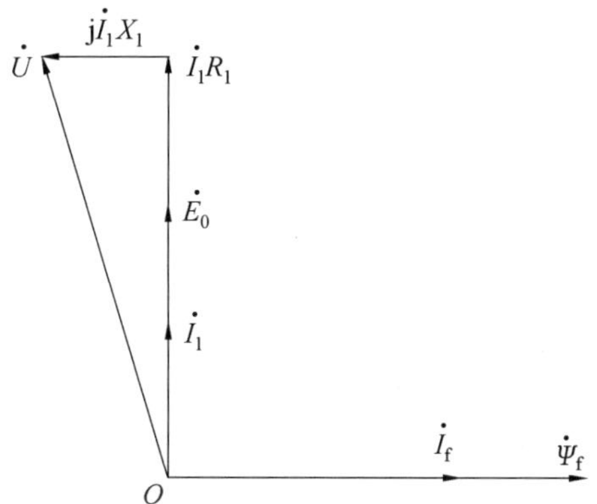

图 4.12　$i_d=0$ 控制时的时间相量图

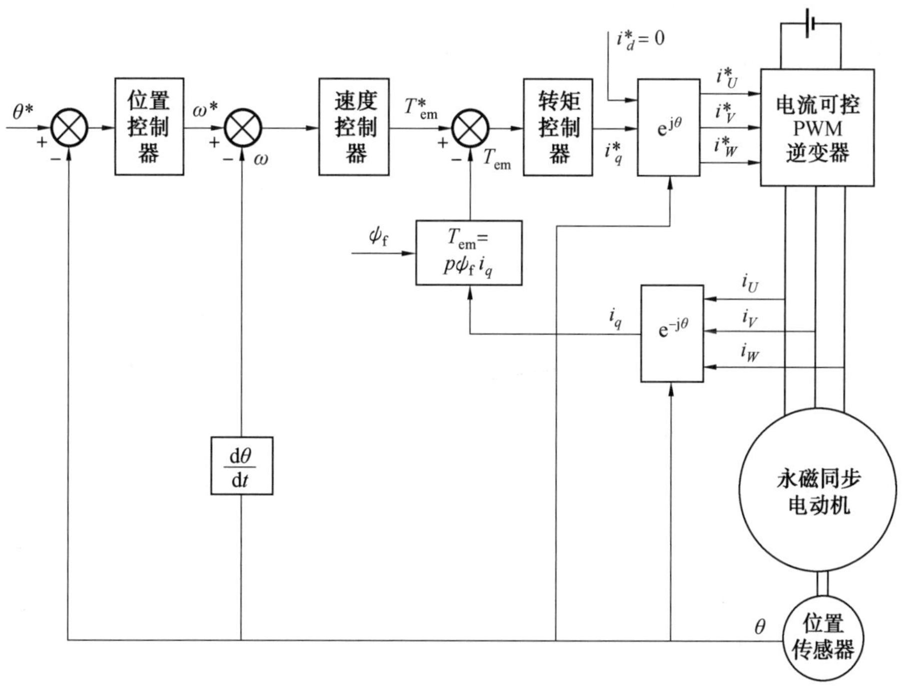

图 4.13　$i_d=0$ 控制系统简图

在图 4.13 中采用了三个串联的闭环分别实现电动机的位置、速度和转矩控制。转子位置实际值与指令值的差值作为位置控制器的输入，其输出信号作为速度的指令值，并与实际速度比较后，作为速度控制器的输入。速度控制器的输出即为转矩的指令值。转矩的实际值可根据给定的励磁磁链和经矢量变换（$e^{-j\theta}$变换）后实际的 i_d、i_q 由转矩公式求出。实际转矩信号与转矩指令值的差值经转矩控制器和矢量逆变换 $e^{j\theta}$后，即可得到电动机三相电流的指令值，再经电流控制器便可实现电动机的控制。

从电动机的电压方程（忽略定子电阻）和转矩方程可以得到采用 $i_d=0$ 控制时在逆变器极限电压下电动机的最高转速

$$\Omega_b=\frac{u_{\lim}}{\sqrt{(p\varphi_f)^2+\left(\frac{T_{em}L_q}{\varphi_f}\right)^2}} \tag{4.42}$$

从式(4.42)可以看出，采用 $i_d=0$ 控制时，电动机的最高转速既取决于逆变器可提供的最高电压，也决定于电动机的输出转矩。电动机可达到的最高电压越大，输出转矩越小，则最高转速越高。

2. cos φ=1 控制方式

cos φ=1 控制方式使电机功率因数恒为 1，逆变单元的容量得到充分利用。但是在永磁交流伺服电动机中，由于转子励磁不能调节，在负载变化时，转矩（q 轴）绕组的总磁链无法保持恒定，因此定子电流和转矩之间不能保持线性关系。而且最大输出转矩小，退磁系数较大，永磁材料可能被去磁，造成电机电磁转矩、功率因数和效率的下降。

3. 最大转矩/电流控制

最大转矩/电流控制也称单位电流输出最大转矩的控制，它是凸极永磁同步电动机用得较多的一种电流控制策略。本节讨论的是凸极永磁同步电动机的最大转矩/电流控制时。

采用最大转矩/电流控制时，电动机的电流矢量应满足

$$\begin{cases}\dfrac{\partial(T_{em}/i_s)}{\partial i_d}=0\\[2ex]\dfrac{\partial(T_{em}/i_s)}{\partial i_q}=0\end{cases} \tag{4.43}$$

把 $i_s=\sqrt{i_d^2+i_q^2}$ 代入式(4.43)，可求得

$$\begin{aligned}i_d&=\frac{-\varphi_f+\sqrt{\varphi_f^2+4\ (L_d-L_q)^2 i_q{}^2}}{2(L_d-L_q)}\\&=\frac{\varphi_f-\sqrt{\varphi_f^2+4\ (\rho-1)^2L_d^2i_q^2}}{2(\rho-1)L_d}\end{aligned} \tag{4.44}$$

式中 ρ——电动机的凸极率，$\rho=L_q/L_d$。

把式(4.44)表示为标幺值，并代入式(4.40)，可以得到交、直轴电流分量与电磁转矩的关系为

$$T_{em}^*=\sqrt{i_d^*\ (1-i_d^*)^3} \tag{4.45}$$

$$T_{em}^{*}=\frac{i_d^{*}}{2}\left[1+\sqrt{1+4i_q^{*2}}\right] \tag{4.46}$$

反过来，此时的定子电流分量 i_d^* 和 i_q^* 可表示为

$$\left.\begin{aligned} i_d^{*}&=f_1(T_{em}^{*})\\ i_q^{*}&=f_2(T_{em}^{*})\end{aligned}\right\} \tag{4.47}$$

对任一给定转矩，按上式求出最小电流的两个分量作为电流的控制指令值，即可实现电动机的最大转矩/电流控制。图 4.14 给出了式(4.47)所表示的曲线。图 4.15 为最大转矩/电流控制系统示意图，图中只给出了电动机的转矩控制环节。

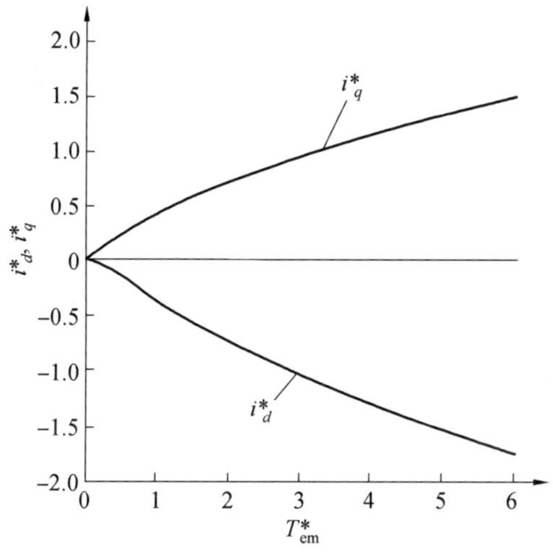

图 4.14　i_d^* 和 i_q^* 曲线

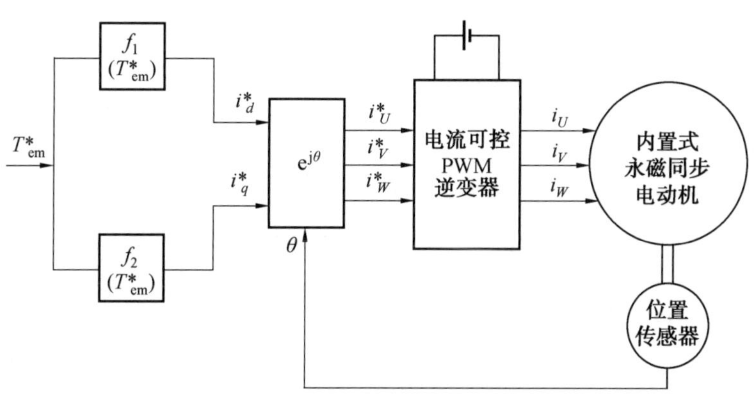

图 4.15　最大转矩/电流控制系统简图

电动机最大转矩/电流轨迹与电流极限圆相交于 A_1 点(如图 4.16)，通过 A_1 点的电压极限椭圆所对应的转速为 ω_1。在最大转矩/电流轨迹的 OA_1 段上，电动机可以以该轨迹上的各点做恒转矩运行，且通过该点的电压极限圆所对应的转速即为在该转矩下的转折速度。从图 4.16 上还可以看出，恒转矩运行时的转矩值越大，电动机的转折速度就越低。由于电动机运行时电压和电流不能超过各自的极限，故 A_1 点对应转矩就是电动机

可以输出的最大转矩，此时电动机的电压和电流均达到了极限值。

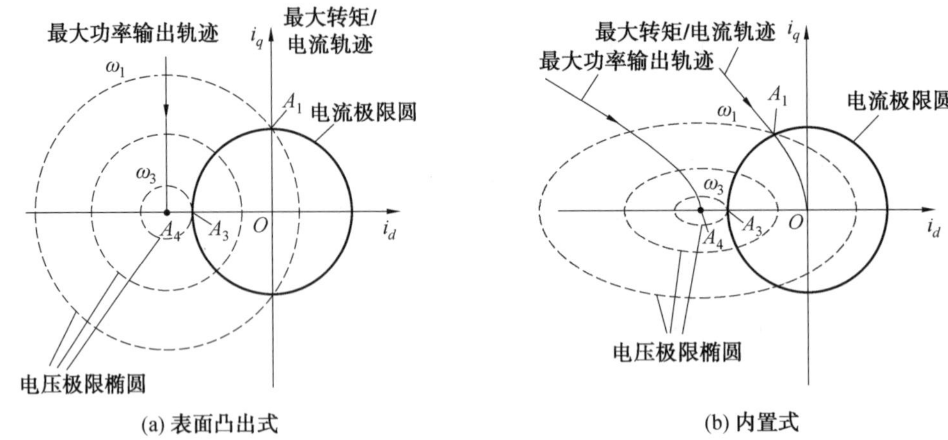

图 4.16　定子电流矢量轨迹

联立求解式(4.39)和式(4.44)，可以得到电动机采用最大转矩/电流控制且电流达极限值时（即最大转矩/电流轨迹与电流极限圆相交时）电动机的直、交轴电流

$$\left.\begin{aligned} i_d &= \frac{-\varphi_{\mathrm{f}}+\sqrt{\varphi_{\mathrm{f}}^2+8\,(L_d-L_q)^2 i_{\lim}^2}}{4(L_d-L_q)} \\ i_q &= \sqrt{i_{\lim}^2-i_d^2} \end{aligned}\right\} \tag{4.48}$$

当电动机的端电压和电流均达到极限值时，由上式和电压方程可推导出此时电动机的转折速度

$$\Omega_{\mathrm{b}}=\frac{u_{\lim}}{p\sqrt{(L_q i_{\lim})^2+\varphi_{\mathrm{f}}^2+\dfrac{(L_d+L_q)C^2+8\varphi_{\mathrm{f}}L_d C}{16(L_d-L_q)}}} \tag{4.49}$$

式中，$C=-\varphi_{\mathrm{f}}+\sqrt{\varphi_{\mathrm{f}}^2+8\,(L_d-L_q)^2 i_{\lim}^2}$。

4. 弱磁控制

永磁同步电动机弱磁控制的思想来自对他励直流电动机的调磁控制。当他励直流电动机端电压达到极限电压时，为使电动机能恒功率运行于更高的转速，应降低电动机的励磁电流，以保证电压的平衡。换句话说，他励直流电动机可通过降低励磁电流而弱磁扩速。永磁同步电动机的励磁磁动势因由永磁体产生而无法调节，只有通过调节定子电流，即增加定子直轴去磁电流分量来维持高速运行时电压的平衡，达到弱磁扩速的目的。我们从电压方程式（4.50)进一步理解永磁同步电动机的弱磁本质。

$$u=\omega\sqrt{(\rho L_d i_q)^2+(L_d i_d+\varphi_{\mathrm{f}})^2} \tag{4.50}$$

由上式可以发现，当电动机电压达到逆变器所能输出的电压极限时，即当 $u=u_{\lim}$ 时，要想继续升高转速只有靠调节 i_d 和 i_q 来实现。这就是电动机的“弱磁”运行方式。增加电动机直轴去磁电流分量和减小交轴电流分量，以维持电压平衡关系，都可得到“弱磁”效果，前者“弱磁”能力与电动机直轴电感直接相关，后者与交轴电感相关。由于电动机相电流也有一定极限，增加直轴去磁电流分量而同时保证电枢电流不超过电流极限值，交轴电流分量就相应减小。因此，一般是通过增加直轴去磁电流来实现弱磁扩速的。

永磁同步电动机的弱磁扩速控制可以用图 4.17 所示的定子电流矢量轨迹加以阐述。图中，A 点对应的转矩为 T_{em1}，为电动机在转速 ω_1 时可以输出的最大转矩(电压和电流均达到极限值，故 ω_1 即为电动机最大恒转矩运行的转折速度)。转速进一步升高至 ω_2($\omega_2>\omega_1$)时，最大转矩/电流轨迹与电压极限椭圆相交于 B 点，对应的转矩为 T_{em2}($T_{\mathrm{em2}}<T_{\mathrm{em1}}$)，若此时定子电流矢量偏离最大转矩/电流轨迹由 B 点移至 C 点，则电动机可输出更大的转矩 T_{em1}，从而提高了电动机超过转折速度运行时的输出功率。从图上还可以看出，定子电流矢量从 B 点移至 C 点，直轴去磁电流分量增大，削弱了永磁体产生的气隙磁场，达到了弱磁扩速的目的。

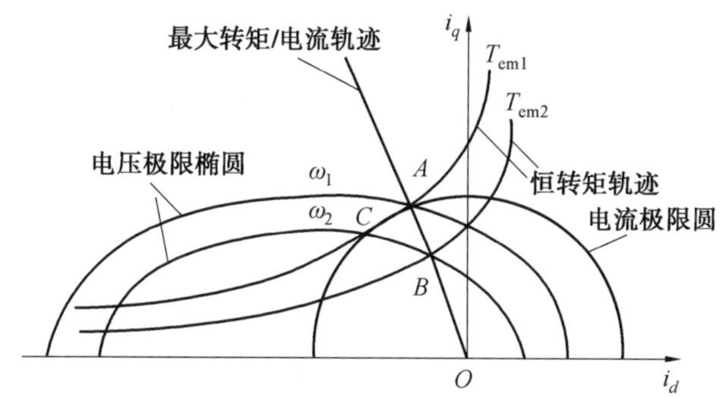

图 4.17　定子电流矢量轨迹

当电动机运行于某一转速 ω 时，由电压方程可得到弱磁控制时电流矢量轨迹

$$i_d=-\frac{\varphi_{\mathrm{f}}}{L_d}+\sqrt{\left(\frac{u_{\mathrm{lim}}}{L_d\omega}\right)^2+(\rho i_q)^2} \tag{4.51}$$

由电压方程(4.50)可以得出转速的表达式

$$\Omega=\frac{u_{\mathrm{lim}}}{p\sqrt{(\varphi_{\mathrm{f}}+L_d i_d)^2+(L_q i_q)^2}} \tag{4.52}$$

当电动机端电压和电流达到最大值，电流全部为直轴电流分量，并且忽略定子电阻的影响时，电动机可以达到的理想最高转速为

$$\Omega_{\max}=\frac{u_{\mathrm{lim}}}{p(\varphi_{\mathrm{f}}-L_d i_{\mathrm{lim}})} \tag{4.53}$$

实现弱磁控制有多种方式，常用的是采用直轴电流负反馈补偿控制的方法。因为电压达极限值时，电动机转速达到转折速度，迫使定子电流跟踪其指令值所需的电压差 $u-e_0$ 减小至零，逆变器的电流控制器开始饱和，定子中的直轴电流分量 i_d 与其指令值 i_d^* 的偏差 Δi_d 明显增大，因此在控制中必须增加直轴电流负反馈环节。其控制简图如图 4.18所示。

图 4.18 中，由实测的三相电流 i_U、i_V、i_W 和转子位置信息 θ 经矢量变换得到的 i_d，与指令值 i_d^* 比较后，其偏差信号 Δi_d 输入比例积分电流控制器(注意：不是逆变器中的电流控制器)，其输出信号为 $i_{d\mathrm{f}}$，与 $i_{q\max}$ 比较后输出的 $i_{q\mathrm{l}}$ 是个限定值，$i_{q\mathrm{l}}=i_{q\max}-i_{d\mathrm{f}}$。$i_q^*$ 经过限幅器后，如果其值大于 $i_{q\mathrm{l}}$，则限幅器的输出为 $i_q^*=i_{q\mathrm{l}}$，否则，限幅器仍输出 i_q^*。逆变器中

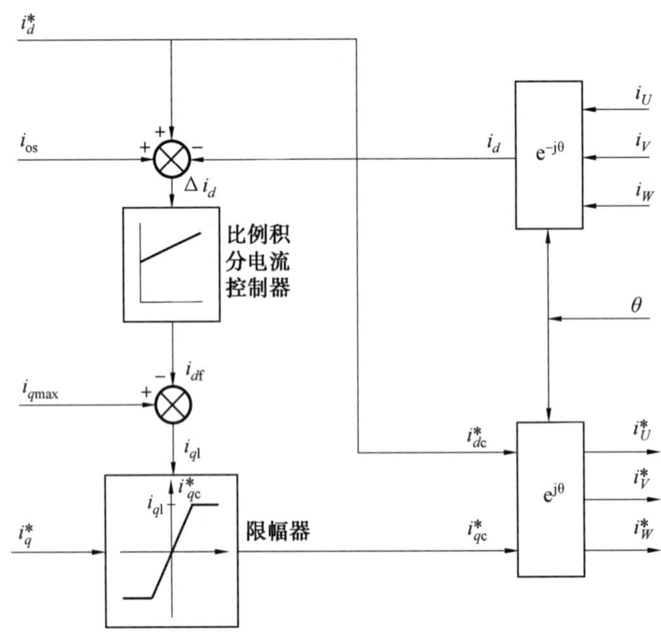

图 4.18　通过电流 i_d 反馈的弱磁控制简图

的电流控制器越饱和，偏差 Δi_d 越大，则 i_{ql} 越小，限幅器输出的交轴电流指令值也越小，使电流矢量幅值降低，Δi_d 趋向减小，直至逆变器中的电流控制器脱离饱和状态，恢复其调节电流的功能。图 4.18 中的 i_{os} 和 i_{qmax} 为两个可以调整的量，通过充分的调整可以使电动机从最大转矩/电流控制到弱磁控制的转换得以平稳地实现。

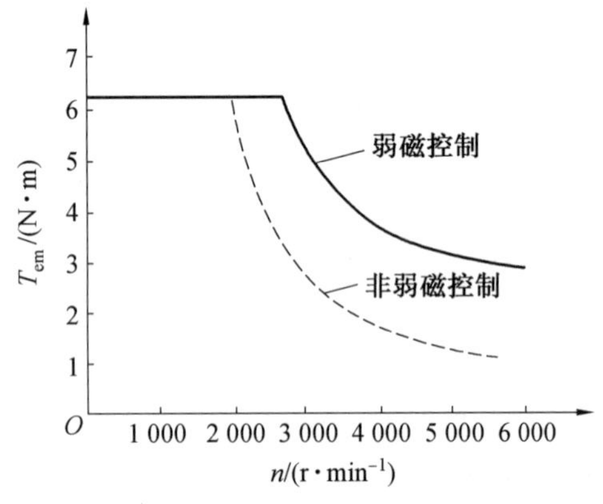

图 4.19　永磁同步电动机转矩－转速特性

图 4.19 为某台内置式转子结构调速永磁同步电动机的转矩－转速特性。从图中可以看出，采用前面所述的电流负反馈弱磁控制后，与不采用弱磁控制措施相比，转折速度也有提高，且电动机在高于转折速度后可以在较宽的转速范围内保持恒功率运行，而后者则由于转速下降过快而无法保证恒功率输出。

5. 最大输出功率控制

电动机超过转折速度后，对定子电流矢量的控制转为弱磁控制。此时定子电流矢量沿着电压极限椭圆轨迹取值。电动机超过某转速后，在任一给定转速下，在电动机电压极限椭圆轨迹上存在着一点，该点所表示的定子电流矢量使电动机输入的功率最大，相应地输出功率也最大。某转速下输入功率最大时定子电流矢量的求解过程如下：

电动机运行于某转速 ω 而输入功率最大时应为

$$\frac{\mathrm{d}P_1}{\mathrm{d}i_d}=0 \tag{4.54}$$

由电压方程可把交轴电流分量表示为

$$i_q=\frac{\sqrt{(u_{\lim}/\omega)^2-(L_d i_d+\varphi_f)^2}}{L_q} \tag{4.55}$$

把上式和式(4.31)代入式(4.54)并忽略定子电阻，可求得电动机输入最大功率时的定子直、交轴电流

$$\left.\begin{aligned} i_d&=-\frac{\varphi_f}{L_d}+\Delta i_d \\ i_q&=\frac{\sqrt{(u_{\lim}/\omega)^2-(L_d\Delta i_d)^2}}{L_q} \end{aligned}\right\} \tag{4.56}$$

式中

$$\left.\begin{aligned} \Delta i_d&=\frac{\rho\varphi_f-\sqrt{(\rho\varphi_f)^2+8(\rho-1)^2(u_{\lim}/\omega)^2}}{4(\rho-1)L_d}, & \rho\neq1 \\ \Delta i_d&=0, & \rho=1 \end{aligned}\right\} \tag{4.57}$$

式(4.56)所表示的最大输出功率轨迹如图 4.16 所示。

6. 定子电流的最佳控制

考虑电压和电流极限，在电动机整个运行速度范围内，为使电动机输出最大功率，定子电流矢量应按下面的方法控制(如图 4.20)：

区间Ⅰ($\omega\leqslant\omega_1$)电流矢量固定于图 4.20 中的 A_1 点。对凸极永磁同步电动机，电流的各分量由式(4.47)给定，电动机采用最大转矩/电流控制运行的最高转速为 ω_1，其值可由式(4.49)确定。实际上，A_1 点为速度等于 ω_1 时最大转矩/电流轨迹、电压极限椭圆和电流极限圆三者的交点。在区间Ⅰ运行时，$|i_s|=i_{\mathrm{llim}}$，$|u|\leqslant u_{\mathrm{llim}}$，电动机以最大转矩恒转矩运行。

区间Ⅱ($\omega_1<\omega\leqslant\omega_2$)当转速升高时，电流矢量沿电流极限圆从 A_1 点移至 A_2 点。最大输出功率轨迹与电流极限圆的交点 A_2 处的转速 ω_2 是电压达极限值时电动机能够运行于最大输出功率的最低转速，因为低于 ω_2 的转速运行时，最大输出功率轨迹与电压极限椭圆的交点将落在电流极限圆外，电流矢量幅值将超过电流的极限值。本转速区间中，电流的各分量按运行转速的电压极限椭圆与电流极限圆的交点取值，且有 $|i_s|=i_{\mathrm{llim}}$，$|u|=u_{\mathrm{llim}}$，其电流控制方式即为弱磁控制。

区间Ⅲ($\omega>\omega_2$)电流各分量由式(4.56)确定，电流矢量沿最大输出功率轨迹从 A_2 点移至 A_4 点，A_4 点的坐标为 $(-\varphi_f/L_d,0)$。本转速区间中，$|i_s|\leqslant i_{\mathrm{llim}}$，$|u|=u_{\mathrm{llim}}$。

图 4.21 为某台表面式永磁同步电动机采用输出功率最大控制时的功率输出特性(图中 $\varphi_f{}^*$ 和 $L_d{}^*$ 为标幺值)。由图可见采用功率最大的控制时电动机可达到的最高转速比采用 $i_d=0$ 控制时最高转速大得多。

当 $-\varphi_f/L_d>i_{\lim}$ 时，最大输出功率轨迹将落在电流极限圆的外面，如图 4.16 所示。此时就不存在区间Ⅰ，且在 $\omega=\omega_3$ 时，电动机的输出功率变为零。ω_3 由下式给出

$$\omega_3=\frac{u_{\lim}}{\varphi_f-L_d i_{\lim}} \tag{4.58}$$

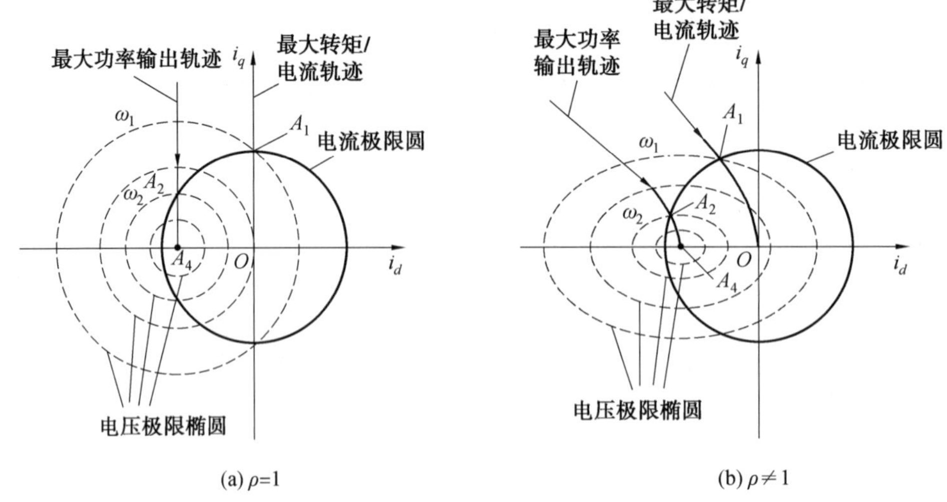

图 4.20　定子电流矢量轨迹

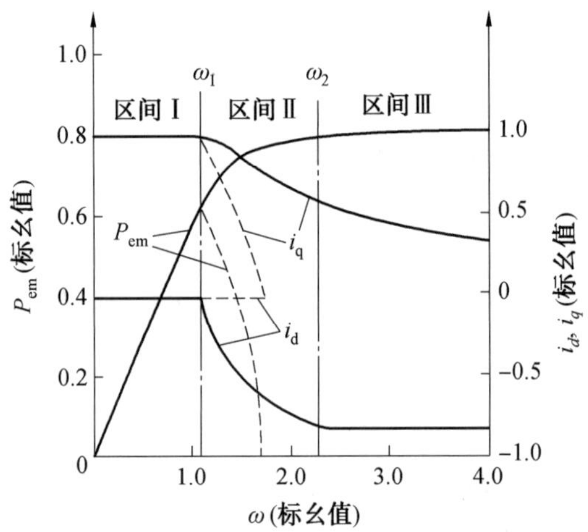

图 4.21　永磁同步电动机功率输出特性

($\varphi_f^* = 0.6$、$L_d^* = 0.75$、$\rho = 1$)

——有弱磁；－－－－－－无弱磁

4.5　永磁同步电动机系统的性能指标

永磁交流伺服系统的性能可以用调速范围、定位精度、稳速精度、动态响应和运行稳定性等主要的性能指标来衡量。

(1) 调速范围(调速比)：工程实际中所要求的电机驱动系统的最高转速和最低转速之比。

(2) 定位精度：位置误差的角度或者误差角占每转角度的比率。

(3) 稳速精度：稳定运行时的转速误差。比如给定 1 r/min 时，希望达到±0.1 r/min

以内，或者达到±0.01 r/min 以内。

(4) 动态响应：通常用系统最高响应频率衡量，即给定最高频率的正弦速度指令，要求系统输出速度波形的相位滞后不超过 90°或者幅值不小于其 50%。

(5) 运行稳定性：主要是指系统在电压波动、负载波动、电机参数变化、上位控制器输出特性变化、电磁干扰以及其他特殊运行条件下，维持稳定运行并保证一定的性能指标的能力。

4.6　特种永磁交流伺服电动机

特种永磁电机包括直线电机和轮毂电机等。

1. 直线电机

直线电机的特点是无须中间传动装置即可实现直线运动，具有结构简单、推力密度高、定位精度高、可靠性高和扩展性强等诸多优点。因此具有十分广泛的应用，如高精密数控机床、地铁、激光切割、电磁弹射系统及海洋波浪能的发电装置等。直线电机还具有直驱、高速、高加速度、高定位精度等优点，在现代工业、军事、垂直提升等领域具有广泛应用前景。

(1)永磁直线电机，是一种无中间传动机构的新型电机，这种电机可以分别做直线运动、旋转运动以及两者合成的螺旋运动。图 4.22 是永磁直线电动机。

优点：机械集成度高，电机结构材料和驱动控制系统元件利用率高，机电一体化。

缺点：两自由度的驱动技术多采用两个或多个旋转电机以及中间传动装置来实现——系统控制方式复杂，系统体积大的轴向力，致使磨损严重，系统可靠性降低。

图 4.22　永磁直线电动机

(2)永磁无刷同步直线电机是直线电机的一大类型，采用永磁体取代励磁磁极，可简化结构，减少用铜量，减小电机的体积和质量。采用高磁能积、高剩磁、强矫顽力的钕铁硼磁铁或稀土永磁材料的永磁同步直线电动机具有高可靠性和高效率的优点，在推力、速度、定位精度等方面比感应直线电动机和步进直线电动机等具有更大的优势，被广泛地应用于精密制造与精密测量领域，如光刻机、三坐标测量机等。

2. 轮毂电机

轮毂电机即是在车轮内装电机，它的最大特点就是将动力、传动和制动装置都整合到轮毂内，因此将电动车辆的机械部分大大简化。轮毂电机技术并非新生事物，知名的汽车大师费迪南德·保时捷就在 1896 年获得了英国赋予的轮毂电机发明专利，装备轮毂电机的电动车也随之诞生，早在 1900 年，人类已经制造出了前轮装备轮毂电机的电动汽车，在 20 世纪 70 年代，这一技术在矿山运输车等领域得到应用。而对于乘用车所用的轮毂电机，日系厂商对于此项技术研发开展较早，目前处于领先地位，包括通用、丰田在内的国际汽车巨头也都对该技术有所涉足。

轮毂电机外形基本一致，大都为扁平型，但电机类型、结构形式、驱动方式差别较大，分类如下：

(1)按电机类型分类：目前应用于电动轮毂的电机主要有四大类，即永磁电机(PM)、异步电机(IM)、开关磁阻电机(SRM)和横向磁通电机(TFM)。这其中，永磁电机的应用最为普遍，而横向磁通电机则是一类极具竞争力的低速大扭矩新型电机。

(2)按结构形式分类：从主磁通行经路径看，它囊括了径向磁场(radial)、轴向磁场(axial)、横向磁通(transverse)全部三种基本形式。从运动方式看，亦有内转子、外转子和双转子之分。其中，双转子结构最有新意。内转子主动，外转子从动，二者通过一组行星齿轮传递动力，实现反向旋转，使磁场切割导体的速度为内、外转子速度之和。显然，这种速度叠加以及机械联动的巧妙组合，既给电机设计带来了张弛空间，又起到了缓释负载扰动、平抑冲击负荷、有效保护电池的作用。

(3)按驱动方式分类：直接驱动时，电机多采用外转子结构，即转子直接带动轮毂旋转，因而转速较低。与此相对应，间接驱动时，电机则多为内转子结构，转速较高，通过行星轮加齿环机构实现减速，带动轮毂旋转，因而也称之为减速驱动。

(4)按旋转速度分类：轮毂电机还有高速和低速之分，但对应的转速范围并没有明确的界定，视应用对象不同而不同。

通常，仅当驱动方式确定之后，高、低速范围的界定才具有相对准确的含义，即直接驱动一般对应于低速电机(体积大，耗材多，功率密度小，噪声低)，而间接驱动则多对应于高速电机(体积小，耗材少，功率密度大，噪声高)。

纯电轿车所采用的轮毂电机的驱动方式为外转子直接驱动，电机定子、转子以及逆变器集成为一体，由 8 个逻辑上的子电机组成，使用共同的转子，并通过算法实现各子电机的独立、协同控制。这种“分布式”的结构可降低对每个子电机的功率要求，因此可以采用小体积、低成本的功率电子器件，使得整个电机可以集成得非常紧凑；而通过对 8 个子电机进行合理的协同控制，可将各子电机输出的功率、扭矩进行叠加，实现整个电机强劲的驱动力；同时，若其中 1 个子电机发生故障，其他的电机仍可以继续正常工作，而不会导致汽车直接抛锚。轮毂电机驱动系统根据电机的转子形式主要分为两种结构形式：内转子型和外转子型。其中，外转子型具有结构简单、可靠性高、调速范围宽、输出转矩大、噪声低、效率高等诸多优点，已经成为轮毂电机的主流结构。

轮毂电机结构如图 4.23 所示。

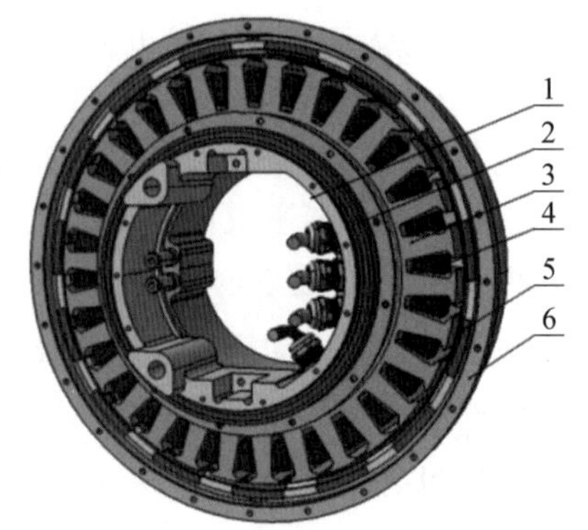

图 4.23　轮毂电机结构

1—电机定子壳体；2—电机滚动轴承；3—定子冲片；4—绕组；5—永磁体；6—转子壳体

4.7　永磁同步电动机的应用

永磁同步电动机逐渐在工农业中广泛应用，近十多年来，由于新技术、新工艺和新器件的涌现和使用，使得永磁同步电动机的励磁方式得到了不断的发展和完善。在自动调节励磁装置方面，也不断研制和推广使用了许多新型的调节装置。目前很多国家都在研制和试验用微型机计算机配以相应的外部设备构成的数字自动调节励磁装置，这种调节装置将能实现自适应最佳调节。永磁同步电动机在工农业生产中大量的生产机械要求连续地以大致不变的速度单方向运行，例如风机、泵、压缩机、普通机床等。永磁同步电动机成本较低，结构简单牢靠，维修方便，很适合该类机械的驱动。

随着永磁体及永磁同步电动机控制技术的日益成熟可靠，其应用范围基本上可以覆盖目前应用电机的所有领域。

(1)电动汽车：伴随汽车工业的急速发展，环保问题也越来越严重，为了解决上述问题，并且大幅改善燃油经济型，毫无疑问就是使用电动汽车。永磁同步电动机以其高效率、高功率因数和高功率密度等优点，正逐渐成为电动汽车驱动系统的主流电机之一。

(2)轨道交通领域：2007 年，阿尔斯通公司研发的新一代永磁牵引电机系统的高速AGV 列车 V150，创下列车速度世界新纪录 574.8 km/h。

(3)电梯领域：永磁同步电动机产生较小的谐波噪声，应用于电梯系统中，可以带来更佳的舒适感。

(4)医疗机械领域：传统高速旋转的整流子电机不仅故障率高，且寿命短、噪声大、无法做消毒处理。用电子换向无刷直流永磁电机可以极大地提高工作可靠性，降低噪声，延长寿命，是开发新一代医疗器械的关键。

(5)船舶电力推进领域：推进电机是船舶综合电力系统的重要组成部分，永磁同步推进电机具有体积小、质量轻、效率高、噪声低、易于实现集中遥控、可靠性高、可维护性好等优点，是船舶推进电机的理想选择。

第 5 章　步进电机

5.1　概　　述

随着近年来全球经济快速发展，步进电机在机电一体化中的作用越来越明显，被用户大范围地应用在较多的自动系统中。

步进电机是一种将电脉冲信号转变为角位移或线位移的开环控制电机，是现代数字程序控制系统中的主要执行元件。在非超载的情况下，电机的转速、停止的位置只取决于脉冲信号的频率和脉冲数，而不受负载变化的影响。当步进驱动器接收到一个脉冲信号，它就驱动步进电机按设定的方向转动一个固定的角度，称为“步距角”，它的旋转是以固定的角度一步一步运行的。可以通过控制脉冲个数来控制角位移量，从而达到准确定位的目的；同时可以通过控制脉冲频率来控制电机转动的速度和加速度，从而达到调速的目的。步进电机可以作为一种控制用的特种电机，利用其没有积累误差（精度为 100%）的特点，广泛应用于各种开环控制。

步进电动机受脉冲信号控制，因此它适合于作为数字控制系统的伺服元件。它的直线位移量或角位移量与电脉冲数成正比，所以电机的线速度或转速也与脉冲频率成正比，通过改变脉冲频率的高低就可以在很大的范围内调节电机的转速，并能快速启动、制动和反转。若用同一频率的脉冲电源控制几台步进电动机时，它们可以同步运行。在步进电动机中，有些型式在停止供电状态下还有定位转矩，有些在停机后某些相绕组仍保持通电状态，也具有自锁能力，不需要机械的制动装置。步进电动机的步距角变动范围较大，在小步距角的情况下，往往可以不经减速器而获得低速运行。电动机的步距角和转速大小不受电压波动和负载变化的影响，也不受环境条件如温度、气压、冲击和振动等影响，它仅与脉冲频率有关。它每转一周都有固定的步数，在不丢步的情况下运行，其步距误差不会长期积累。这些特点使它完全适用于数字控制的开环系统中作为伺服元件，并使整个系统大为简化而又运行可靠。

步进电动机最为突出的特点就是可以不需要反馈元件和反馈回路便可以实现速度控制和位置控制，即可以直接采用开环控制的控制方式而完成一定精度的速度和位置控制功能，所以它也很适合作为伺服控制系统的执行电机。相对于其他种类的电机，其优点在于它可以通过更改脉冲频率而实现对电机速度、方向的控制等，由这种电机组成的开环系统既稳定又简易、快速性也很好，所以被众多领域应用。如今这个时代，3D 打印技术进入人们的认知视线，各种打印机的出现方便了人们的应用，而这些技术的应用就必须用到步进电动机。步进电动机应用扩大的原因是因为它具有以下特点：

（1）能够仅用数字信号实现一定精密度的开环控制，而且系统简单、廉价，也可以加装反馈元件和回路组成闭环控制系统。

(2)电动机转过的角度或位移与输入脉冲信号数精准的成正比,步距误差无积累。

(3)无滑动电接触,本身的结构部件少,可靠性高。

(4)停止时有自锁能力。

(5)加减速等使用状态及驱动电源的选择不当可能会导致失步和共振现象。

(6)气隙较小,可以满足要求比较高的精密机械加工。

(7)电机成本较低,控制简单。

步进电动机的缺点包括:在低转速运行时容易发生异常抖动,在高转速运行时转矩损失大,且无法直接接到直流或交流电源上工作,必须使用专用的驱动电源步进电动机驱动器。对比伺服电动机来说,步进电动机精确度较低。

在分类方面,步进电动机分类方式多种多样,按照转矩产生的原理可以分为三大类:永磁式步进电动机、反应式步进电动机和混合式步进电动机。其他分类方式还包括根据输出力矩的大小、定子数和各项绕组分布等进行分类。

永磁式步进电动机一般为两相,转矩和体积较小,输出力矩大,动态性能好,但步距角大。反应式步进电动机一般为三相,可实现大转矩输出,其转子磁路由软磁材料制成,定子上有多相励磁绕组,利用磁导的变化产生转矩。混合式步进电动机综合了反应式、永磁式步进电动机两者的优点,它的步距角小,出力大,动态性能好,是目前性能最高的步进电动机。它有时也称作永磁感应子式步进电动机。其中反应式步进电动机结构简单且广泛应用于计算机外部设备、摄影系统、光电组合装置、阀门控制、核反应堆、银行终端、数控机床、自动绕线机、电子钟表及医疗设备等领域中。本章将重点对反应式步进电动机进行讨论,其他两类做简单介绍。

5.2　反应式步进电动机的结构和工作原理

5.2.1　结构特点

反应式步进电动机,是一种传统的步进电动机,由磁性转子铁芯通过与由定子产生的脉冲电磁场相互作用而产生转动。反应式步进电机结构中定子铁芯为凸极结构,由硅钢片叠压而成,在面向气隙的定子铁芯表面有齿距相等的小齿;定子每极上套有一个集中绕组,相对两极的绕组串联构成一相;而转子上只有齿槽没有绕组,系统工作要求不同,转子齿数也不同。如图 5.1 为四相反应式步进电动机典型结构图,其中为适应不同步距角的要求,步进电动机不仅有四相,还可以做成两相、三相、五相、六相、八相等。

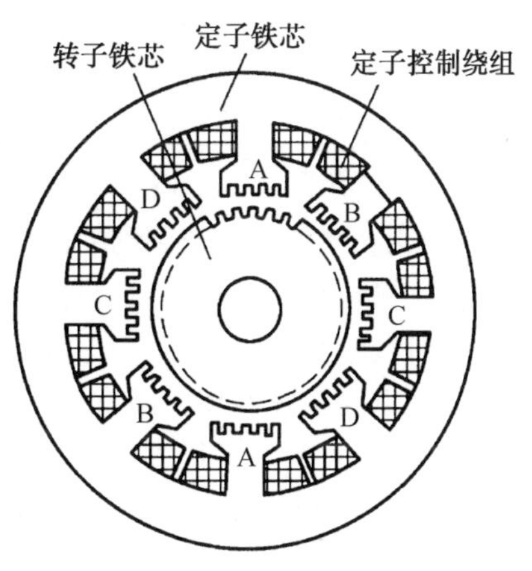

图 5.1　四相八极反应式步进电动机结构图

5.2.2 工作原理

反应式步进电动机工作原理比较简单，转子上均匀分布着很多小齿，定子齿有三个励磁绕组，其几何轴线依次分别与转子齿轴线错开。电机的位置和速度由导电次数(脉冲数)和频率成一一对应关系。而方向由导电顺序决定。

以四相反应式步进电动机为例。定子有八个极，相对两极的绕组串联成一相，构成四相；转子六个齿，齿宽等于定子极靴的宽度。当 A 相绕组通电，在磁阻转矩作用下，转子齿 1 和 4 的轴线与定子 A 极轴线对齐，如图 5.2(a)所示。同理，当断开 A 相接通 B 相，转子齿 3 和 6 的轴线与 B 极轴线对齐，转子逆时针方向转过 15°，如图 5.2(b)所示。同样再断开 B 相接通 C 相，转子又转过 15°，如图 5.2(c)所示。再断开 C 相接通 D 相，转子再转过 15°，如图 5.2(d)所示。若使步进电动机按顺时针方向连续运动，各项绕组的加电顺序为 A→D→C→B→A→…

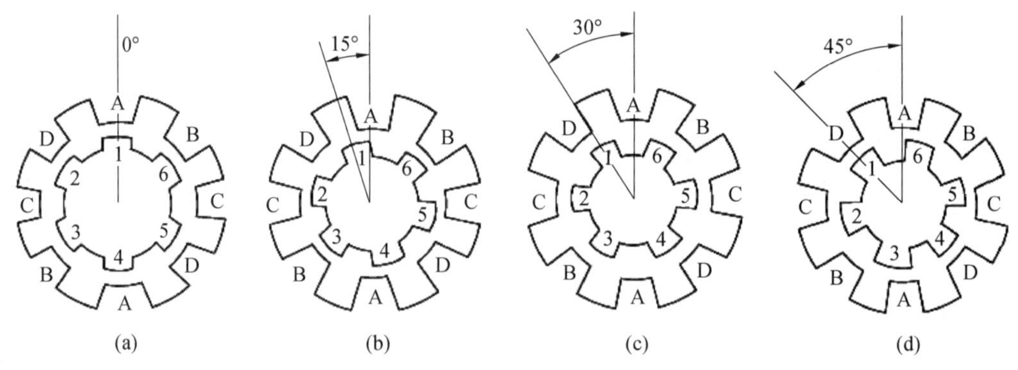

图 5.2　四相单拍运行

5.2.3 运行方式

电源每切换一次，步进电动机转子便旋转 15°。这种电源的通电方式每变换一次，称为一拍，每一拍转子所转过的角度，称为步距角θ_p。如上所述，电源每切换四次后开始重复，一个循环为四拍，每次只接通一相绕组的四相供电方式称为四相单四拍。如果每次同时接通两相绕组，如 AB→BC→CD→DA→AB，也是四拍一个循环，则称为四相双四拍，如图 5.3 所示。当 A、B 相同时接通时，转子的位置应兼顾到使 A、B 两对磁极所形成的两路磁通在气隙中所遇到的磁阻同样程度达到最小，这时相邻的两个 A、B 磁极与转子齿相作用的磁拉力大小相等且方向相反，使转子处于平衡。若 A 相断电，C、B 两相通电，转子逆时针转动 15°，以此类推。由于两相同时通电对步进电动机运行的稳定性是非常有利的，所以在实际使用中经常采用这种运行方式。

除了以上两种运行方式外，四相步进电动机还可以四相八拍运行，它的供电方式是 A→AB→B→BC→C→CD→D→DA→A→…这时，每一循环换接八次，总共有八种通电状态。这八种状态中有时一相绕组通电，有时两相绕组通电。开始时先单独接通 A 相，这时与单四拍相同，转子齿 1 和 4 的轴线与定子 A 极轴线对齐，如图 5.3(a)所示。当 A 相和 B 相同时接通时，与双四拍相同，转子只能按逆时针方向转 7.5°，如图 5.3(a)所示。这

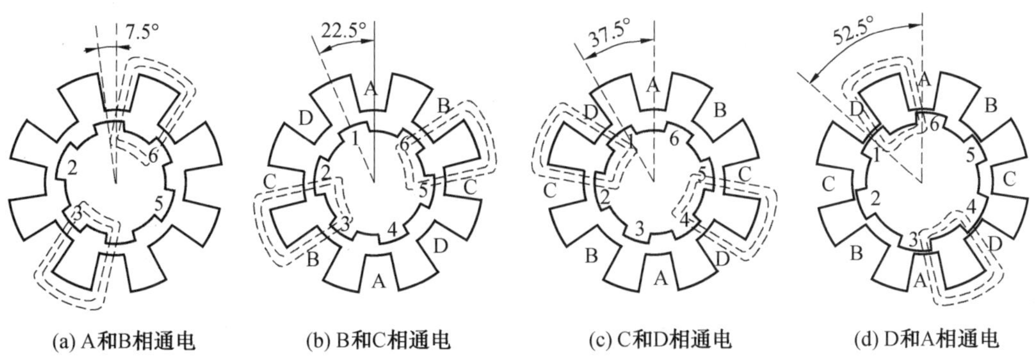

图 5.3　四相双拍运行

时转子齿既不与 A 极轴线重合，又不与 B 极轴线重合，但 A 极与 B 极产生的磁拉力却是平衡的。当 A 相断电使 B 相单独接通时，在磁拉力的作用下转子继续按逆时针方向转动，直到转子齿 3 和 6 的轴线与定子 B 极轴线对齐为止，如图 5.3(b)所示，这时转子又转过 7.5°。以此类推，若下面继续按照 BC→C→CD→D→DA→A…的顺序使绕组换接，那么，步进电动机就不断地按逆时针方向旋转。当接通顺序改为 A→AD→D→DC→C→CB→B→BA→A→…时，步进电动机按顺时针方向旋转。由上述可见，四相八拍运行时转子每步转过的角度比四相四拍运行时要小一半，因此一台步进电动机采用不同的供电方式，步距角可有两种不同数值，在上例中四拍运行时步距角为 15°，八拍时为 7.5°。

以上讨论的是一台简单的四相反应式步进电动机的工作原理。但是这种步进电动机每走一步所转过的角度比较大，它常常满足不了生产实际提出的要求，所以大多采用如图 5.1 所示的转子齿数较多、定子磁极上带有小齿的反应式结构，其步距角可以做得很小。下面进一步说明这种步进电动机的工作原理。

设步进电动机为四相单四拍运行，即通电方式为 A→B→C→D→A→…当图 5.1 中的 A 相控制绕组通电时，产生了沿 A 极轴线方向的磁通，使转子齿轴线和定子磁极 A 上的齿轴线对齐。因为转子共有 50 个齿，每个齿距角 $\theta_t=7.2°$。定子一个极距所占的齿数为 $\frac{50}{2\times 4}=6.25$，不是整数，因此当 A 极下的定转子齿轴线对齐时，相邻两对磁极 B 极和 D 极下的齿和转子齿必然错开 1/4 齿距角，即 1.8°，这时各相磁极的定子齿与转子齿相对位置如图 5.4 所示。如果断开 A 相而接通 B 相，这时磁通沿 B 极轴线方向，同样在反应转矩的作用下，转子按顺时针方向转过 1.8°，使转子齿轴线和定子磁极 B 下的齿轴线对齐。这时 A 极和 C 极下的齿与转子齿又错开 1.8°。以此类推，控制绕组按 A→B→C→D→A→…顺序循环通电时，转子就按顺时针方向一步一步连续地转动起来，每换接一次绕组，转子就转过 1/4 齿距角。显然，如果要使步进电动机反转，那么只要改变通电顺序，即按 A→D→C→V→A→…顺序循环通电时，则转子便按逆时针方向一步一步地转起来，步距角同样为 1/4 齿距角，即 1.8°。

如果运行方式改为四相八拍，其通电方式为 A→AB→B→BC→C→CD→D→DA→A→…，当 A 相通电转到 A、B 两相同时通电时，定、转子齿的相对位置变为图 5.5 那样的位置，转子按顺时针方向只转过 1/8 齿距角，即 0.9°，A 极和 B 极下的齿轴线与转子齿轴

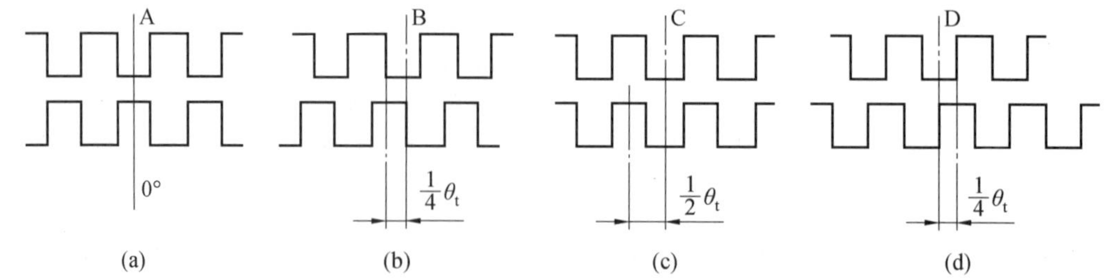

图 5.4　A 相通电时定、转子齿的相对位置

线都还错开 1/8 齿距角，转子受到两个极的作用，力矩大小相等，但方向相反，故仍处于平衡。当 B 相一相通电时，转子齿轴线与 B 极下齿轴线相重合，转子按顺时针方向又转过 1/8 齿距角。这样继续下去，每换接一次绕组，转子都转过 1/8 齿距角。可见四相八拍运行时的步距角同样比四相四拍运行时小一半。

当步进电动机运行方式为四相双四拍，即以 AB→BC→CD→DA→AB→…方式通电时，步距角与四相单四拍运行时一样为 1/4 齿距角，即 1.8°。

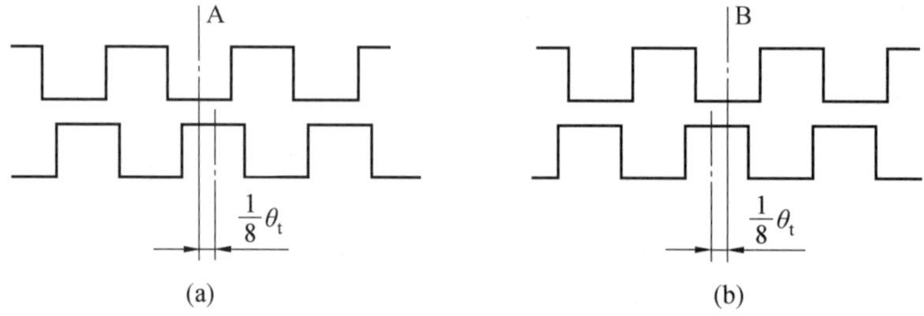

图 5.5　A、B 两相通电时定、转子齿的相对位置

5.2.4　基本特点

1. 控制电脉冲频率 f_φ

步进电动机工作时，每相绕组是通过“环形分配器”按一定规律轮流通电。例如一个按三相双三拍运行的环形分配器输入是一路，而输出是 A、B、C 三路。若开始是 A、B 两路有电压，输入一个控制电脉冲后，就变成 B、C 两路有电压，再输入一个电脉冲，则变成 C、A 两路有电压，再输入一个电脉冲，又变成 A、B 两路有电压了。即三相单三拍运行时，第一个电脉冲分给 A 相；第二个电脉冲分给 B 相；第三个电脉冲分给 C 相，完成一个循环。环形分配器输出的各种脉冲电压信号，经过各自的放大器放大后送入步进电动机的各相绕组，使步进电动机一步步转动，图 5.6 表示三相步进电动机控制框图。

步进电动机这种轮流通电的方式称为“分配方式”。每循环一次所包含的通电状态数称为“状态数”或“拍数”。状态数等于相数的称为单拍制分配方式（如三相双三拍、四相单四拍等），状态数等于相数两倍的称为双拍制分配方式（如三相六拍、四相八拍等）。不管分配方式如何，每循环一次，控制电脉冲的个数总等于拍数 N，而加在每相绕组上的脉冲电压的个数却等于 1。若控制电脉冲频率为 f，每相脉冲频率用 f_φ 表示，则

$$f_\varphi=\frac{f}{N} \tag{5.1}$$

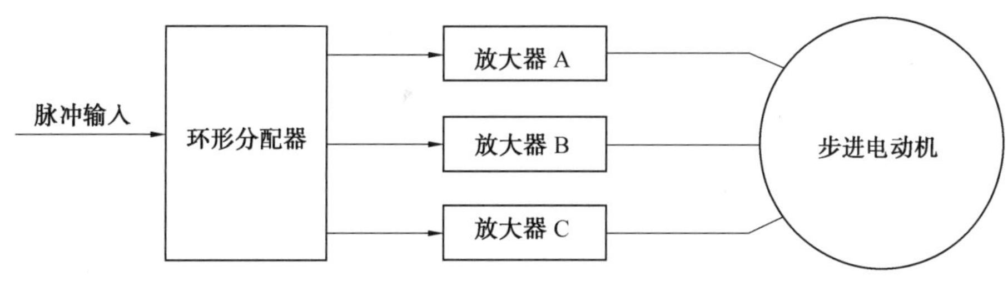

图 5.6　控制方框图

2. 步距角θ_p

每输入一个脉冲电信号转子转过的角度称为步距角,用符号θ_p表示。从上面分析可见,当电动机按四相单四拍运行,即按 A→B→C→D→… 顺序通电时,若开始是 A 相通电,转子齿轴线与 A 相磁极的齿轴线对齐,换接一次绕组,转子转过的角度为 1/4 齿距角,转子需要走 4 步,才转过一个齿距角,此时转子齿轴线又重新与 A 相磁极的齿轴线对齐。当电动机在四相八拍运行,即按 A→AB→B→BC→C→CD→D→DA→… 顺序通电时,换接一次绕组转子转过的角度为 1/8 齿距角,转子需要走 8 步才能转过一个齿距角,由于转子相邻两齿间的夹角,即齿距角为

$$\theta_t=\frac{360^\circ}{Z_t} \tag{5.2}$$

式中　Z_t——转子齿数,所以转子每步转过的空间角度(机械角度),即步距角为

$$\theta_p=\frac{\theta_t}{N}=\frac{360^\circ}{NZ_t} \tag{5.3}$$

式中　N——运行拍数,$N=km$ ($k=1,2$;m 为相数)。

为提高工作精度,就要求步距角很小。由式(5.1)可见,要减小步距角可以增加拍数N,相数增加相当于拍数增加,但相数越多,电源及电动机的结构也越复杂。对同一电动机既可以采用单拍制,也可采用双拍制。采用双拍制时步距角减小一半,所以一台步进电动机可有两种步距角,如 1.5°/0.75°、1.2°/0.6°、3°/1.5°等。

增加转子齿数Z_t,步距角也可减小。所以反应式步进电动机的转子齿数一般是很多的。通常反应式步进电动机的步距角为零点几度到几度。

如果将转子齿数看作为转子的极对数,那么一个齿距就对应 360°电角度(或 2π 电弧度),即用电角度(或电弧度)表示的齿距角为

$$\theta_{te}=360^\circ \text{ 或 } \theta_{te}=2\pi$$

相应的步距角为

$$\theta_{pe}=\frac{\theta_{te}}{N}=\frac{360^\circ}{N}\text{(电角度)} \tag{5.4}$$

或

$$\theta_{pe}=\frac{\theta_{te}}{N}=\frac{2\pi}{N}\text{(电弧度)} \tag{5.5}$$

所以当拍数一定时,不论转子齿数多少,用电角度表示的步距角均相同。考虑到式(5.1),用电角度表示的步距角为

$$\theta_{pe}=\frac{360^\circ Z_t}{N\ Z_t}=\theta_p Z_t(\text{电角度}) \tag{5.6}$$

可见，与一般电动机一样，电角度等于机械角度乘上极对数(这里是转子齿数)。

3. 转速 n

反应式步进电动机可以按特定指令进行角度控制，也可以进行速度控制。角度控制时，每输入一个脉冲，定子绕组就换接一次，输出轴就转过一个角度，其步数与脉冲数一致，输出轴转动的角位移量与输入脉冲数成正比。速度控制时，步进电动机绕组中送入的是连续脉冲，各相绕组不断地轮流通电，步进电动机连续运转，它的转速与脉冲频率成正比。由式(5.1)可见，每输入一个脉冲，转子转过的角度是整个圆周角的 $1/(NZ_t)$，也就是转过 $I/(NZ_t)$转，因此每分钟转子所转过的圆周数，即转速为

$$n=\frac{60f}{NZ_t} \tag{5.7}$$

式中 f——控制脉冲的频率，即每秒输入的脉冲数。

由式(5.7)可见，反应式步进电动机转速取决于脉冲频率、转子齿数和拍数，而与电压、负载、温度等因素无关。当转子齿数一定时，转子速度与输入脉冲频率成正比，改变脉冲频率可以改变转速，故可进行无级调速，调速范围很宽。

另外，若改变通电顺序，即改变定子磁场旋转的方向，就可以控制电动机正转或反转。所以，步进电动机是用电脉冲进行控制的电动机，改变电脉冲输入的情况，就可方便地控制它，使它快速启动、反转、制动或改变转速。

步进电动机的转速还可用步距角来表示，将式(5.7)进行变换，可得

$$n=\frac{60f}{NZ_t}=\frac{60f}{NZ_t}\frac{360^\circ}{360^\circ}=\frac{f}{6^\circ}\theta_p \tag{5.8}$$

式中 θ_p——用度数表示的步距角。

可见，当脉冲频率 f 一定时，步距角越小，电动机转速越低，因而输出功率越小。所以从提高加工精度上要求，应选用小的步距角，但从提高输出功率上要求，步距角又不能取得太小，一般步距角应根据系统中应用的具体情况进行选取。

4. 具有自锁能力

当控制电脉冲停止输入，而让最后一个脉冲控制的绕组继续通直流电时，则电动机可以保持在固定的位置上，即停在最后一个脉冲控制的角位移的终点位置上。这样，步进电动机可以实现停车时转子定位。

综上所述，由于步进电动机工作时的步数或转速既不受电压波动和负载变化的影响(在允许负载范围内)，也不受环境条件(温度、压力、冲击和振动等)变化的影响，只与控制脉冲同步，同时它又能按照控制的要求，进行启动、停止、反转或改变转速。因此步进电动机被广泛地应用于各种数字控制系统中，且更多地应用于开环控制系统。

5.3 反应式步进电动机的静态转矩和矩角特性

步进电动机的静态特性主要是指其静态转矩和矩角特性。若步进电动机理想空载，

则当定、转子齿轴线重合时，步进电动机处于稳定平衡位置。如果转子偏离这个位置某一角度，定、转子齿之间就会形成一个力图使转子恢复到稳定平衡位置的转矩 T，称为静态转矩。定子齿轴线和转子齿轴线之间的夹角称为失调角，通常用电角度角θ_e表示。步进电动机的静态转矩 T 随失调角θ_e的变化规律，即$=f(\theta_e)$曲线称为步进电动机的矩角特性。对于多相步进电动机，定子控制绕组可以是一相通电也可以是几相同时通电，下面分别讨论其静态运行时的矩角特性和静态转矩。

1. 单相通电时

单相通电时，通电相极下的齿都产生转矩，同一相极下所有定子齿和转子齿相对应的位置都相同，可以用一对定、转子齿的相对位置来表示转子位置。故电动机总转矩为通电相极下各定子齿所产生转矩之和。

图 5.7 所示为定子一个齿与转子一个齿的相对位置。图中，定子齿轴线与转子齿轴线之间的夹角θ_e为电角度表示的转子失调角；θ_{te}为用电弧度表示的齿距角，$\theta_{te}=2\pi$。

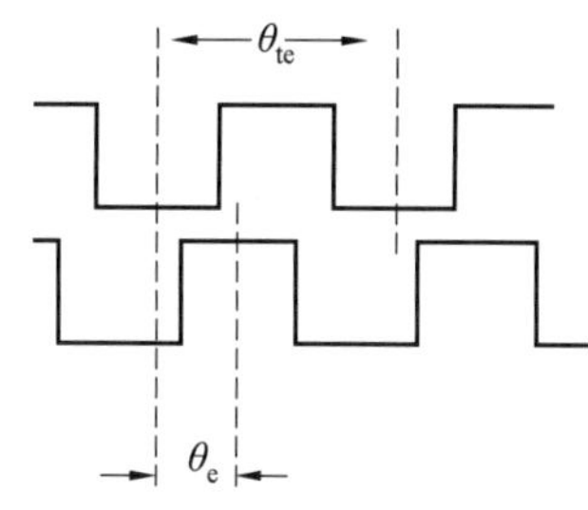

图 5.7　定、转子齿的相对位置

当失调角$\theta_e=0$ 时，转子齿轴线和定子齿轴线重合，定、转子齿之间虽有较大的吸力，但吸力是垂直于转轴的，不是圆周方向，故电机产生的转矩为 0，定、转子间的作用力如图 5.8(a)所示。图中，$\theta_{te}=0$、$T=0$ 的位置即为稳定平衡位置(协调位置)。

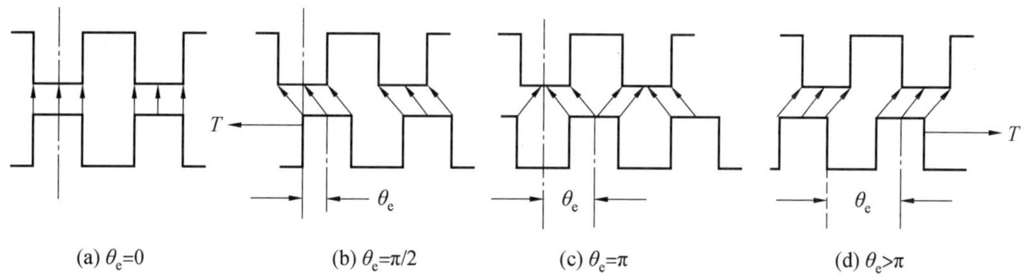

图 5.8　定、转子间的作用力

随着失调角θ_e(负时针方向为正值)的增加，电机产生的转矩增大，当$\theta_e=\pi/2$(即 1/4 齿距角)时，转矩最大，转矩的方向是逆时针的，故取转矩为负值，如图 5.8(b)所示，失调角$\theta_e=\pi$(即 1/2 齿距角)时，转子的位置正好是转子的齿轴线对准定子槽的轴线，转子槽轴线对准定子齿的轴线。此时，相邻两个转子齿都受到中间定子齿的拉力，对转子的作用是相互平衡的，如图 5.8(c)所示，故转矩也为零。当失调角$\theta_e>\pi$ 时，转子齿转到下一个定子齿下，受下一个定子齿的作用，转矩使转子齿与该定子齿对齐，是顺时针方向的，如图 5.8(d)所示，转矩取为正值。当$\theta_e=2\pi$ 时，转子齿与下一个定子齿对齐，转矩为 0，失调角θ_e继续增加，转矩又重复上面情况做周期性的变化。

当失调角相对于协调位置以相反方向偏移，即失调角为负值时，$-\pi<\theta_e<0$ 范围内转矩的方向为顺时针，故取正值，转矩值的变化情况与上相同，故不再赘述。步进电动机的静态转矩 T 随失调角θ_e的变化规律，即矩角特性$=f(\theta_e)$近似为正弦曲线，如图 5.9

所示。

步进电动机矩角特性上的静态转矩最大值T_{jmax}表示了步进电动机承受负载的能力，它与步进电动机很多特性的优劣有直接的关系。因此，静态转矩最大值是步进电动机放主要的性能指标之一，通常在技术数据中都会指明，在设计步进电动机时，也往往首先以该值作为根据。

上面定性地讨论了单相通电时静态转矩与转子失调角的关系，下面根据机电能量转换原理推导静态转矩的数学表达式。

设定子每相每极控制绕组匝数为 W ，通入电流为 I ，转子在某位置（θ 处）转动了$\Delta\theta$（如图 5.10），气隙中的磁场能量变化为ΔW，则电机的静态转矩可按下式来给出：

$$T=\frac{\Delta W_{m}}{\Delta\theta} \tag{5.9}$$

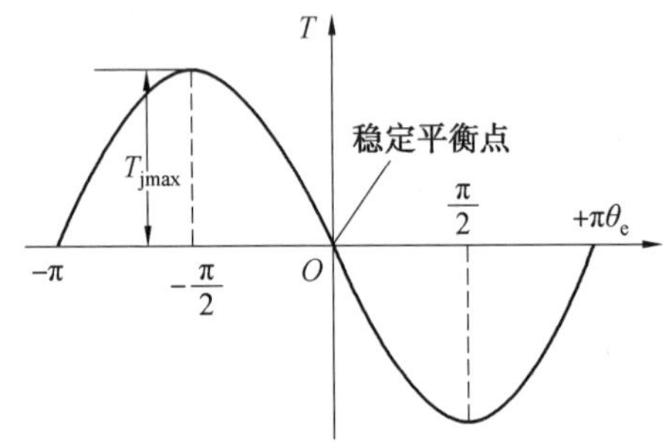

图 5.9　步进电机的矩角特性

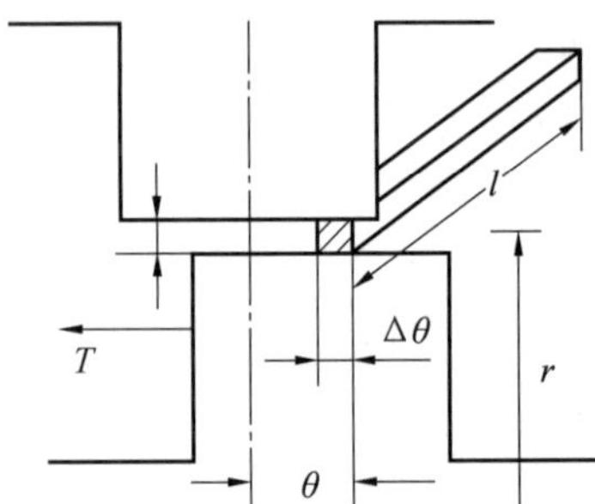

图 5.10　能量转换法求转矩

若用导数表示，则有

$$T=\frac{dW_{m}}{d\theta} \tag{5.10}$$

式中，W 为电机的气隙磁场能量。当转子处于不同位置时，W 具有不同的数值，故 W 是转子位置角 θ 的函数。

气隙磁能可以表示为

$$W_{m}=2\int_{v}w\,dv \tag{5.11}$$

式中　$\omega= HB/2$——单位体积的气隙磁能；

V——一个极面下定、转子间气隙的体积。

由图 5.10 可见，当定、转子轴向长度为 l、气隙长度为 δ、气隙平均半径为 r 时，与角度 $d\theta$ 相对应的体积增量为 $dV=l\delta r\,d\theta$，故式(5.11)可表示为

$$W_{m}=\int_{v}HBl\delta r\,d\theta$$

因为每极下的气隙磁势$F_{\delta}=H\delta$，再考虑到通过 $d\theta$ 所包围的气隙面积的磁通 $d\Phi=Bds=Blr d\theta$，所以

$$W_{m}=\int_{v}F_{\delta}\,d\phi$$

按磁路欧姆定律又有 $d\Phi=F_\delta d\Lambda$，其中 Λ 为一个极面下气隙磁导，则有

$$W_m=\int_v F_\delta^2 d\Lambda$$

将上式代入式(5.10)，可得静态转矩为

$$T=\frac{dW_m}{d\theta}=F_\delta^2\frac{d\Lambda}{d\theta}(\text{N}\cdot\text{m})$$

考虑到 $\theta=\dfrac{\theta_e}{Z_R}$，$W$，$\Lambda=Z_s lG$，则有静态转矩表达式：

$$T=(Iw)^2 Z_S Z_R l\frac{dG}{d\theta_e}\tag{5.12}$$

式中 W——每极匝数；

Z_s——定子每极下的小齿数；

G——气隙比磁导，即单位轴向长度、一个齿距下的气隙磁导。

气隙比磁导 G 与转子齿相对于定子齿的位置有关，如转子齿与定子齿对齐时气隙比磁导最大，转子齿与定子槽对齐时气隙比磁导最小，其他位置时介于两者之间。故可认为气隙比磁导是转子位置角θ_e的函数，即 $G=G(\theta_e)$。通常可将气隙比磁导用傅里叶级数来表示

$$G=G_0+\sum_{n=1}^{\infty}G_n\cos n\theta_e$$

式中 G_0,G_1,G_2——都与齿的形状和几何尺寸以及磁路和度有关，可从有关资料中查得。

若略去气隙比磁导中的高次谐波，则静态转矩可表示为

$$T=-(IW)^2 Z_S Z_R lG_1\sin\theta_c(\text{N}\cdot\text{m})\tag{5.13}$$

这就是步进电机静态转矩与失调角θ_e的关系式，即矩角特性，如图 5.9 所示。

当失调角$\theta_e=\pi/2$ 时，静态转矩为最大，即

$$T_{jmax}=(IW)^2 Z_S Z_R lG_1(\text{N}\cdot\text{m})\tag{5.14}$$

可见，当不计铁芯饱和时，静态转矩最大值与绕组电流平方成正比。

2. 多相通电时

一般来说，多相通电时的矩角特性和最大静态转矩T_{jmax}与单相通电时的不同，按照叠加原理，多相通电时的矩角特性近似地可以由每相各自通电时的矩角特性叠加起来求出。

先以三相步进电机为例进行分析。三相步进电动机可以单相通电，也可以两相同时通电，下面推导三相步进电动机在两相(如 A、B 两相)通电时的矩角特性。

如果转子失调角θ_e是指 A 相定子齿轴线与转子齿轴线之间的夹角，那么，A 相通电时的矩角特性是一条通过 0 点的正弦曲线，即

$$T_A=-T_{jmax}\sin\theta_e$$

当 B 相也通电时，由于$\theta_e=0$ 时的 B 相定子齿轴线与转子齿轴线相距一个单拍制的步距角，这个步距角以电角度表示记为θ_{ae}。其值为$\theta_{ae}=\theta_{te}/3=120°$(电角度)或 $2\pi/3$(电弧度)，如图 5.11 所示。所以 B 相通电时的矩角特性可表示为

$$T_B=-T_{jmax}\sin(\theta_e-120°)$$

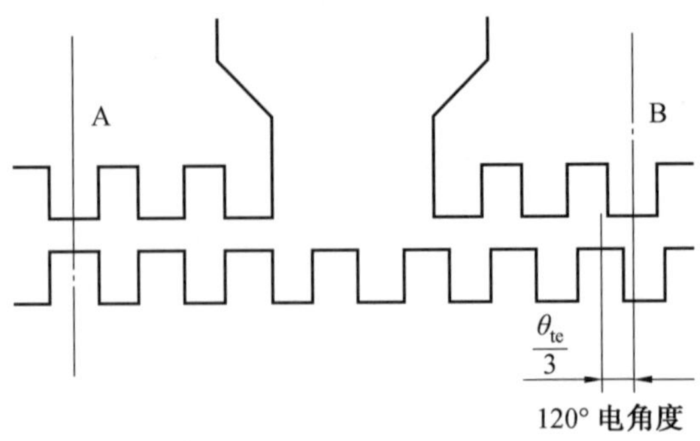

图 5.11 A 相、B 相定子齿相对转子齿的位置

这是一条与 A 相矩角特性相距 120°(即 2π/3)的正弦曲线。当 A、B 两相同时通电时合成矩角特性应为两者相加，即

$$T_{AB}=T_A+T_B=-T_{jmax}\sin\theta_e-T_{jmax}\sin(\theta_e-120°)$$
$$=-T_{jmax}\sin(\theta_e-60°)$$

可见它是一条幅值不变、相移 60°(即 $\theta_{te}/6$)的正弦曲线。A 相、B 相及 A、B 两相同时通电的矩角特性如图 5.12(a)所示。除了用波形图表示多相通电时的矩角特性外，还可用矢量图来表示，如图 5.12(b)所示。

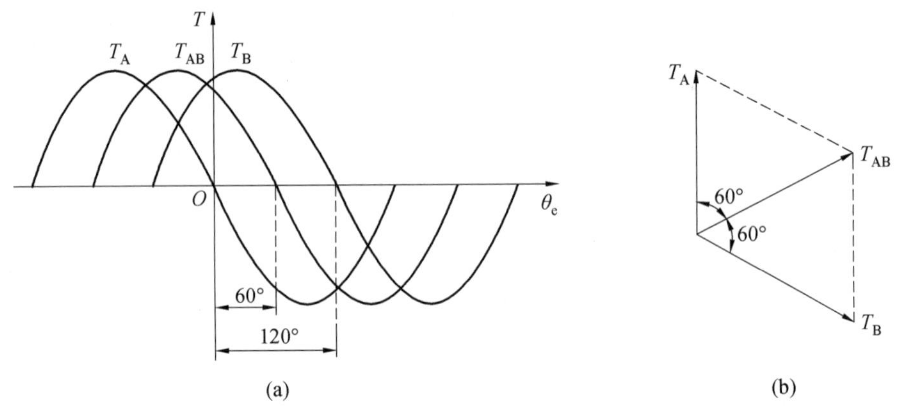

图 5.12 三相步进电动机单相、两相通电时的转矩

从上面对三相步进电动机两相通电时矩角特性的分析可以看出，两相通电时的最大静态转矩值与单相通电时的最大静态转矩值相等。也就是说，对三相步进电动机来说，不能依靠增加通电相数来提高转矩，这是三相步进电动机一个很大的缺点。

不用三相，而用更多相时，多相通电是能提高转矩的。下面以五相电动机为例进行分析。

与三相步进电动机的分析方法一样，也可作出五相步进电动机的单相、两相、三相通电时矩角特性的波形图和矢量图，如图 5.13 和图 5.14 所示。由图可见，两相和三相通电时矩角特性相对 A 相矩角特性分别移动了 2π/10 及 2π/5，静态转矩最大值两者相等，而且都比一相通电时大。因此，五相步进电动机采用两相～三相运行方式(如 AB→ABC→BC→…)不但最大转矩增加，而且矩角特性形状相同，这对步进电动机运行的稳定性是非

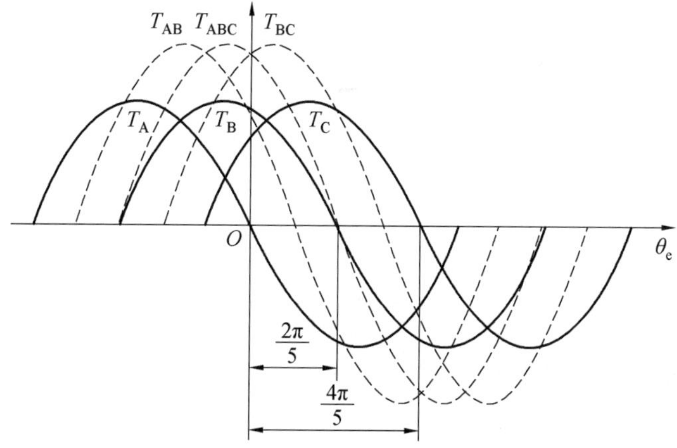

图 5.13　五相步进电动机单相、两相、三相通电时的矩角特性

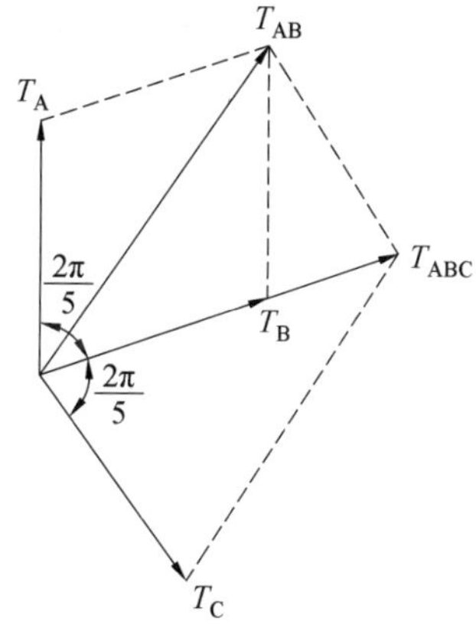

图 5.14　五相步进电动机转矩矢量图

常重要的，在使用时应优先考虑这样的运行方式。

下面给出 m 相电动机，n 相同时通电时矩角特性的一般表达式：

$$T_1 = -T_{jmax}\sin\theta_e$$
$$T_2 = -T_{jmax}\sin(\theta_e - \theta_{pe})$$
$$\vdots$$
$$T_n = -T_{jmax}\sin[\theta_e - (n-1)\theta_{pe}]$$

所以，n 相同时通电时转矩

$$\begin{aligned} T_{1\sim n} &= T_1 + T_2 + \cdots + T_n \\ &= -T_{jmax}\{\sin\theta_e + \sin(\theta_e - \theta_{pe}) + \cdots + \sin[\theta_e - (n-1)\theta_{pe}]\} \\ &= -T_{jmax}\frac{\sin(n\theta_{pe}/2)}{\sin(\theta_{pe}/2)}\sin\left[\theta_e - \frac{(n-1)}{2}\theta_{pe}\right] \end{aligned}$$

式中　θ_{pe}——单拍制分配方式时的步距角。

因为步距角$\theta_{pe} = 2\pi/m$，所以

$$T_{1\sim n} = -_{jmax}\frac{\sin(n\pi/m)}{\sin(\pi/m)}\sin\left[\theta_e - \frac{(n-1)}{m}\pi\right]$$

因而 m 相电动机，n 相同时通电时转矩最大值与单相通电时转矩最大值之比为

$$\frac{T_{\mathrm{jmax}(1\sim n)}}{T_{\mathrm{jmax}}}=\frac{\sin(n\pi/m)}{\sin(\pi/m)} \tag{4.15}$$

例如五相电动机两相通电时转矩最大值为

$$T_{\mathrm{jmax(AB)}}=T_{\mathrm{jmax}}\frac{\sin(2\pi/5)}{\sin(\pi/5)}=1.62\ T_{\mathrm{jmax}}$$

三相通电时

$$T_{\mathrm{jmax(ABC)}}=T_{\mathrm{jmax}}\frac{\sin(3\pi/5)}{\sin(\pi/5)}=1.62\ T_{\mathrm{jmax}}$$

除三相步进电动机其最大静态转矩不变以外，多相步进电动机采用多相同时通电进行控制能够提高最大静态转矩，故一般功率较大的步进电动机（称为功率步进电动机）都采用大于三相的步进电动机，并且选择多相通电的控制方式。

5.4 反应式步进电动机的运行状态

5.4.1 启动特性

步进电动机的启动与不失步联系在一起，故一般电动机的启动特性与步进电动机的启动特性不同，一般电动机的启动特性常用堵转电流和堵转转矩来描述，而步进电机的启动特性用启动频率矩频特性和惯频特性来描述。

1. 启动频率

电动机正常启动时（不丢步、不失步）所能加的最高控制频率称为启动频率或突跳频率，这也是衡量步进电动机快速性能的重要技术指标。启动频率要比连续运行频率低得多，这是因为电动机刚启动时转速等于零，在启动过程中，电磁转矩除了克服负载转矩外，还要克服转动部分的惯性矩 $J\,\mathrm{d}^2\theta/\mathrm{d}\,t^2$（$J$ 是电动机和负载的总惯量），所以启动时电动机的负担比连续运转时更重。而连续稳定运行时，加速度 $\mathrm{d}^2\theta/\mathrm{d}\,t^2$ 很小，惯性转矩可忽略。

启动频率的大小与负载大小有关，因而指标分空载启动频率 T_{s0} 和负载启动频率 T_{sL}，且 T_{sL} 比 T_{s0} 低得多。若要提高启动频率，主要应从下面几个方面考虑：增大电动机的动态转矩，减小转动部分的转动惯量，增加拍数，减小步距角，从而使矩角特性跃变角变小，减慢特性移动速度。

2. 启动矩频特性

在给定驱动电源的条件下，负载转动惯量一定时，启动频率 T_s 与负载转矩 T_L 的关系 $T_s=(T_L)$，称作启动矩频特性，如图 5.15 所示。

当电动机带着一定的负载转矩启动时，作用在电动机转子上的加速转矩为电磁转矩与负载转矩之差。负载转矩越大，加速转矩就越小，电动机就越不易启动，只有当每步有较长的加速时间（即较低的脉冲频率）时电动机才可能启动。所以随着负载的增加，其启动频率是下降的。启动频率 T_s 随负载转矩 T_L 增大呈下降曲线。

3. 启动惯频特性

在给定驱动电源的条件下，负载转矩不变时，启动频率T_s与负载转动惯量 J 的关系 $T_s=(J)$，称为启动惯频特性，如图 5.16 所示。

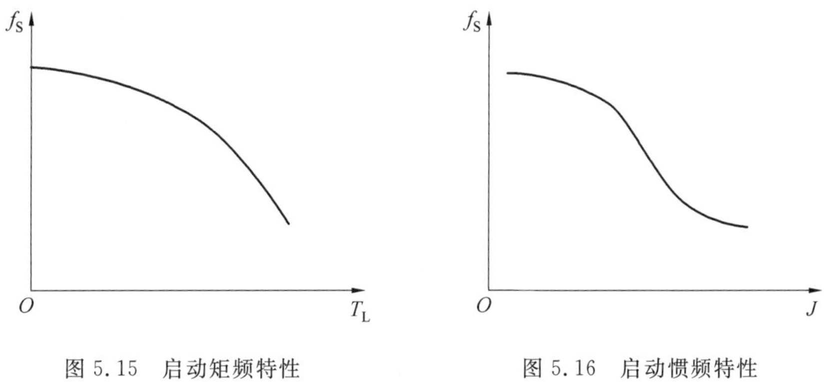

图 5.15　启动矩频特性　　图 5.16　启动惯频特性

另外，随着电动机转动部分惯量的增大，在一定的脉冲周期内转子加速过程将变慢，因而难于趋向平衡位置。而要电动机启动，也需要较长的脉冲周期使电动机加速，即要求降低脉冲频率。所以随着电动机轴上转动惯量的增加，启动频率也是下降的。启动频率T_s随转动惯量 J 增大呈下降曲线。

5.4.2　单步运行状态

1. 单步运行

以三相反应式步进电动机为例，假设其矩角特性为正弦波形，失调角θ_e是 A 相定子齿轴线与转子齿轴线之间的夹角。A 相通电时的矩角特性如图 5.17 中曲线 A 所示。图中，$\theta_e=0$ 的点是对应 A 相定子齿轴线与转子齿轴线相重合时的转子位置，即平衡位置。当电机处于理想空载，即不带任何负载时，转子停在$\theta_e=0$ 的位置上。

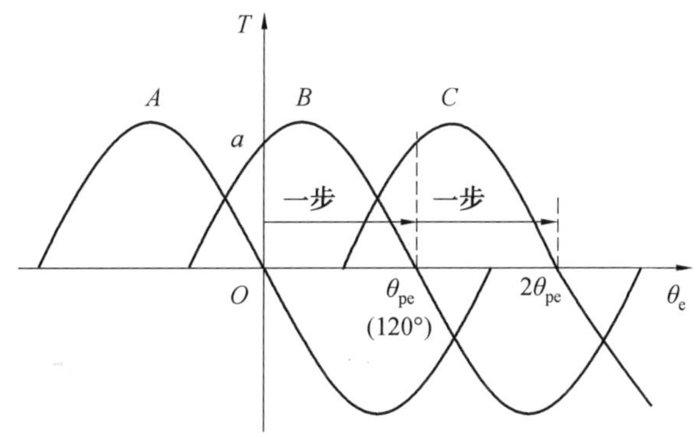

图 5.17　空载时步进电动机的单步运行

如果此时送入一个控制脉冲，切换为 B 相绕组通电，矩角特性就移动一个步距角θ_{pe}（等于 120°），跃变为曲线$\theta_e=120°$就成为新的平衡位置。但切换的瞬时转子还处于$\theta_e=0$

的位置，对应$\theta_e=0$的电磁转矩已由$T=0$突变为$=T_{jmax}\sin 120°$（对应图中a点的转矩）。电机在电磁转矩作用下将向新的初始平衡位置移动，直至$\theta_e=120°$为止。这样，电机从$\theta_e=0$到$\theta_e=120°$步进了一步（一个步距角）。如果不断送入控制脉冲，使绕组按照A—B—C—A…的顺序不断换接，电机就不断地一步一步转动，每走一步转过一个步距角，这就是步进电动机做单步运行的情况。

当电机带有恒定负载T_L时，若A相通电，转子将停留在失调角为θ_{ea}的位置上，如图5.18所示。当$\theta_e=\theta_{ea}$时，电磁转矩T_A（对应a点的转矩）与负载转矩T_L相等，转子处于平衡状态。

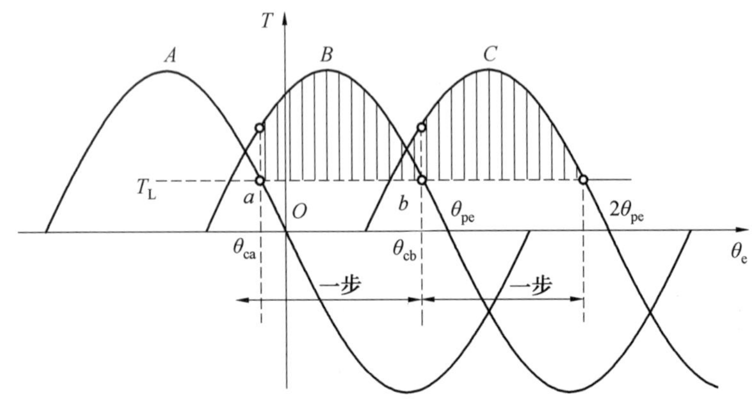

图5.18　负载时步进电机的单步运行

如果送入控制脉冲，转换到B相通电，则转子所受的有效转矩为电磁转矩T_B与负载转矩T_L之差，即图5.18上的阴影部分。转子在此转矩的作用下也转过一个步距角120°由$\theta_e=\theta_{ea}$转到新的平衡位置$\theta_e=\theta_{eb}$。这样，当绕组不断地换接时，电机就不断做步进运动，而步距角仍为120°电角度。

2.最大负载转矩（起动转矩）

步进电动机在步进运行时所能带动的最大负载可由相邻两条矩角特性交点所对应的电磁转矩T_a来确定。

如图5.19所示，当电机所带负载的阻转矩$T_L<T_a$时，如果开始时转子是处在失调角为θ_{en}的平衡点n，当控制脉冲切换通电绕组使B相通电时，矩角特性跃变为曲线B。这时，对应角θ_{en}的电磁转矩大于负载转矩，电机就会在电磁转矩作用下转过一个步距角到达新的平衡位置n。但是，如果负载阻转矩$T'_L<T_a$，开始时转子处于失调角为θ_{en}'的n'点，则当绕组切换后，对应于θ_{en}'的电磁转矩小于负载转矩，电机就不能做步进运动了。

所以各相矩角特性的交点（也就是全部矩角特性包络线的最小值对应点）所对应的转矩T_a乃是电动机做单步运动所能带动的极限负载，即负载能力，也称为启动转矩。实际电动机所带的负载T_L必须小于启动转矩才能运动，即

$$T_L<T_a$$

如果采用不同的运动方式，那么步距角就不同，矩角特性的幅值也不同，因而矩角特性的交点位置以及与此位置所对应的启动转矩值也随之不同。若矩角特性曲线为幅值相

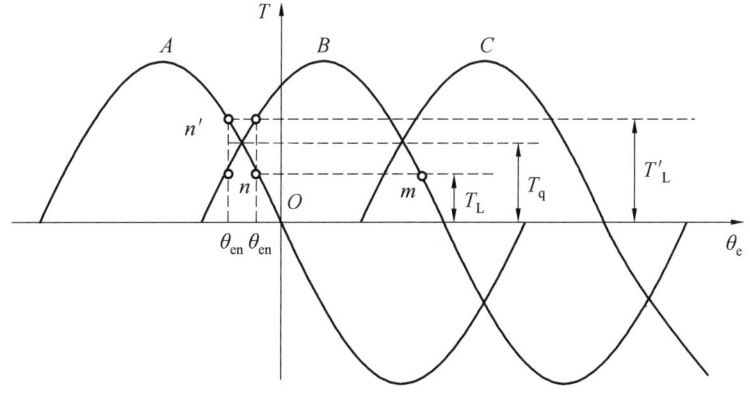

图 5.19　最大负载能力的确定

同的正弦波形时，可得出

$$T_a = T_{jmax}\sin\frac{\pi-\theta_{pe}}{2} = \cos\frac{\theta_{pe}}{2} = \cos\frac{\pi}{N} \tag{5.16}$$

显然，拍数越多，极限启动转矩T_a越接近于T_{jmax}。除此之外应该注意到，矩角特性曲线的波形对电动机带动负载的能力也有较大的影响。平顶波形矩角特性T_a值接近T_{jmax}值，有较大的带负载能力，因此步进电动机理想的矩角特性应是矩形波形。T_a是步进电动机能带动的负载转矩极限值。在实际运行时，电动机具有一定的转速，由于受脉冲电流的影响，最大负载转矩值比T_a还将有所减小，因此实际应用时应留有相当余量才能保证可靠地运行。

3. 转子自由振荡过程

当绕组切换时，转子是单调地趋向新的平衡位置，但实际情况并非如此，可以结合图 5.20 予以说明。

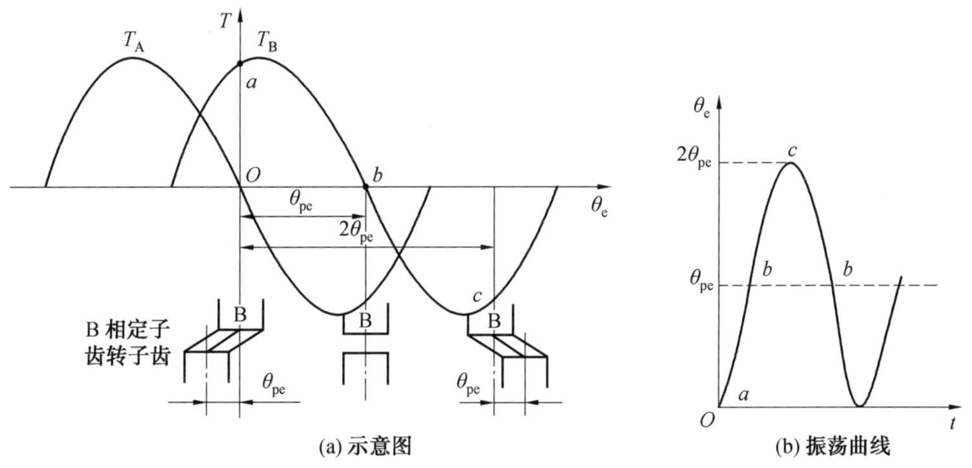

图 5.20　无阻尼时转子的自由振荡

如果开始时 A 相通电，转子处于失调角为$\theta_e=0$ 的位置。当绕组换接使 B 相通电时，B 相定子齿轴线与转子齿轴线错开θ_{pe}角，矩角特性向前移动了一个步距角θ_{pe}，转子在电磁

转矩作用下由 a 点向新的平衡位置$\theta_e=\theta_{pe}$的 b 点(即 B 相定子齿轴线和转子齿轴线重合)位置做步进运动;到达 b 点位置时,转矩就为 0,但转速不为 0。由于惯性作用,转子要越过平衡位置继续运动。当$\theta_e>\theta_{pe}$时,电磁转矩为负值,因而电机减速。失调角θ_e,继续增大,负的转矩也越来越大,电机减速就越快,直至速度为 0 的 c 点。

如果电机没有受到阻尼作用,c 点所对应的失调角为 $2\theta_{pe}$,这时 B 相定子齿轴线与转子齿轴线反方向错开θ_{pe}角。以后电机在负转矩作用下向反方向转动,又越过平衡位置回到开始出发点 a 点。这样,如果无阻尼作用,绕组每换接一次,电机就环绕新的平衡位置来回做不衰减的振荡,称为自由振荡,如图 5.20 (b)所示。自由振荡幅值为一个步距角θ_{pe}。若自由振荡角频率为ω'_0,则相应的振荡频率和周期分别为$f'_0=\dfrac{\omega'_0}{2\pi}$,$f'_0=\dfrac{1}{f'_0}=\dfrac{2\pi}{\omega'_0}$,自由振荡角频率$\omega'_0$与振荡的幅值有关。当拍数很大时,步距角很小,自由振荡的幅值很小。也就是说,转子在平衡位置附近做微小的振荡,这时振荡的角频率称为固有振荡角频率,用ω_0表示。理论上可以证明固有振荡角频率为

$$\omega_0=\sqrt{\frac{T_{jmax}Z_t}{J}} \tag{5.17}$$

式中 J——转动部分的转动惯量。固有振荡角频率ω_0是步进电机一个很重要的参数。

随着拍数减少,步距角增大,自由振荡的幅值也增大,自由振荡频率就减小。自由振荡角频率与振荡幅值(即步距角)的关系如图 5.21 所示。实际上转子做无阻尼的自由振荡是不可能的,由于轴上的摩擦、风阻及内部电阻尼等存在,因此电动机单步运行时转子环绕平衡位置的振荡过程总是衰减的,如图 5.22 所示。阻尼作用越大,衰减得越快,最后仍稳定于平衡位置附近。

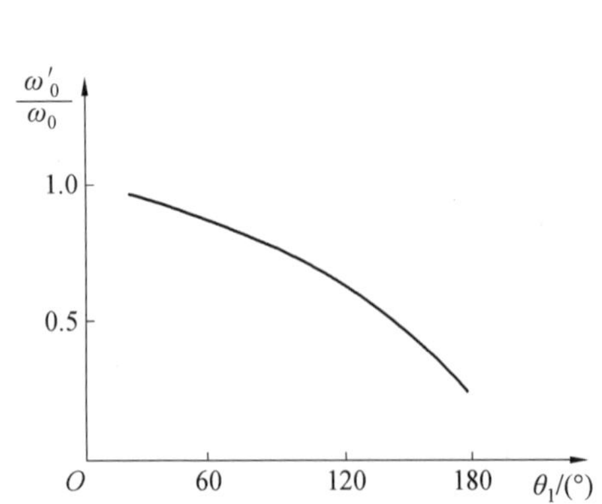

图 5.21 自由振荡角频率与振荡幅值的关系

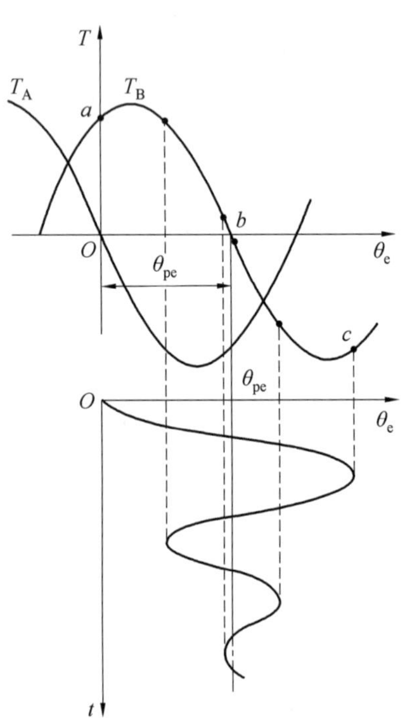

图 5.22 阻尼时转子的衰减振荡

5.4.3　连续运行状态

当步进电动机在输入脉冲频率较高，其周期比转子振荡过渡过程时间还短时，转子做连续的旋转运动，这种运行状态称作连续运行状态。

1. 运行矩频特性

当控制脉冲频率达到一定数值之后，频率再升高，步进电动机的负载能力便下降，其主要是受定子绕组电感的影响。绕组电感有延缓电流变化的特性，使电流的波形由低频时的近似矩形波变为高频时的近似三角波，其幅值和平均值都较小，使动态转矩大大下降，负载能力降低。此外，由于控制脉冲频率升高，步进电动机铁芯中的涡流迅速增加，其热损耗、阻转矩使输出功率和动态转矩下降。

分析可知，当控制脉冲频率达到一定数值之后，再增加频率，由于电感的作用使动态转矩减小，涡流作用使动态转矩又进一步减小。可见，动态转矩是电源脉冲频率的函数，把这种函数关系称为步进电动机运行时的转矩一频率特性，简称为运行矩频特性，如图 5.23 所示，为一条下降的曲线。

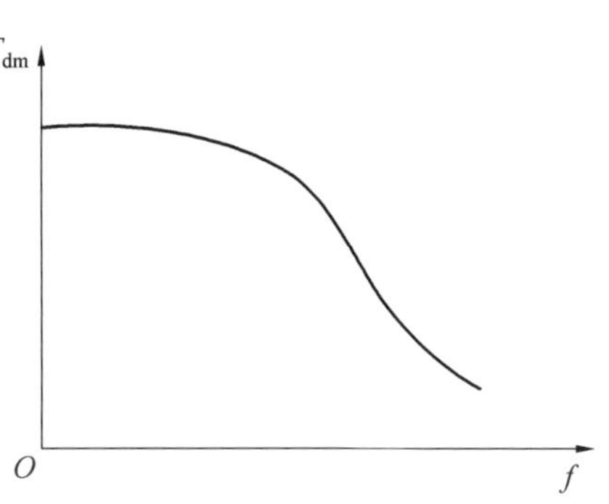

图 5.23　运行矩频特性

矩频特性表明，在一定控制脉冲频率范围内，随频率升高，功率和转速都相应地提高，超出该范围，则随频率升高而使转矩下降，步进电动机带负载的能力也逐渐下降，到某一频率以后，就带不动任何负载，而且只要受到一个很小的扰动就会振荡、失步以至停转。

总之，控制脉冲频率的升高是获得步进电动机连续稳定运行和高效率所必需的条件，然而还必须同时注意到运行矩频特性的基本规律和所带负载状态。

2. 连续运行频率

当控制脉冲频率增加时，电机处于高频脉冲下运行，这时，前一步的振荡尚未到达第一次回摆最大值时下一个控制脉冲就到来了。如果频率更高时，甚至前一步的振荡尚未到达第一次振荡的幅值就开始下一个脉冲。此时电机的运行如同同步电动机一样连续地、平滑地转动，转速比较稳定，如图 5.24 所示。

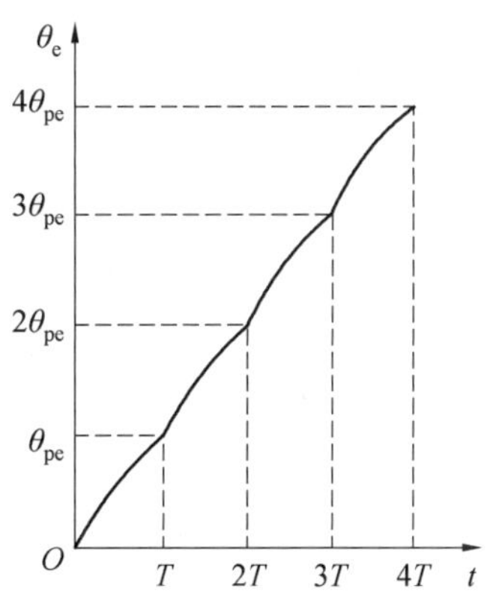

图 5.24　高频下的稳定运行

当电机有了一定转速后，若再以一定速度升高频率，则电机的转速也会随之增加。负载时，电机正常连续运行(不失步)所能加载的最高控制频率称为连续运行频率或跟踪频率。连续运行频率是步进电动机的一个重要技术指标，较高的连续运行频率对提高劳动生产率大有好处。

但是，频率较高时，由于绕组电感的作用，电磁转矩下降很多，负载能力较差，同时电机内部的负载如轴承摩擦和风摩擦等也大为增加，因此，即使在空载的情况下，连续运行频率也会受到限制。另外，当控制脉冲频率很高时，矩角特性的移动速度也很快，转子受到转动惯量的影响可能跟不上矩角特性的移动，则转子位置与平衡位置之差也会越来越大，最后因超出稳定区而丢步，这也是限制连续运行频率的一个原因。所以，减小电路时间常数、增大电磁转矩、减小转子惯量、采用机械阻尼器等都是提高连续运行频率的有效措施。

3. 低频丢步和低频共振

随着控制脉冲频率的增加，脉冲周期缩短，因而有可能会出现在一个周期内转子振荡还未衰减完时下一个脉冲就来到的情况，这就是说，下一个脉冲到来时转子位置处在什么地方与脉冲的频率有关。如图 5.25 所示，当脉冲周期为$T'\left(T'=\frac{1}{f'}\right)$时，转子离开平衡位置的角度为$\theta_{e0}'$，而周期为$T''\left(T''=\frac{1}{f''}\right)$时，转子离开平衡位置的角度为$\theta_{e0}''$。

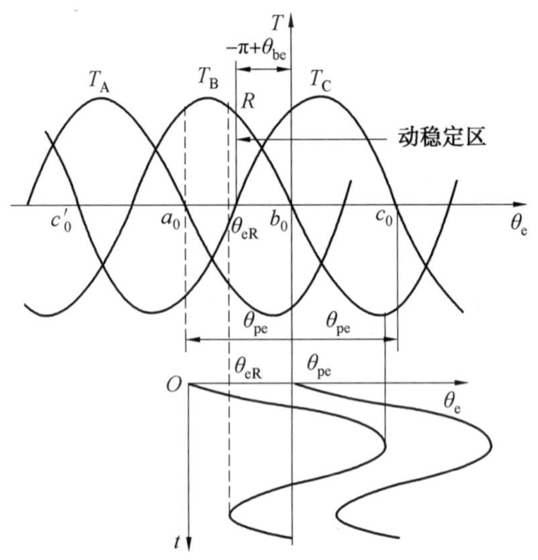

图 5.25　步进电动机的低频丢步

值得注意的是，当控制脉冲频率等于或接近步进电机振荡频率的 $1/k$ 时（$k=1,2,3,\cdots$），电机就会出现强烈振荡甚至失步和无法工作，这就是低频共振和低频丢步现象。下面以三相步进电动机为例来进行说明。

步进电动机的不同脉冲周期的转子位置如图 5.26 所示。假定开始时转子处于 A 相矩角特性的平衡位置a_0点，第一个脉冲到来时，通电绕组换为 B 相，矩角特性移动一步距角θ_{pe}，则转子应向 B 相的平衡位置b_0点运动。由于转子的运动过程是一个衰减振荡，它要在b_0点附近做若干次振荡，其振荡频率接近于单步运动时的频率ω'_0，周期为$\frac{2\pi}{\omega'_0}$。如果控制脉冲的频率也为ω'_0，则第二个脉冲正好在转子振荡到第一次回摆的最大值时（对应图中 R 点的步距角）到来。

这时，通电绕组换为 C 相，矩角特性又移动θ_{pe}角。如果转子对应于 R 点的位置是处在对于b_0点的动稳定区之外，即 R 点的失调角$\theta_{eR} \leqslant (-\pi + \theta_{pe})$，那么当 C 相绕组一通电时，转子受到的电磁转矩为负值，即转矩方向不是使转子由 R 点位置向C_0点位置运动，而是向C'_0点位置运动。接着第三个脉冲到来，转子又由C'_0返回a_0点。这样，转子经过三个脉冲仍然回到原来位置a_0点，也就是丢了三步。这就是低频丢步的物理过程。一般情况下，一次丢步的步数是运行拍数 N 的整数倍，丢步严重的转子停留在一个位置上或围绕一个位置振荡。

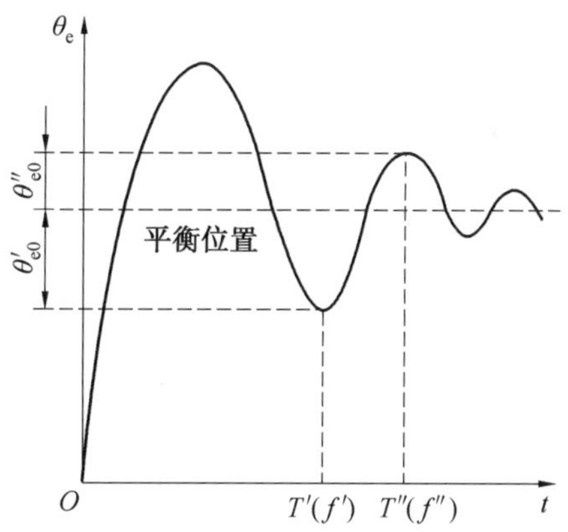

图 5.26　不同脉冲周期的转子位置

如果阻尼作用比较强，那么，电机振荡衰减得比较快，转子振荡回摆的幅值就比较小。转子对应于 R 点的位置如果处在动稳定区之内，电磁转矩就是正的，电机就不会失步。另外，拍数越多，步距角θ_{pe}越小，动稳定区就越接近静稳定区，这样也可以消除低频失步。

当控制脉冲频率等于 $1/k$ 转子振荡频率时，如果阻尼作用不强，即使电机不发生低频失步，也会产生强烈振动，这就是步进电机低频共振现象。图 5.27 就是表示转子振荡两次，而在第二次回摆时下一个脉冲到来的转子运动规律。可见，转子具有明显的振荡特性。共振时，电机就会出现强烈振动，甚至失步而无法工作，所以一般不容许电机在共振频率下运行。但是如果采用较多拍数，再加上一定的阻尼和干摩擦负载，电机振动的振幅可以减小，并能稳定运行。为了削弱低频共振，很多电机专门设置了阻尼器，依靠阻尼器消耗振动的能量，限制振动的振幅。

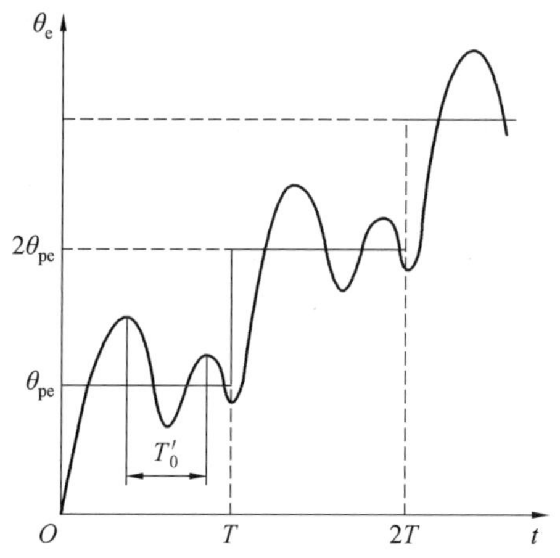

图 5.27　低频共振时的转子运动规律

4. 高频振荡

反应式步进电动机在脉冲电压的频率相当高的情况下，有时也会出现明显的振荡现象。因为此时控制绕组内电流产生振荡，相应地使转子转动不均匀，以致失步。但脉冲频率如快速越过这一频段达到更高值时，电动机仍能继续稳定运行。这一现象称为高频振荡。

由于步进电动机定、转子上存在齿槽，在转子的旋转过程中便在控制绕组中感应一个交变电动势和交流电流，从而产生了一个对转子运动起制动作用的电磁转矩。该内阻尼转矩将随着转速的上升而下降，即具有负阻尼性质，因而使转子的运动有产生自发振荡的性质。在严重的情况下，电动机会失步甚至停转。

步进电动机铁芯表面的附加损耗和转子对空气的摩擦损耗等形成阻尼转矩，它随着转速的升高而增大，若与电磁阻尼转矩配合恰当，则电动机总的内阻尼转矩特性可能不出现负阻尼区，高频振荡现象也就不会出现。

5.5 其他步进电动机简单介绍

5.5.1 永磁式步进电机

永磁式步进电机 (PM)，是由磁性转子铁芯通过与由定子产生的脉冲电磁场相互作用而产生转动的一种设备。其结构如图 5.28 所示，一般为两相，转矩和体积较小，步进角一般为 7.5°或 15°，对 7.5°步矩而言，典型的极数为 24。电机里有转子和定子两部分，其中定子可以是线圈或永磁体，那么对应的转子就是永磁体或线圈。

在这种电机里，定子齿或爪极由在定子线圈里流过的电流产生不同极性的磁场。若两个定子段里的转子磁化状态是对齐的，则两段里的定子齿将错开 $l/4$ 齿距。观看 A 相里转子磁极和定子齿的位置关系。因为 B 相里的定子齿相对 A 相里的齿错开 $l/4$ 齿距，故转子将在同一方向进一步受到驱动。

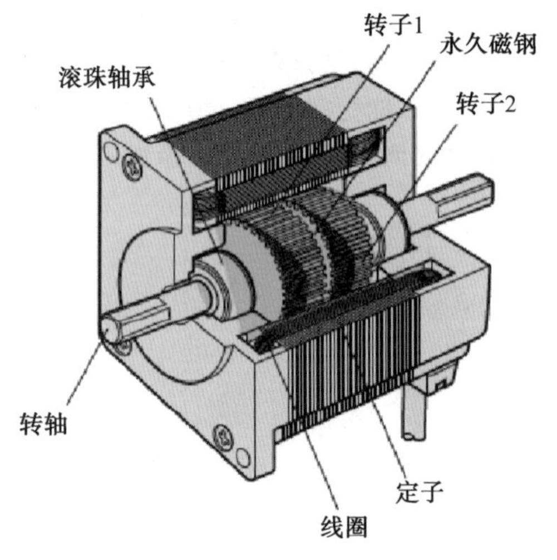

图 5.28　永磁式步进电机结构图

当电机的转子为永磁体，当电流流过定子绕组时，定子绕组产生一矢量磁场。该磁场会带动转子旋转一角度，使得转子的一对磁场方向与定子的磁场方向一致。当定子的矢量磁场旋转一个角度。转子也随着该磁场转一个角度。每输入一个电脉冲，电动机转动一个角度前进一步。它输出的角位移与输入的脉冲数成正比、转速与脉冲频率成正比。改变绕组通电的顺序，电机就会反转。所以可用控制脉冲数量、频率及电动机各相绕组的通电顺序来控制步进电机的转动。

5.5.2 感应子式永磁步进电动机(混合式步进电动机)

两相感应子式永磁步进电动机的结构如图 5.29 所示。它的定子结构与单段反应式步进电动机相同，1、3、5、7 极上的控制绕组串联为 A 相，2、4、6、8 极上的控制绕组串联为 B 相。转子是由环形磁铁和两端铁芯组成。两端转子铁芯上沿外圆周开有小齿，两端铁芯上的小齿彼此错过 1/2 齿距。定、转子齿数的配合与单段反应式步进电动机相同。

转子磁钢充磁后，一端(如图中 A 端)为 N 极，则 A 端转子铁芯的整个圆周上都呈极性，B 端转子铁芯则呈 S 极性。当定子 A 相通电时，定子 1、3、5、7 极上的极性为 NS，N、S，这时转子的稳定平衡位置就是图 5.29 所示的位置，即定子磁极 1 和 5 上的齿在 A 端与转子齿对齐，在 B 端与转子槽对齐，磁极 3 和 7 上的齿与 B 端上的转子齿及 A 端上的转子槽对齐，而 B 相四个极(2、4、6、8 极)上的齿与转子齿都错开 1/4 齿距。由于定子同一个极的两端极性相同，转子两端极性相反，但错开半个齿距，所以当转子偏离平位置时，两端作用转矩的方向是一致的。在同一端，定子第 1 个极与第 3 个极的极性相转子同一端极性相同，但第 1 和第 3 极下定、转子小齿的相对位置错开了半个齿距，所以作用转矩的方向也是一致的。

当定子各相绕组按顺序通以直流脉冲时，其步距角为$\theta_p=\dfrac{360°}{2mZ_t}$(机械角)，其中$Z_t$是转子齿数，$m$ 为电机运行的拍数。

这种电动机做成较小的步距角时，则有较高的启动和运行频率；其消耗的功率较小并具有定位转矩。但是它需要有正、负电脉冲供电，并且在制造时比较复杂。这种电动机的永久磁铁也可以由通入直流电流的励磁绕组产生的磁场来代替，此时就成了感应子式电励磁型步进电动机。

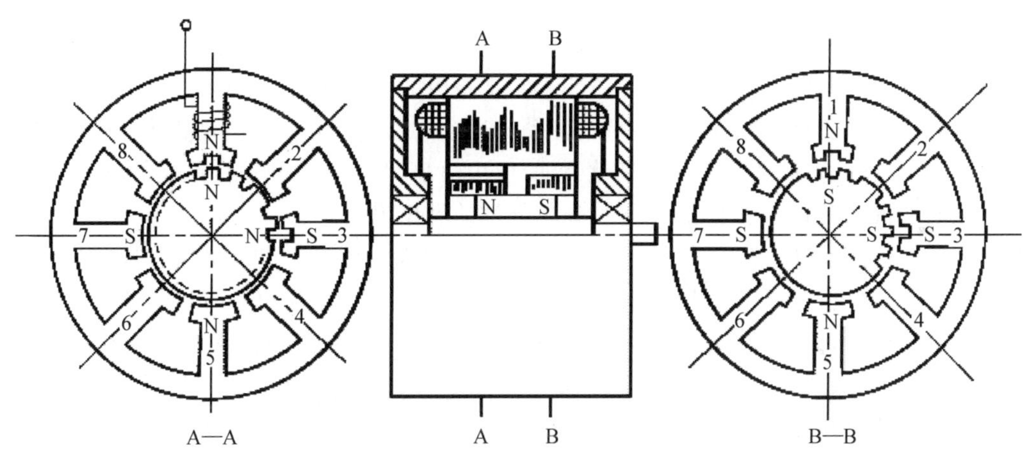

图 5.29　感应子式永磁步进电动机

5.6　步进电动机的驱动方式

步进电动机驱动电路框图如图 5.30 所示，主要包括变频信号源、脉冲分配器和功率驱动电路。

变频信号源是一个频率从数十赫兹到几万赫兹连续可变的脉冲信号发生器。脉冲分配器是由门电路和双稳态触发器组成的逻辑电路，它根据指令把脉冲信号按一定的逻辑关系加到功率驱动电路上，使步进电动机按一定的运行方式运转。一般步进电动机需要几个安培到几十个安培的电流，而从环形分配器输出的电流只有几个毫安，因此，在环形

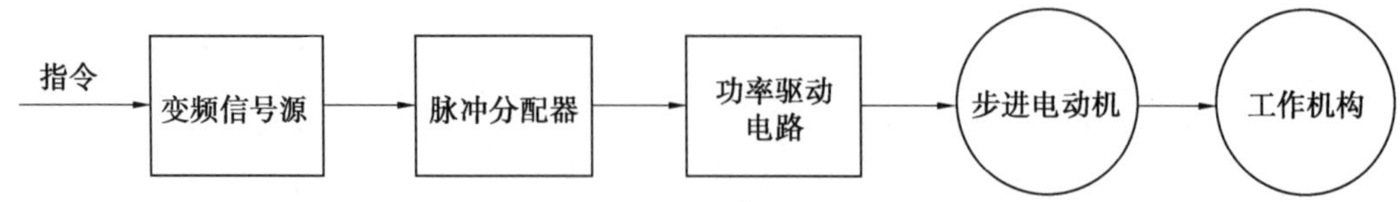

图 5.30 步进电动机驱动电路框图

分配器后面设计有功率驱动电路，用环形分配器的信号控制驱动电路来驱动步进电动机。

当电机和负载确定之后，步进电动机系统的性能就完全取决于驱动控制方式。通常对驱动电路有以下要求和特点：

(1)通电周期内能提供足够大的矩形波或接近矩形波的电流。

(2)具有供截止期间释放电流的回路，以降低相绕组两端的反电动势，加快电流衰减。

(3)能最大限度地抑制步进电动机的振荡。

(4)驱动电路的功耗低、效率高。

(5)驱动电路运行可靠，抗干扰能力强。

(6)驱动电路成本低，便于生产。

为了提高步进电机定位的分辨率，减少过冲和抑制振荡，有时要求驱动电路具有细分功能，将常规的矩形波供电改变成阶梯波供电。

步进电动机的驱动方式，按相绕组流过的电流是单向的还是双向的，分别称为单极性和双极性驱动。单极性驱动即绕组电流只向一个方向流动，适用于反应式步进电机。至于永磁式或混合式步进电动机，工作时要求定子磁极的极性交变，通常要求其绕组由双极性驱动电路驱动，即绕组电流能正/反向流动。通常，三相、四相步进电动机采用单极性驱动，而两相步进电动机必然采用双极性驱动，使用两个 H 桥功率开关是典型的驱动电路。从步进电动机绕组利用率来说，双极性比单极性的利用率高。

从功率驱动级电路结构来看，步进电动机的驱动方式可分为电压驱动和电流驱动两种。其中电压驱动方式包括串联电阻驱动和双电压驱动；而电流驱动方式最常见的是采用电流反馈斩波驱动。为提高步进电动机的高速性能，希望功率开关速度提高后，相绕组电流仍然有较快速的上升和下降，并有较高的幅值。因此，驱动电路采用过激励方式解决被驱动的相绕组都有较大的电感，总是使电流变化滞后于施加的开关电压的问题。

5.7 步进电动机的主要性能指标

步进电动机的基本参数和主要性能指标有：

1. 最大静转矩 T_{jmax}

最大静转矩是指步进电动机在规定的通电相数下矩角特性上的转矩最大值。绕组电流越大，最大静转矩也越大。通常技术数据中所规定的最大静转矩是指每相绕组通上额定电流时所得的值。一般来说，最大静转矩较大的电机，可以带动较大的负载。

按最大静转矩的大小可把步进电动机分为伺服步进电动机和功率步进电动机。伺服步进电动机的输出转矩较小，有时需要经过液压力矩放大器或伺服功率放大系统放大后再去带动负载。而功率步进电动机最大静转矩一般大于 4.9 N·m,它不需要力矩放大装置就能直接带动负载,从而大大简化了系统,提高了传动的精度。

2. 步距角θ_p

步距角是指输入一个电脉冲转子转过的角度。步距角的大小直接影响步进电动机的起频率和运行频率。相同尺寸的步进电动机,步距角小的启动、运行频率较高,但转速和输出功率不一定高。

3. 静态步距角误差$\Delta\theta_p$

静态步距角误差即实际的步距角与理论的步距角之间的差值,通常用理论步距角的百分数或绝对值来衡量。静态步距角误差小,表示电机精度高。$\Delta\theta_p$通常是在空载情况下测量的。

4. 启动频率T_s和启动频率特性

启动频率T_s是指步进电动机能够不失步启动的最高脉冲频率。技术数据中给出空载和负载启动频率。实际使用时,大多是在负载情况下启动,所以又给出启动的矩频特性,以便确定负载启动频率。启动频率是一项重要的性能指标。

5. 运行频率和运行矩频特性

步进电动机启动后,控制脉冲频率连续上升而维持不失步的最高频率称为运行频率。通常给出的也是空载情况下的运行频率。

当电机带着一定负载运行时,运行频率与负载转矩的大小有关,两者的关系称为运行矩频特性。在技术数据中通常也是以表格或曲线的形式表示。提高运行频率对于提高生产率和系统的快速性具有很大的实际意义。因为运行频率比启动频率要高得多,所以实际使用时常通过自动升、降频控制线路先在低频(不大于启动频率)下使电机启动,然后逐渐升频到工作频率使电机处于连续运行。

必须注意,步进电动机的启动频率、运行频率及其矩频特性都与电源型式(驱动方式)有密切关系,使用时必须首先了解给出的性能指标是在怎样型式的电源下测定的。

6. 步进电机的相数

步进电机的相数是指电机内部的线圈组数,常用的有两相、三相、四相、五相步进电机。

7. 额定电流

电机不动时每相绕组容许通过的电流定为额定电流。当电机运转时,每相绕组通的是脉冲电流,电流表指示的读数为脉冲电流平均值,并非为额定电流。

8. 额定电压

额定电压是指加在驱动电源各相主回路的直流电压。一般它不等于加在绕组两端的电压。国家标准规定步进电动机的额定电压应为:单一电压型电源为 6、12、27、48、60、80 (V);高低压切换型电源为 60/12、80/12(V)。

小　结

步进电动机又称脉冲电动机，是一种将离散的电脉冲信号转化成角度或直线位移的电磁/机械装置。在其驱动能力范围内，步进电动机输出的角(或线)位移与输入的脉冲数成正比，转速(或线速度)与脉冲的频率成正比。

步进电动机通常分为三种：永磁式步进电动机(PM)、反应式步进电动机(VR)、混合式步进电动机(HB)。

步进电动机不能直接接到交/直流电源上工作，而必须使用专用设备——步进电动机驱动器。步进电动机工作性能的优劣，除了取决于步进电机本身的性能因素外，还取决于步进电动机驱动器性能的优劣。

步进电动机在自动控制装置中常作为执行元件，具有精度高、惯性小的特点，在不失步的情况下没有步距误差积累，特别适用于数字控制的开环定位系统。

步进电动机静止时转矩与转子失调角间的关系称为矩角特性。矩角特性上的转矩最大值(最大静转矩)表示电机承受负载的能力，它与电机特性的优劣有直接关系，是步进电动机的最主要的性能指标之一。

步进电动机动态时的主要特征和性能指标有运行频率、运行矩频特性、启动频率、启动矩频特性等。尽可能提高电机转矩，减小电机和负载的惯量是改善电机动态性能指标的主要途径。

驱动电源(驱动方式)对电机性能有很大的影响。要改善电机性能，必须在电机和电源两方面下功夫。

另外，分配方式(运行方式)对电机性能也有很大影响。为了提高电机性能，应多采用多相通电的双拍制，少采用单相通电的单拍制。

第6章　开关磁阻电机

6.1　概　　述

由于交流调速技术固有的缺点，人们一直在寻找一种新的调速技术。随着计算机自动控制技术和电力技术的日益成熟，一种结构简单、调速性能好、效率高、节能效果显著的新型电气传动调速技术——开关磁阻电机调速技术的出现引起了广泛关注。

通常所说的开关磁阻电机，实际上是指由磁阻电机本体和控制器所组成的系统，即开关磁阻电机驱动系统（Switched Reluctance Drive，SRD）。开关磁阻电机（Switched Reluctance Motor，SRM），也称变磁阻电机（Variable Reluctance Motor，VRM），集本体、微控制器技术、功率电子技术、检测技术和控制技术于一体，是一种具有典型机电一体化结构的交流无级调速系统。

开关磁阻电机的这些特征类似于反应式步进电动机，但从设计目标、控制方式和运行特点来看，开关磁阻电机驱动与步进电机有较大差别。首先，步进电动机常用于位置开环系统，绕组按既定规律换相，轴的运动服从绕组的换相，转子在定子磁极轴线间步进旋转，做单步或连续运行，将输入的数字脉冲控制信号转换成机械运动输出；而开关磁阻电机驱动系统常用于调速传动系统，开关磁阻电机的绕组根据转子位置换相，始终运行在自同步状态，因而开关磁阻电机驱动系统有转子位置检测环节来实现闭环控制，控制器根据转子位置向功率驱动器提供相应的开/关信号，不会出现步进电机中的失步现象。其次，步进电机的设计要求是输出较高的位置精度；而开关磁阻电机驱动系统的设计要求则为变速驱动，转矩可平滑调节。最后，步进电机通常只做电动运行，仅通过控制脉冲频率的调节来改变转速；而开关磁阻电机驱动系统中的调速控制变量较多，既可采用对每相主开关器件开通角和关断角的控制，也可采用调压或限流斩波控制，易于构成性能优良的调速系统，并且可以运行在制动和发电状态。

基于磁通总是沿磁导最大的路径闭合的原理。步进电机可以通过开环控制实现对步进电机的运行位置进行精准控制，而开关磁阻电机主要应用于调速控制。

6.2　开关磁阻电机系统组成概述

开关磁阻电机是一种典型的机电一体化电机。开关磁阻电机定、转子均为凸极齿槽结构，定子和转子铁芯由硅钢片叠压而成，所以开关磁阻电机具有结构简单坚固，控制性能良好以及效率高等优良特性，因此，开关磁阻电机调速系统虽然发展时间较短，但已经成为交流变频调速、无刷直流电机系统的有力竞争者。出于转子上无绕组，也不加永久磁铁，定子上有集中绕组，所以开关磁阻电机系统还具有独特的故障运行能力，高速及高温下运行能力优良，因此，特别适合恶劣的工作环境。开关磁阻电机是一种典型的机电一体化电机。

6.2.1 开关磁阻电机系统的组成

一般来说，开关磁阻电机系统是由开关磁阻电机、功率变换器(开关电路)、控制器、位置及电流检测等部分组成，开关磁阻电机系统框图如图 6.1 所示。

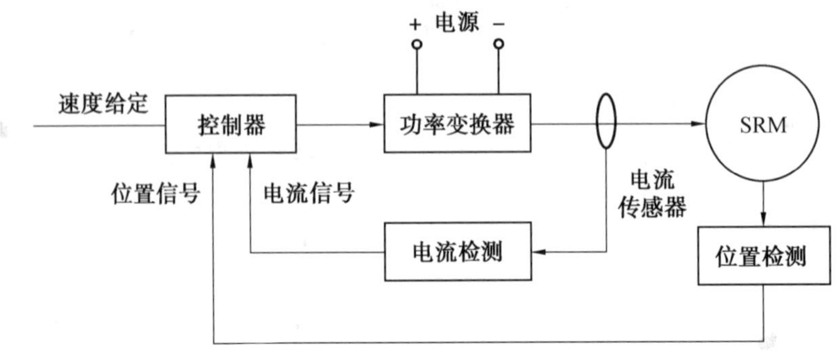

图 6.1 开关磁阻电机系统框图

6.2.2 开关磁阻电机

所谓磁阻电机是指电机各相磁路的磁阻随转子位置而变，因此电机的磁场能量也将随转子位置而变，由此可以以磁能为媒介变换得机械能。双凸极磁阻电机的定、转子均为凸极齿槽结构，定子设有集中绕组，转子无绕组。开关磁阻电机的转矩为磁阻性质，为了保证电机能够连续旋转，当某一相定子齿极与转子齿极轴线重合时，相邻相的定、转子齿极轴线应错开 $1/m$ 个转子极距。同时由于开关磁阻电机的定、转子均为凸极结构，为了避免单边磁拉力，径向必须对称，所以开关磁阻电机的定子齿极数 N_s 和转子齿极数 N_r 应为偶数，且应尽量让它们接近。因为当定子和转子齿极数相近时，就可能加大定子相绕组电感随转角的平均变化率，考虑结构设计的合理性，通常开关磁阻的相数与定、转子齿极数之间要满足如下约束关系：

$$\left.\begin{aligned} N_s &= 2km \\ N_r &= N_s \mp 2k \end{aligned}\right\}$$

式中，k 为正整数，为了增大转矩、降低开关频率，一般在式中取负号，使定子齿极数多于转子齿极数。所以按相数和极对数来分，开关磁阻电机有三相 6/2 极、6/4 极、6/8 极、18/12极、12/8 极或四相 8/61 极。

如图 6.2 状态时给 A 相供电，则所建立的磁场将吸引转子逆时针旋转。随转子偏转，通电相则应从 A 相改为 B 相，继后 B 相改为 C 相，以此相序循环供电才能保持转子持续逆时针方向旋转，输出机械能。仍如图 6.2 所示状态，给 C 相通电，则可使转子顺时针偏转，然后根据转子不同位置循序以 B、A、C 规律通电，则可保持转子持续顺时针旋转。所以，应该有一个可控的开关电路，它根据转子位置来合理地、周期性地导通和关断各相电路，实现转子以一定方向连续旋转。

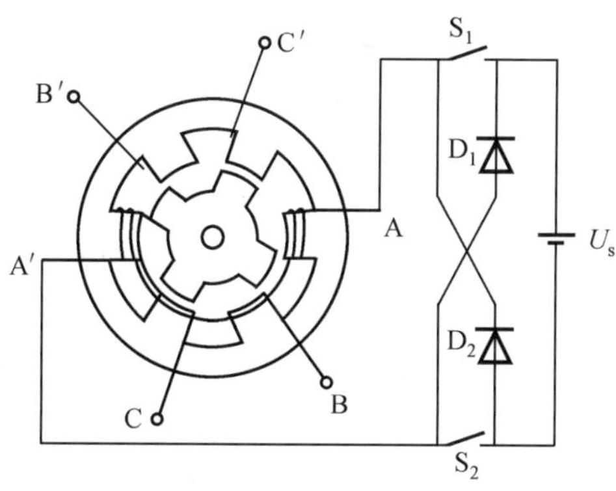

图 6.2　三相 6/4 结构开关磁阻电机结构示意图

开关磁阻电机按照每极齿数可分为单齿结构和多齿结构，所谓多齿结构是指在定、转子的大齿表面开有多个小齿。一般来说，多齿结构单位铁芯体积出力要大一些，但其铁芯和主开关元件的开/关频率和损耗也增加了，这将限制开关磁阻电机的高速运行和效率。电机的结构形式有轴向气隙、径向气隙和轴向一径向混合气隙结构以及内转子和外转子结构。

6.2.3　功率变换电路

功率变换器是直流电源和 SRM 的接口，起着将电能分配到 SRM 绕组中的作用。控制器通过功率变换器调节 SRM 的输出，确保系统达到预期的控制目标。因此，功率变换器主电路拓扑结构的选择和驱动及其保护对 SRD 系统可靠、高效运行至关重要。

SRD 中常用的功率变换器有不对称半桥型、双绕组型、分裂电源型、H 桥型、公共开关型、电容转储型等主电路拓扑结构，可以采用 IGBT、功率 MOSFET、GTO 等开关器件。图 6.3 所示为开关磁阻电机中几种功率变换器主电路的拓扑结构，图中S_i代表开关器件。

功率变换器向 SR 电机提供运转所需的能量，由蓄电池或交流电整流后得到的直流电供电。由于 SR 电机绕组电流是单向的，使得其功率变换器电路不仅简单，而且具有普通交流电及无刷直流驱动系统所没有的优点，即相绕组与主开关器件是串联的，因而可以预防自通现象发生。

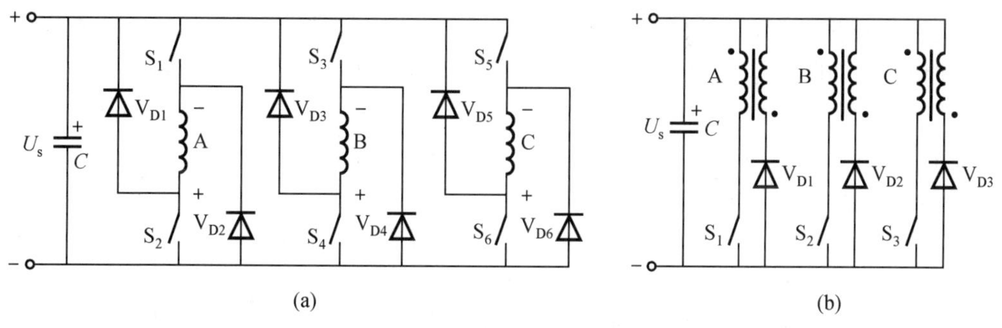

图 6.3　SRM 功率驱动主电路拓扑图

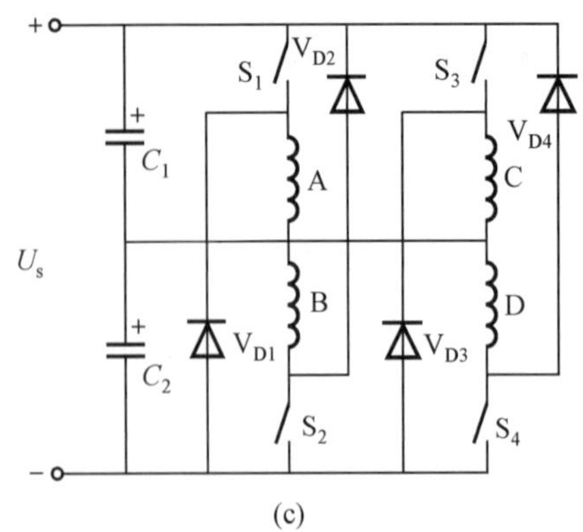

(c)

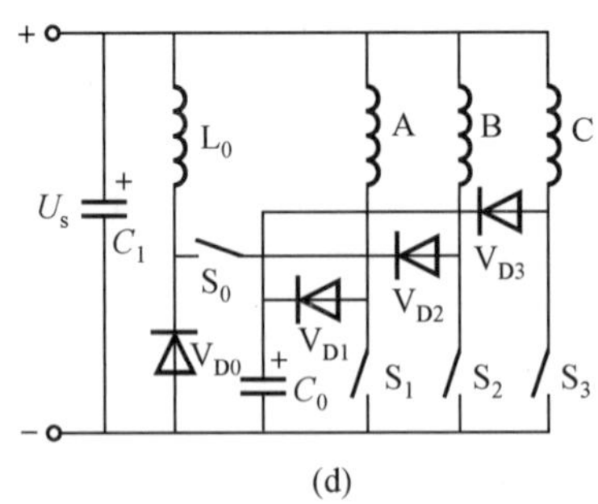

(d)

续图 6.3

6.2.4 转子位置检测

转子位置检测的目的是确定定子、转子的相对位置，反馈至逻辑控制电路，以确定对应相绕组的通、断，从而实现换相。位置检测可以由放置在开关磁阻电机本体中的位置传感器来完成，通过传输线将信号送到控制器，向控制器提供转子位置的准确信息。通常采用的位置传感器有光敏式、磁敏式、接近开关式及霍尔元件式。另外，还有采用定子绕组瞬态电感信息的波形检测法及基于状态观测器等的无位置传感器检测转子位置的方案。

位置信号的质量是开关磁阻电机系统稳定可靠工作的重要基础之一。该信号的质量除与传感器的精度以及安装位置的准确度有关外，还与信号传输线的类型和长度有关。在一些特定的工况，因为控制的需要，必须使控制器与电机保持一定的距离，致使位置线过长，给系统的稳定工作带来一定的困难。

开关磁阻电机是继直流电动机和交流电动机之后，又一种极具发展潜力的新型电机。SR 电机不仅保持了交流异步电机的结构简单、坚固可靠和直流电机可控性好的优点，同时还有价格低、效率高、适应性强、机械特性硬等优点，显示了很大的应用前景，但是同时 SRM 又有转矩脉动和噪声相对过大，必须配合控制器才能运行等缺点，这些又限制了其应用。开关磁阻电机的优点主要有以下几点：

(1)电动机结构简单、成本低、体积小、适用于高速。

开关磁阻电动机的结构比通常认为最简单的鼠笼式感应电动机还要简单。其突出的优点是转子上没有任何型式的绕组，因此不会有鼠笼感应电动机制造过程中鼠笼条铸造不良和使用中的断条等问题。其转子机械弹度极高，可以用于超高速运转(如每分钟 1 万转以上，国外有报道的最高转速为每分钟 10 万转)。在定子方面，它只有几个集中绕组，因此制造简便，绝缘容易。

(2)功率电路简单、可靠。

因为电动机转矩方向与绕组电流方向无关，即只需单方向绕组电流，故功率电路可以做到每相一个功率开关。对比感应电动机绕组需流过双向电流，向其供电的 PWM 变频器中功率电路每相需两个功率元件。因此开关磁阻电动机调速系统较 PWM 变频器中功率电路每相需两个功率元件。因此开关磁阻电动机调速系统较 PWM 变频器功率电路中所需的功率元件少，电路结构简单。另外，PWM 变频器功率电路中每桥臂两个功率开关直接跨在直流电源侧，易发生直通短路烧毁功率元件。而开关磁阻电动机调速系统中每个功率开关元件均直接与电动机绕组相串联，根本上避免了直通短路现象。因此开关磁阻电动机调速系统中功率电路的保护电路可以简化，既降低了成本，又具有高的工作可靠性。

(3)各相独立工作，可构成高可靠性系统。

从电动机的电磁结构上看，各相绕组和磁路相互独立，各自在一定轴角范围内产生电磁转矩。而不像在一般电动机中必须在各相绕组和磁路共同作用下产生一个圆旋转磁场，电动机才能正常运转。从控制器结构上看，各相电路各自给一相绕组供电，一般也是相互独立工作。由此可知，当电动机一相绕组或控制器一相电路发生故障时，只须停止该相工作，电动机除总输出功率能力有所减小外，并无其他妨碍。由此本系统可构成可靠性极高的系统，可以适用于宇航等特殊场合。

(4)高启动转矩，低启动电流。

控制器从电源侧吸收较少的电流，在电机侧得到较大的启动转矩是本系统的一大特点。对比其他调速系统的启动特性，启动电流小转矩大的优点还可以延到低速运行段，因此本系统十分适合那些需要重载启动和较长时低速重载运行的机械，如电动车辆等。

(5)适用于频繁起停及正反向转换运行。

开关磁阻系统具有的高启动转矩，低启动电流的特点，使之在启动过程中电流冲击小，电动机和控制器发热较连续额定运行时还小。可控参数多使之能在制动运行同电动运行具有同样优良的转矩输出能力和工作特性。二者综合作用的结果必然使之适用于频繁起停及正反向转换运行，次数可达 1 000 次/h。这类生产机械有龙门刨床、铣床、冶金行业可逆轧机、飞锯、飞剪等。

(6)可控参数多，调速性能好。

开关磁阻电动机的主要运行参数和常用方法至少有四种：相开通角、相天断角、相电流幅值、相绕组电压。控参数多，意味着控制灵活方便。可以根据对电动机的运行要求和电动机的情况，采用不同控制方法和参数值，即可使之运行于最佳状态(如出力最大、效率最高等)，还可使之实现各种不同的功能和特定的特性曲线。更使电动机具有完全相同的四象限运行(即正转、反转、电动、制动)能力，并具有高启动转矩和串激电动机的负载能力曲线。

(7)效率高，损耗小。

此系统是一种非常高效的调速系统。这是因为一方面电动机转子不存在绕组铜损，另一方面电动机可控参数多，灵活方便，易于在宽转速范围和不同负载下实现高效优化控制。其系统效率在很宽范围内都在 87%以上，这是其他一些调速系统不容易达到的。

(8)可通过机和电的统一协调设计满足各种特殊使用要求。

SR 电机转子无绕组，适于高速运行以及恶劣工作环境，定子上有集中绕组，结构坚固，热损大部分在定子，易于冷却，转子无永磁体，允许较大的温升。

鉴于上述优点，SR 电机在交流调速领域发展颇为迅速。但是 SR 电机同时也存在着许多有待解决的问题，主要集中在以下几个方面：

(1)转矩波动问题。

为了提高电机输出功率密度,SR 电机通常运行于深度磁饱和状态,导致 SR 电机相电感是电机转子位置和绕组电流的非线性函数。在采用传统的矩形脉冲供电模式下,电机转矩脉动比较明显。在 SR 电机低速运行时,转矩脉动尤为明显。

(2)噪声和振动问题。

SR 电机由脉冲供电,电机气隙又小,因此,有显著变化的径向磁拉力,加上结构上及各相参数上难免的不对称,从而形成振动和噪声。SR 电机由转矩脉动所导致的噪声及特定频率下的谐振问题也较为突出。

(3)建模问题。

出于 SR 电机双凸极结构和磁路饱和的特点,导致其磁路的严重非线性,难以建立准确的数学模型,对其静态、动态等性能进行精确的分析,这也是困扰国内外学者的关键问题。

6.3 开关磁阻电机的运行原理

开关磁阻电动机调速系统所用的开关磁阻电动机(SRM)是 SRD 中实现机电能量转换的部件,也是 SRD 有别于其他电动机驱动系统的主要标志。与反应式步进电动机相同,开关磁阻电机的运行遵循磁阻最小原理,即磁力线总要沿着磁阻最小的路径闭合。根据这一原理,给定子的某一相施加励磁电流后,离该相最近的一对转子齿将企图与该定子通电相磁极的轴线对齐,使得磁通路径上具有最小的磁阻。按一定次序轮流给定子各相施加励磁时,转子的这一转动趋势就会持续下去,从而获得连续转矩。

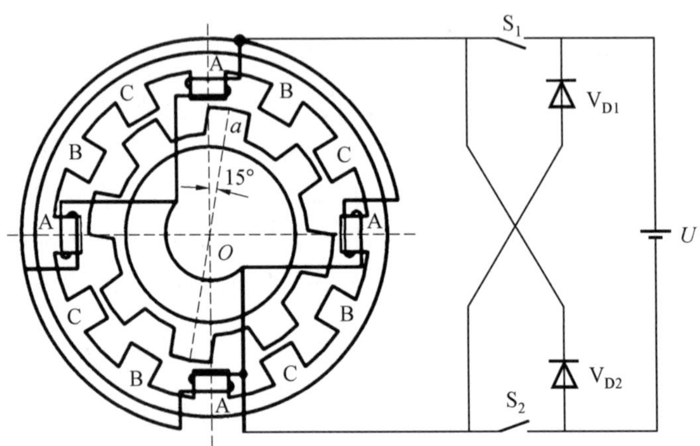

图 6.4 开关磁阻电机的工作原理图

以三相 12/8 极开关磁阻电动机为例,假设电机理想空载,图 6.4 所示为该电机的 A 相绕组及其与电源的连接。图中S_1、S_2为主开关管(功率器件);V_{D1}、V_{D2}为续流二极管;U 为直流电源。定子上属于同一相的 4 个线圈并联组成一相绕组。

设当 A 相磁极轴线 OA 与转子齿轴线 Oa 为图 6.4 所示位置时,主开关管S_1、S_2导通,A 相绕组通电,电动机内建立起以 OA 为轴线的径向磁场,磁力线沿定子极、气隙、转子齿、转子轭、转子齿、气隙、定子轭路径闭合。通过气隙的磁力线是弯曲的，此时磁路的磁阻大于定子极与转子齿轴线重合时的磁阻，因此，转子将受到气隙中弯曲磁力线的切向磁拉力产生的转矩的作用，使转子逆时针方向转动，转子齿的轴线 Oa 向定子 A 相磁极轴线 OA 趋近。当 OA 和 Oa 轴线重合时，转子已达到平衡位置，即当 A 相定子极与转子齿对齐的同时，切向磁拉力消失。此时关断 A 相开关管S_1、S_2，开通 B 相开关管，即在 A 相断电的同时 B 相通电，建立以 B 相定子磁极为轴线的磁场，电机内磁场沿顺时针方向转过 30°，而转子在磁场磁拉力的作用下继续沿着逆时针方向转过 15°。

依此类推，定子三相绕组按 A—B—C 的顺序轮流通电一次，定子磁极产生的磁场轴线顺时针移动了 3×30°的空间角，转子则按逆时针方向转过一个转子齿距τ_r（$\tau_r=\frac{360°}{N_r}$，N_r为转子齿数）。连续不断地按 A—B—C—A 的顺序分别给定子各相绕组通电，电动机内磁场轴线沿 A—B—C—A 的方向不断移动，转子则沿 A—C—B—A 的方向逆时针旋转。

如果按 A—C—B—A 的顺序给定子各相绕组轮流通电，磁场将沿着 A—C—B—A 的方向转动，转子则沿着与之相反的 A—B—C—A 方向顺时针旋转。SRM 的转向与定子相绕组的电流方向无关，仅取决于对相绕组的通电次序。

在一定的负载转矩下调速运行时，设功率变换器的主开关管（即绕组通电）频率为 T_φ，则开关磁阻电机的转速可表示为

$$n=\frac{60\ T_\varphi}{N_r}(\mathrm{r/min}) \tag{6.1}$$

6.4　开关磁阻电机应用

近年来，一种新型电机——开关磁阻电机（SRD）逐渐走进了市场，该电机有着有别于其他电机的优势和特点，因此逐渐成为市场未来发展的主要方向，目前已成功地应用于电动车驱动、通用工业、家用电器和纺织机械等各个领域。

1. 电动车应用

开关磁阻电机最初也是最主要的应用领域就是电动车。目前电动汽车和电动自行车的驱动电机主要有永磁无刷和永磁有刷两种，然而采用开关磁阻电机驱动系统的电机具有独特的优势，其结构紧凑牢固，适合于高速运行，并且驱动电路简单成本低、性能可靠，在宽广的转速范围内效率都比较高，而且可以方便地实现四象限控制。这些特点使开关磁阻电机驱动系统很适合电动车辆的各种工况下运行，相比目前主要使用的两种电机具有其独特的优势，是电动车辆中极具潜力的机种。

2. 纺织工业应用

近十多年来我国纺织机械行业中，各类用于生产加工的器械在机电一体化水平上有了较明显的提高，在新型纺织机械上普遍采用了机电一体化技术。在棉纺织设备较有代表性的机电一体化产品无梭织机产品中，采用开关磁阻电机作为无梭织机的主传动，是行业中新的突破，相比于使用其他电机系统，开关磁阻电机系统具有许多优势，减少传动齿

轮，不用皮带和皮带盘，不用电磁离合器和刹车盘，不用寻纬电机，节能好等优点，国内已有开关磁阻电机和驱动器的产品，目前还在与无梭织机主机厂合作，共同开发应用技术，希望能尽快取得成功，填补国内空白。

3. 焦炭工业应用

在焦炭工业中，应用开关磁阻电机相比于其他电机，启动力矩大、需要电流小，可以频繁重载启动，无须其他的电源变压器，具有节能，维护简单等特点，特别适用于矿井输送机、电牵引采煤机及中小型绞车等。我国已研制成功 110 kW 的开关磁阻电机用于矸石山绞车、132 kW 的开关磁阻电机用于带式输送机拖动，良好的启动和调速性能受到工人的欢迎。我国还将开关磁阻电机用于电牵引采煤机牵引，运行试验表明新型采煤机性能良好。此外还成功地将开关磁阻电机用于电机车，提高了电机车运行的可靠性和效率。

4. 家电行业应用

随着生活水平的提升，一些家用电器，比如洗衣机经过不断的发展，结构由简单的有级调速电机发展为无级调速电机。而开关磁阻电机由于低成本、高性能、智能化已开始应用于洗衣机，在美国高档洗衣机中已小批量采用，相比其他电机有着明显的优势，未来应用前景广阔。

开关磁阻电机相对于直流电机和交流电机，具有更高的效率，而且可以在较宽的功率和转速范围内高效率运行，这种特性十分符合电动汽车驱动的要求。但是，由于外加电压的阶跃性变化，使得定子电流、电机径向力变化率突变，使得开关磁阻电机工作时产生较大的脉动，再加上其结构和各项工作时的不对称，导致开关磁阻电机工作时产生较大的噪声和振动，这是开关磁阻电机在电动汽车驱动系统中应用普遍存在和急需解决的问题。现在还没有产业化车型使用开关磁阻电机。

小　　结

开关磁阻电机驱动系统集开关磁阻电机本体、微控制器技术、功率电子技术、检测技术和控制技术于一体，是一种具有典型机电一体化结构的交流无级调速系统。

开关磁阻电机的工作原理类似于反应式步进电动机各相绕组通过功率电子开关电路轮流供电，始终工作在一种连续的开关模式；电机定、转子间磁路的磁阻随转子位置改变，运行遵循磁路磁阻最小原理，即磁通总是要沿磁阻最小的路径闭合，因磁场扭曲而产生切向磁拉力。通过对定子各相有序地励磁，转子将会做步进式旋转，每一步均转过一定的角度。

开关磁阻电机本体为双凸极结构，其磁路是非线性的，即绕组相电感不仅与定、转子相对位置有关，而且与相电流的大小有关，使电机内部的电磁关系十分复杂。本章采用理想线性模型分析了电机绕组电感、磁链、电流和转矩随转子位置角变化的规律。

第 7 章　测速发电机

7.1 概　　述

测速发电机是一种测量转速的信号原件，它将转子转速转化为电压信号输出。通常电机的输出电压与转速成正比，如图 7.1 所示。其输出电压可用下式表示：

$$U_2 = Kn \tag{7.1}$$

或

$$U_2 = K'\Omega = K'\frac{\mathrm{d}\theta}{\mathrm{d}t} \tag{7.2}$$

式中　U_2——测速发电机的输出电压；

n——测速发电机的转速；

θ——测速发电机转子的转角（角位移）；

K、K'——比例系数。

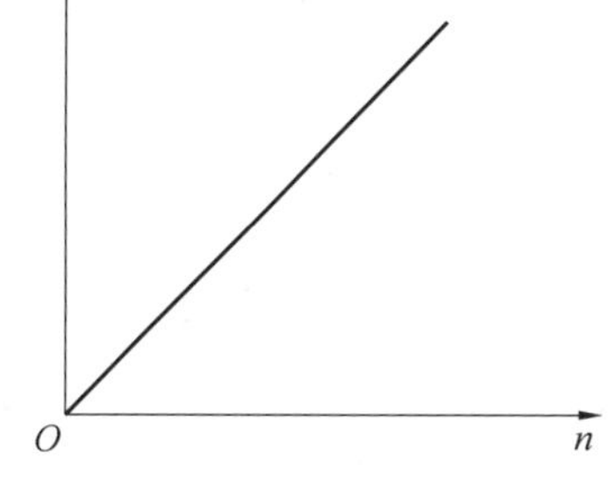

图 7.1　测速发电机输出电压与转速的关系

式(7.1)说明测速发电机的输出电压能表征转速，因而可用来测量转速，故得名测速发电机。式(7.2)说明测速发电机的输出电压将正比于转子转角对时间的微分。所以，在解算装置中可以把它作为微分或积分元件。测速发电机在自动控制系统和计算装置中通常作为测速元件、校正元件、解算元件和角加速度信号元件。

测速发电机有以下几类：

1. 直流测速发电机

(1)永磁式直流测速发电机。目前我国产品的型号为 CY。

(2)电磁式直流测速发电机。目前我国生产的有 ZCF 系列产品。

2. 交流测速发电机

(1)同步测速发电机。

(2)异步测速发电机。

自动控制系统对测速发电机的主要要求有：

(1)输出特性呈正比关系且比例系数要大并能保持稳定，不随外界条件(如温度等)的变化而发生改变。

(2)电机的转动惯量要小，以保证反应迅速。

此外，还要求它对无线电通信的干扰要小，噪声小、结构简单、工作可靠、体积小和质量轻等。

7.2 直流测速发电机

7.2.1 发电机的工作原理和结构

直流测速发电机是一种微型直流发电机。它的定子和转子结构均和直流伺服电动机基本相同。若按定子磁极的励磁方式来分,可分为电磁式和永磁式两大类。近年来,因自动控制系统的需要,又出现了永磁式直线测速发电机。

1. 电磁式

如图 7.2 是电磁式直流测速发电机的原理电路。其定子常为二极,励磁绕组由外部直流电源供电,通电时产生磁场。

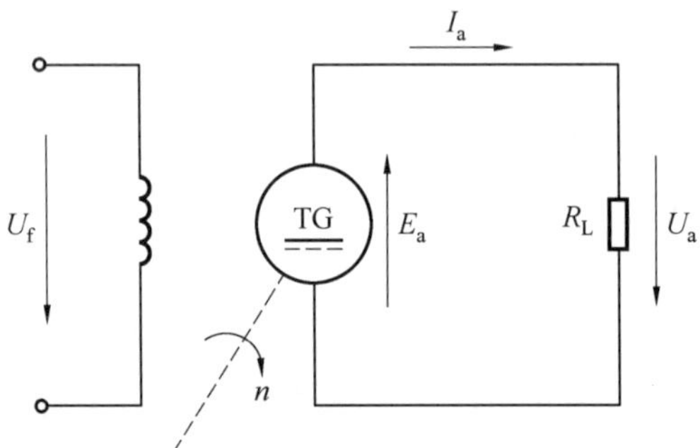

图 7.2　电磁式直流测速发电机的原理电路

2. 永磁式

如图 7.3 是永磁式直流测速发电机的原理电路。其定子磁极是由永久磁钢做成。由于没有励磁绕组,所以可省去励磁电源。具有结构简单,使用方便等特点,近年来发展较快。其缺点是永磁材料的价格较贵,受机械振动易发生程度不同的退磁。为防止永磁武直流测速发电机的特性变坏,必须选用矫顽力较高的永磁材料。

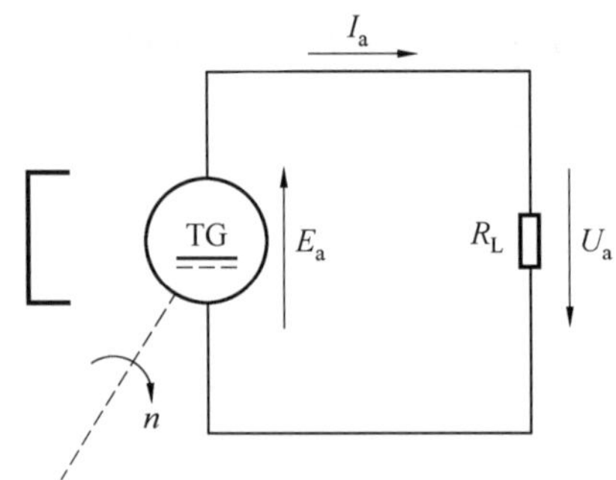

图 7.3　永磁式直流测速发电机的原理电路

永磁式直流测速发电机按其应用场合不同,可分为普通速度型和低速型。前者的工作转速一般在每分钟几千转以上,最高可达每分钟一万转以上;而后者一般在每分钟几百转以下,最低可达每分钟一转以下。由于低速测速发电机能和低速力矩电动机直接耦合,省去了中间笨重的齿轮传动装置，消除了由于齿轮间隙带来的误差，提高了系统的精度和刚度，因而在国防、科研和工业生产等各种精密自动化技术中得到了广泛应用。

7.2.2　直流测速发电机的输出特性

直流测速发电机的输出特性是指输出电压U_a与输入转速 n 之间的函数关系。当直流测速发电机的输入转速为 n 且励磁磁通恒定不变时，电枢电动势可写为

$$E_a = C_e n\Phi = K_e n \tag{7.3}$$

即输出电压与转速成正比。

当接负载时电压平衡方程为

$$U_a = E_a - I_a R_a \tag{7.4}$$

由于负载电流$I_a = U_a / R_L$，代入式(7.4)整理得

$$U_a = E_a / (1 + R_a / R_L) \tag{7.5}$$

将式(7.3)代入式(7.5)中整理得

$$U_a = \frac{K_e}{1 + R_a / R_L} n = Cn \tag{7.6}$$

式中

$$C = \frac{K_e}{1 + R_a / R_L} \tag{7.7}$$

或

$$U_a = C_e \Phi n / (1 + R_a / R_L) \tag{7.8}$$

式(7.6)是负载输出电压与转速的关系。可以看出，只要保持 Φ、R_a、R_L不变，U_a与 n 之间就能成正比关系。当负载R_L变化时，将使输出特性斜率发生变化。图 7.4 是不同负载时的理想输出特性。显然，当负载 R 的阻值减少时，在同一转速下，其输出电压将降低。

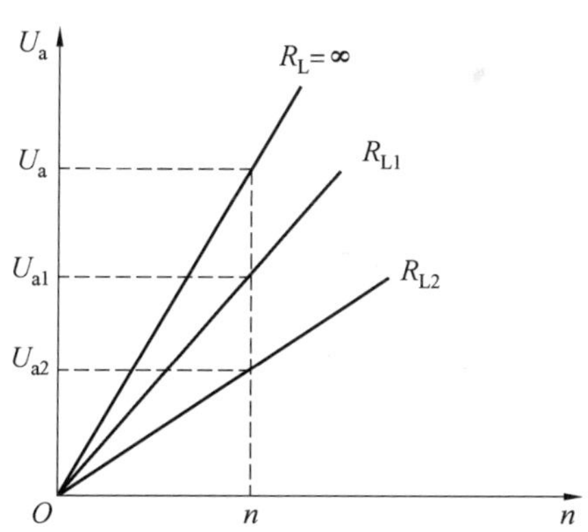

图 7.4　不同负载时的理想输出特性

改变转子转向，U_a的极性随之改变。

7.2.3 直流测速发电机产生误差的原因和改进方法

实际上，直流测速发电机的输出电压与转速之间并不是严格保持正比关系。其输出特性如图 7.5 中虚线所示。产生这种非线性误差的原因主要有：

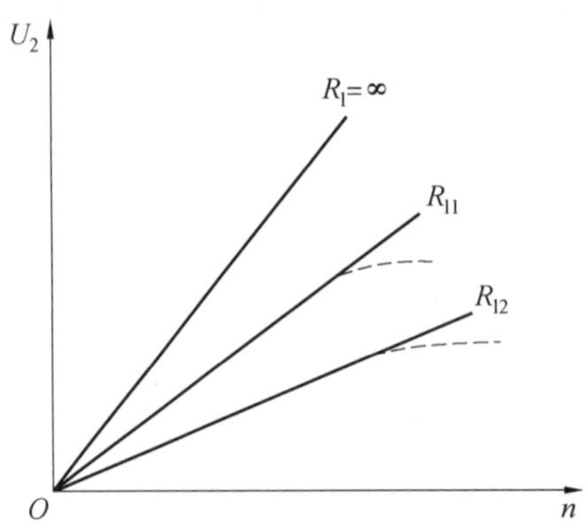

图 7.5　电枢反应对输出特性的影响

1. 电枢反应

若考虑到直流测速发电机负载时电枢反应的去磁作用，电机的气隙磁通 Φ 就不再是常数，它将随负载的大小（即电枢电流I_a的大小）而改变，可以近似认为

$$\Phi=\Phi_0-\Phi_{dem}$$

式中　Φ_0——空载时电机的气隙磁通；

Φ_{dem}——电枢反应的去磁磁通。

负载时电枢绕组的感应电势为

$$E_a=C_e n\Phi=C_e n(\Phi_0-\Phi_{dem}) \tag{7.9}$$

假设负载时电枢的去磁磁通Φ_{dem}与电枢电流成正比，即

$$\Phi_{dem}=K_1 I_a=K\frac{U_a}{R_l} \tag{7.10}$$

式中　K_1——比例常数。

将式(7.10)代入式(7.9)，则

$$E_a=K_e n-C_e n K_1\frac{U_a}{R_l}$$

再把上述关系代入式(7.5)经整理后得

$$U_a=\frac{C_n}{1+K\dfrac{n}{R_l}} \tag{7.11}$$

式中

$$K=\frac{C_e K_1}{1+\dfrac{R_a}{R_l}}$$

将式(7.6)和式(7.11)比较可知，负载时由于电枢反应去磁作用的影响，它的输出电压U_a已不再和转速 n 成正比。因式(7.11)的分母上存在 $K\dfrac{n}{R_l}$项，致使输出特性向下弯

曲，如图 7.5 中虚线所示。

为改善输出特性，必须削弱电枢反应的去磁影响，尽量使电机的气隙磁通保持不变。通常可以采取以下一些措施：

(1)对电磁式直流测速发电机，可以在定子磁极上安装补偿绕组；

(2)在设计时，应选取较小的线负荷，并适当加大电机的气隙；

(3)在使用时，负载电阻不应小于规定值。

2. 电刷接触压降

设电刷的接触压降为 ΔU_b，则输出电压为

$$U_2 = E_a - I_a R_a - \Delta U_b = K_e n - \frac{U_2}{R_l} R_a - \Delta U_b$$

即

$$U_2 = \frac{K_e}{1+\frac{R_a}{R_l}} n - \frac{\Delta U_b}{1+\frac{R_a}{R_l}} = Cn - \frac{C}{K_e} \Delta U_b \tag{7.12}$$

由于电刷接触电阻的非线性，当电机转速较低，相应电枢电流也较小，电刷接触电阻较大，这时测速发电机的输出电压变得很小。只有当转速较高，电枢电流较大时，电刷压降才可以认为是常数。考虑到电刷接触压降的影响，直流测速发电机的输出特性如图7.6 所示。在转速较低时，电机的输出特性上出现一个不灵敏区，即在这一转速范围内，测速发电机虽有输入信号(转速)，但输出电压很低。

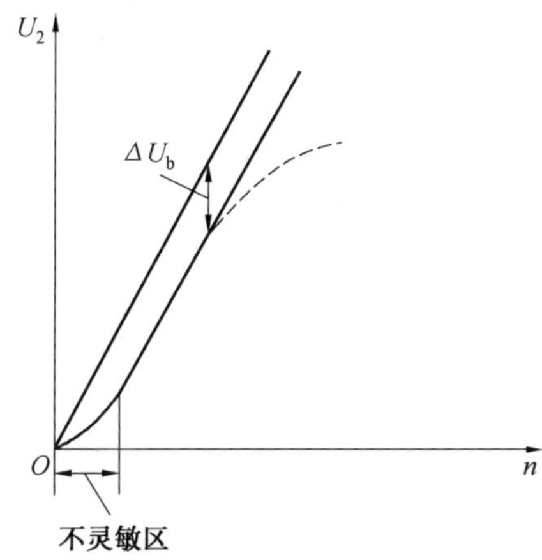

图 7.6　考虑电枢压降后直流测速发电机的输出特性

为减小电刷接触压降的影响，即缩小不灵敏区，在直流测速发电机中常采用接触压降较小的铜－石墨电刷。在高精度的直流测速发电机中也有采用铜电刷的，并在它与换向器相触的表面上镀有银层。

考虑电枢反应和电刷接触压降的影响后，直流测速发电机的输出特性应如图 7.6 中的虚线所示。它在低速时存在不灵敏区；转速高时，又向下弯曲。

3. 温度的影响

在电磁式直流测速发电机中，因励磁绕组中长期通过电流而发热，它的电阻值随之增

大致使励磁电流减小，由此引起电机气隙磁通 Φ 下降，并导致电枢绕组的感应电势和输出电压减小。计算表明，铜绕组温度每升高 25 ℃，其电阻值相应增大 10%，所以温度的变化，对电磁式直流测速发电机输出特性会有较大的影响。

为了减小温度对励磁电流的影响，实际使用时可在直流测速发电机的励磁绕组回路中串联一个较大阻值的附加电阻。附加电阻可用温度系数较低的康铜或锰铜材料绕制成。这样，当励磁绕组温度升高时，它的电阻值虽有增加，但励磁回路的总电阻值却变化甚微，励磁电流几乎不变。采用附加电阻后，相应励磁电源的电压也需增高，励磁功率就随之增大，这是它的一个缺点。

此外，设计时也可使电机磁路处于较饱和状态。这样，即使励磁电流有较大的变动，电机的气隙磁通却变化甚小。

4. 纹波影响

直流测速发电机因换向片数是有限的，电枢绕组电势应是每一支路中有限个元件感应电势的叠加，因此输出电压是脉动的，如图 7.7 所示。直流测速发电机输出电压值脉动的大小通常用纹波系数来衡量。它是指电机在一定的转速下，输出电压交变分量的有效值与输出电压的直流分量之比。输出电压中的交变分量对于测速发电机用于速度反馈或加速度反馈系统都是很不利的。特别是在高精度的解算装置中更是不允许的。

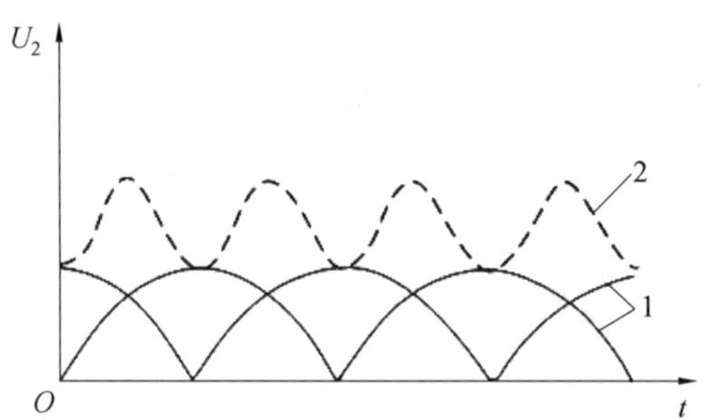

图 7.7　直流测速发电机中电势的脉动

1—元件电势波形；2—合成电势波形

引起电压脉动的因素很多，一般可大致归纳为四类：

(1)直流测速发电机速度的变化。因输出电压中交变分量的幅值和频率均与电机的转速有关，转速越高，它就随之增大，如 ZCF－16 型直流测速发电机，其交变电压有效值在最高转速 3 000 r/min 时，可达额定输出电压的 1%。对于电磁式直流测速发电机来说，还有励磁电源电压变化的影响。

(2)由于直流测速发电机换向器表面粗糙，与电刷接触不良引起的电刷跳动。

(3)因换向的影响。

(4)因设计、工艺和材料的原因，如每支路对的元件数，齿槽效应，气隙不均匀，铁芯材料的导磁性能各向相异等。其中后两项是主要因素。为了减小纹波系数，通常可采用以下一些措施。第一，使每支路对的元件数尽可能多，并为奇数元件。第二，使磁极的极弧宽度尽可能为整数倍电枢齿距。此外还可采用磁极桥和电枢斜槽结构。第三，电机加工时应保证定、转子的同心度，尽量减小椭圆度。铁芯叠片可采用旋转叠装法。第四，严格保证电刷位于中性线位置，并减小电刷的宽度，以减小气隙磁通的变化。第五，采用银－石墨电刷，以改善电刷和换向器的滑动接触。

7.2.4　直流测速发电机的性能指标

直流测速发电机作为测量元件在自动控制系统中已获得了广泛的应用，并对它提出了一系列的技术性能方面的要求，随着控制系统对精度要求的提高，对测速发电机的各种性能指标也提出了更高的要求。

1. 线性误差δ_1

它是在工作转速范围内，实际输出特性曲线与过 OB 的线性输出特性之间的最大差值 ΔU_m 与最高线性转速 n_{max} 在线性特性曲线上对应的线性电压 U_m 之比，即

$$\delta_1=\frac{\Delta U_m}{U_m}\times 100\%$$

在图 7.8 中，B 点为 $n=\frac{5}{6}n_{max}$ 时实际输出特性的对应点。一般δ_1为 1%～2%，对于较精密系统要求δ_1为 0.1%～0.25%，它是恒速控制系统或作为解算元件使用时选择测速发电机的重要性能指标。

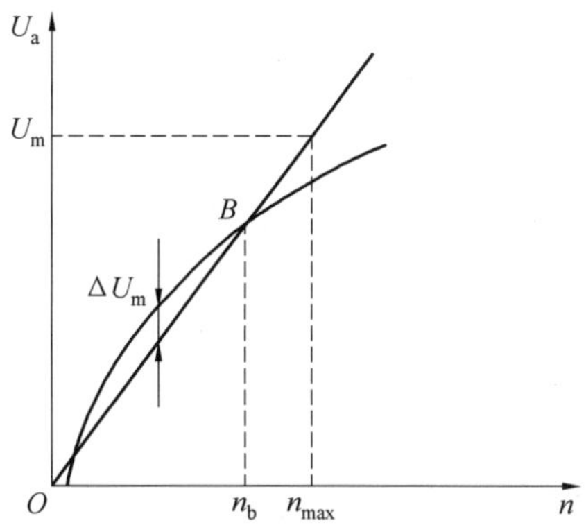

图 7.8　线性误差

2. 灵敏度

灵敏度也称输出斜率，是指在额定励磁电压下，转速为 1 000 r/min 时所产生的输出电压。一般直流测速发电机空载时可达 10～20 V。测速发电机作为阻尼元件使用时，灵敏度是其重要的性能指标。

3. 最高线性工作转速n_{max}和最小负载电阻R_{Lmin}

这是保证测速发电机工作在允许的线性误差范围内的两个使用条件。

4. 不灵敏区n_{dz}

由电刷接触压降 ΔU_b 导致输出特性斜率显著下降（几乎为零）的转速范围。该性能指标在超低速控制系统中是重要的。

5. 输出电压的不对称度K_{as}

指在相同转速下，测速发电机正、反转时输出电压绝对值之差 ΔU_a 与两者平均值 U_{av} 之比，即

$$K_{as}=\frac{\Delta U_a}{U_{av}}\times 100\%$$

这是由电刷不在几何中性线上或存在剩余磁通造成的。一般 K_{as} 在 0.35%～2%范围内，对要求正、反转的控制系统需考虑该指标。

6. 纹波系数K_α

测速发电机在一定转速下，输出电压中交流分量的有效值与直流分量之比。目前可做到$K_\alpha<1\%$，高精度速度伺服系统对K_α的要求是其值应尽量小。

上述的主要性能指标是选择直流测速发电机的依据。但在不同系统中起不同作用时各项技术要求也不同。

7.2.5 直流测速发电机的应用

直流测速发电机在自动控制系统和计算装置中可以作为测速元件、校正元件、解算元件和角加速度信号元件。它可以测量各种机械在有限范围内的摆动或非常缓慢的转速，并可代替测速计直接测量转速。

1. 直流测速发电机用作转速阻尼元件

图 7.9 为雷达天线控制系统，直流测速发电机在系统中作阻尼元件使用，现侧重对直流测速发电机在该系统中的作用进行说明。如果由指挥仪输入自整角发送机一个转角 α（由雷达天线跟踪的飞机反射回来的无线电波所决定），而此时自整角接收机（或称自整角变压器）被驱动的转角为 β（β 是雷达天线跟踪飞机转角），则自整角接收机就输出一个正比于$(\alpha-\beta)$角度差的交流电压，此电压经解调、前置放大后变为$U_2=K_1(\alpha-\beta)$直流电压。

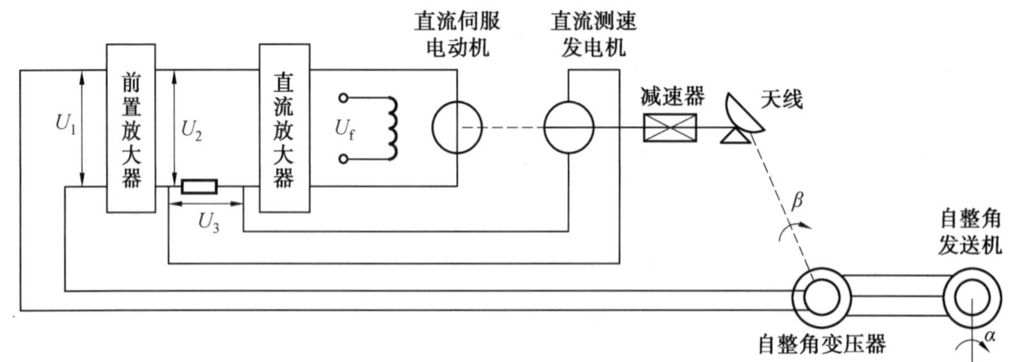

图 7.9 雷达天线系统

这里 K_1 为解调装置和前置放大器综合放大倍数，另外直流测速发电机的输出电压为$U_3=K_2\mathrm{d}\beta/\mathrm{d}t$。这里 K_2 为直流测速发电机输出特性斜率，这样直流放大器的输入电压为 $\Delta U=(U_2-U_3)$。如果没有测速发电机，直流伺服电动机的转速仅正比于电压 U_2，当电动机旋转使 β 增大，直到 $\beta=\alpha$ 时，电动机输入电压$U_2=0$，电动机应停转。但由于电动机及轴上负载的机械惯性，电机继续向 β 增大方向运动，从而使 $\beta>\alpha$。当$U_2\neq0$ 时，电动机在此电压作用下，转速降为零后又反转。

同样，反转时，由于惯性作用又转过了头，从而引起电动机输入电压极性改变，电机又改为正转，这样，系统就会产生振荡。

当接上测速发电机后，则当 $\beta=\alpha$ 时，虽然$U_2=0$，但由于 $\mathrm{d}\beta/\mathrm{d}t\neq0$，则 $\Delta U=U_3\neq0$，在此信号电压作用下，电动机提前产生与原来转向相反的制动转矩，阻止电动机继续向增大方向转动，因而电动机能很快地停留在 $\beta=\alpha$ 位置。由此可见，由于系统中引入了测速发电机，就使得由于系统机械惯性引起的振荡受到了阻尼，从而改善了系统的动态性能。

2. 直流测速发电机用作反馈元件

图 7.10 为恒速控制系统原理图。直流伺服电动机的负载是一个旋转机械。当负载转矩变化时，电动机转速也随之改变，为了使旋转机械保持恒速，在电动机轴上耦合一台直流测速发电机并将其输出电压U_m反馈到放大器输入端。给定电压U_1，取自可调的电压源。给定电压和测速发电机反馈电压相减后，作为放大器输入电压 $\Delta U=U_1-U_m$。

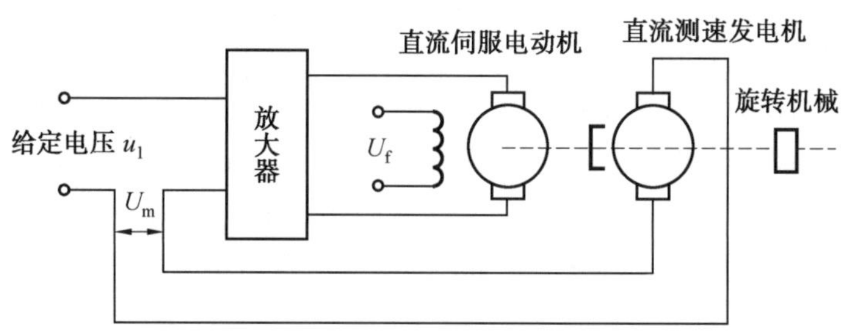

图 7.10　恒速控制系统原理图

当负载转矩由于某种偶然因素增加时，电动机转速将减小，此时直流测速发电机输出电压U_m也随之减小，而使放大器输入 ΔU 增加，电动机电压增加，转速增加。反之，若负载转矩减小，转速增加，则测速发电机输出增大，放大器输入电压减小，电机转速下降。这样，即使负载转矩发生扰动，由于测速发电机的速度负反馈所起的调节作用，使旋转机械的转速变化很小，近似于恒速，起到转速校正的作用。

7.3　交流测速发电机

7.3.1　测速发电机的工作原理和结构

1. 结构及分类

交流测速发电机可分为同步测速发电机和异步测速发电机两大类。

同步测速发电机又可再分为永磁式、感应子式和脉冲式三种。永磁式交流测速发电机实质上就是一台单相永磁转子同步发电机，定子绕组感应的交变电势大小和频率都随着输入信号（转速）而变化，即

$$\left.\begin{aligned} f&=\frac{pn}{60} \\ E&=4.44fNK_\omega\Phi_m=4.44\frac{p}{60}NK_\omega\Phi_m n=K'n \end{aligned}\right\} \tag{7.13}$$

式中　$K'=4.44\frac{p}{60}NK_\omega\Phi_m$——常系数，单位为 V/(r・min^{-1})；

p——电机极对数；

N——定子绕组每相匝数；

K_ω——定子绕组基波绕组系数；

Φ_m——电机每极基波磁通的幅值；

f——单位为s^{-1}；

n——单位为 $r \cdot min^{-1}$。

永磁式交流测速发电机，因感应电势的频率随转速而改变，致使电机本身的阻抗及负载阻抗均随转速而变化。因此，这种测速发电机的输出电压不再与转速成正比关系。尽管永磁式交流测速发电机结构简单，又没有滑动接触，仍不适用于自动控制系统，通常只是作为指示式转速计。

感应子式测速发电机和脉冲式测速发电机的工作原理基本相同，都是利用定、转子齿槽位置相对变化而使输出绕组中的磁通发生脉动，从而感应出电势，这就是感应子发电机原理。图 7.11 为感应子式测速发电机的原理性结构图。定、转子铁芯均由高硅薄钢片冲制叠成。定子内圆周上有大槽和小槽。大槽与大槽之间放置励磁绕组，如 A、B 所示。在 12 个定子齿上分别放置输出绕组，并将输出绕组连接为三相对称绕组。转子外圆周上为 24 个均布齿槽。

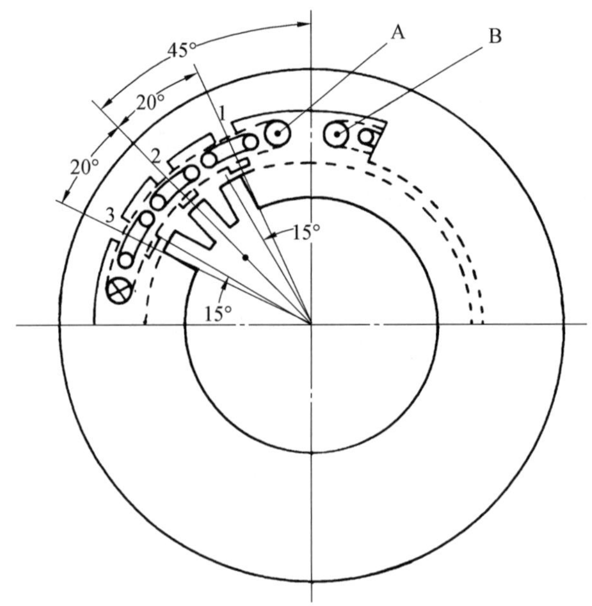

图 7.11　感应子式测速发电机的原理性结构图

当励磁绕组中通入直流励磁，使定子铁芯磁化为 N、S 相间的四极磁场。转子不动时，定子齿中的磁通也不随时间变化，故定子输出绕组中没有感应电势。转子转动后，因定、转子齿的相对位置发生周期性变化，则使定子齿中的磁通发生脉动，输出绕组中便产生交变电势。当转子一个齿的轴线与定子某齿的轴线位置一致时，如图 7.11 中定子齿 2 所示，该定子齿对应有最大的气隙磁导值。而当转子转过齿距后，使转子槽的轴线与上述定子齿的轴线位置一致，该定子齿就对应有最小的气隙磁导值。以后便以此重复进行。这样定子输出绕组所匝链的磁通大小也相应发生周期性的变化，在其中便感应出交流电势。由以上分析可知，每当转子转过一个齿距，输出绕组的感应电势就变化一个周期，故输出电势的频率应为

$$f=\frac{Z_r n}{60}$$

式中 Z_r——转子齿数；

n——电机的转速，单位 r/min。

在图 7.10 所示的感应子式测速发电机中定转子采用相同的齿形。转子为 24 齿均布，当转子每转过一个齿距，即转过 15°，定子输出绕组感应电势便交变一个周期。而定子齿的配置为齿 1 和齿 3 分别和齿 2 相距 20°，其电角度相应差 120°，因此，输出绕组 2 和输出绕组 1、3 的感应电势相位角便互差 120°，它们就组成了一组对称三相绕组。

因感应电势的频率和转子的转速之间有着严格的关系，所以它也属于同步电机。其感应电势的大小和转速成正比，故可作为测速发电机使用。

从感应子式测速发电机的原理来看，它和永磁式同步测速发电机一样，因电势的频率随转速而改变，致使负载阻抗和电机本身的阻抗均随转速而变化，所以也不宜在自动控制系统中用作交流测速发电机。但是，通常采用二极管对这种测速发电机的三相输出电压进行桥式整流后，取其直流输出电压作为速度信号而用于自动控制系统。这种电机因转子槽数较多，因而输出电压的频率甚高，再经过三相桥式整流，使直流输出电压中的纹波频率很高，配以适当的滤波措施后，其直流输出电压相当平稳。这样，将感应子式测速发电机和整流、滤波电路结合后，可作为一台性能良好的直流测速发电机使用。

这种直流测速发电机的直流输出电压其极性是由整流电路所决定的，它与电机转子的转向无关，这是实际使用中存在的一个缺点。

脉冲式测速发电机是以脉冲频率作为输出信号的。因输出电压的脉冲频率与转子转速保持严格的正比关系，所以也是属于同步电机类型。其特点是输出信号的频率相当高，即使在较低的转速下(如每分钟几转或几十转)也能输出较多的脉冲数。因此，以脉冲个数表示的速度分辨率就比较高，使它适用于速度较低的调节系统。

异步测速发电机的结构和两相伺服电动机相像。目前在自动控制系统中广泛应用的是空心杯转子异步测速发电机，这种结构型式可使测速发电机输出特性有较高的精度，又因其转子的转动惯量较小，能够满足系统快速性的要求。同时，为了获得较好的线性输出特性并使其性能稳定，转子电阻要比空心杯转子两相伺服电动机更大。因此，空心杯转子通常采用电阻率较大和温度系数较低的材料制成，如磷青铜、锡锌青铜、硅锰青铜等。目前，我国生产的这种测速发电机，其型号为 CK。

2. 空心杯转子异步测速发电机的工作原理

空心杯转子异步测速发电机的工作原理如图 7.12 所示。定子两相绕组应在空间位置上严格保持 90°电角度。其中一相作为励磁绕组，外施恒频恒压的交流电源励磁；另一相作为输出绕组，其两端的电压则为测速发电机的输出电压U_2。

当电机的励磁绕组外施恒频恒压的交流电源U_f时，便有电流I_f通过绕组，产生以电源频率 f 脉振的磁势F_d和相应的脉振磁通Φ_d中。磁通Φ_d中在空间按励磁绕组轴线方向(称为直轴 d)脉振。

转子不动($n=0$)时，直轴脉振磁通只能在空心杯转子中感应出变压器电势，因输出绕组的轴线和励磁绕组轴线空间位置相差 90°电角度，它与直轴磁通并无匝链，故不产生

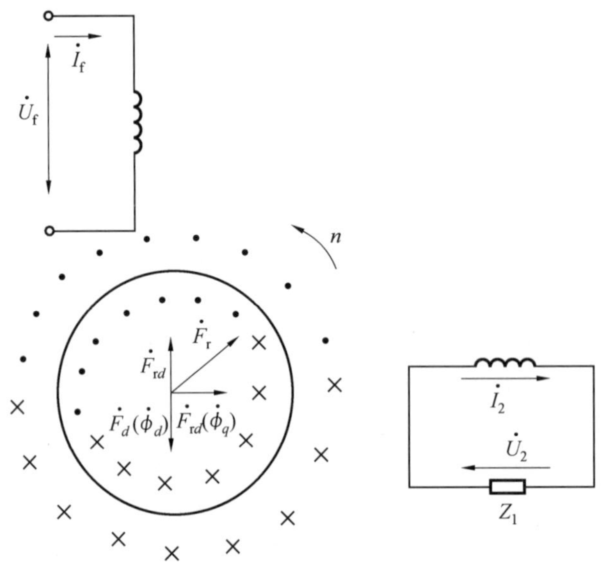

图 7.12　异步测速发电机的工作原理图

感应电势，输出电压为零。

转子转动后，即 $n\neq 0$，转子切割直轴磁能Φ_d，并在转子杯中产生切割电势E_r，在图 7.12所示瞬间，转子杯上电势E_r的方向如图中外圈的符号所示。由于直轴磁通Φ_d为脉振磁通，电势E_r亦为交变电势，其交变频率即为磁通Φ_d的脉振频率 f。它的大小应为

$$E_r = C_2 n \Phi_d \tag{7.14}$$

式中　C_2——常数；

Φ_d——d 轴每极磁通的幅值。

若磁通Φ_d恒定时，电势E_r就与转子的转速 n 成正比关系。

因转子杯为短路绕组，电势E_r就在转子杯中产生短路电流I_r，电流I_r为频率 f 的交变电流，其大小正比于电势E_r。若考虑到转子杯中漏抗的影响，电流I_r将在时间相位上滞后电势E_r一个电角度。在同一瞬时，转子杯中电流的方向如图 7.12 中内圈符号所示。

转子杯中的电流I_r产生脉振磁势F_r，其脉振频率也为 f。而它的大小则正比于电势E_r。磁势F_r在此瞬间的空间方向如图 7.12 所示。磁势F_r可分解为两个空间分量。即直轴磁势F_{rd}和交轴磁势F_{rq}。其中直轴磁势F_{rd}将影响励磁磁势F_d，使励磁电流I_f发生变化。而交轴磁势 F_{rq}就产生频率为 f 的脉振磁通Φ_q，又

$$\Phi_q \propto F_{rq} \propto F_r \propto E_r \propto n$$

因交轴脉振磁通中的空间位置和输出绕组的轴线方向一致，它将在输出绕组中感应出频率为 f 的变压器电势 E_2，即为测速发电机的输出电势，则

$$E_2 \propto \Phi_q \propto n$$

所以，异步测速发电机输出电势E_2的频率即为励磁电源的频率 f，而与转子转速 n 的大小无关；它的大小则正比于转子转速 n。这就克服了同步测速发电机存在的缺点，使负载阻抗Z_l不会因转子转速的变化而改变。因此空心杯转子异步测速发电机在自动控制系统中便得到了广泛的应用。

7.3.2　交流测速发电机的输出特性

感应测速发电机的输出特性是指当转轴上有转速信号 n 输入时，定子输出电压的大小和相位随转速的变化关系，即电压幅值特性和电压相位特性。

1. 电压幅值特性

当励磁电压 U_f 和频率 f_1 为常数时，感应测速发电机输出电压 U_2 的大小与转速 n 的函数关系，即 $U_2=f(n)$，称为测速发电机的电压幅值特性。

理想状态下测速发电机电压的输出特性为过原点的一条直线，如图 7.13 曲线 1 所示。实际特性由于各绕组漏阻抗和磁通等都有些变化，使输出电压的大小与转速不是严格的直线关系，如图 7.13 中曲线 2 所示。

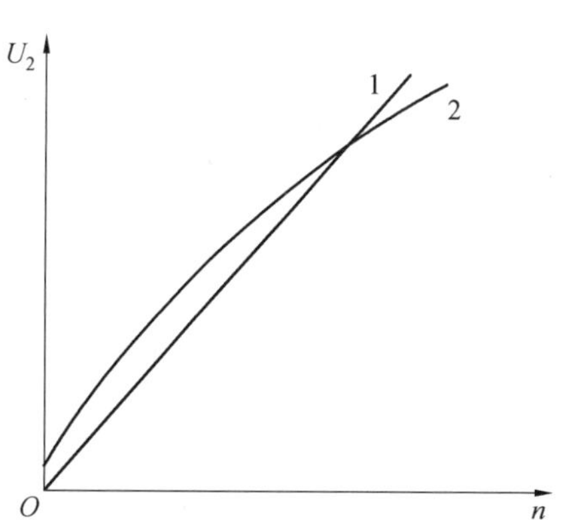

图 7.13　电压幅值特性

2. 电压相位特性

当励磁电压 U_f 和频率 f_1 为常数时，感应测速发电机输出电压 $\dot{U}_2$ 与励磁电压 $\dot{U}_f$ 之间的相位差 φ 与输入转速 n 的函数关系，即 $\varphi=f(n)$，称为测速发电机的电压相位特性，如图 7.14 所示。

在自动控制系统中，希望测速发电机的输出电压和励磁电压相位相同。实际上，测速发电机的输出电压和励磁电压之间总是存在着相位移，并且相位移的大小随着转速的改变而变化。

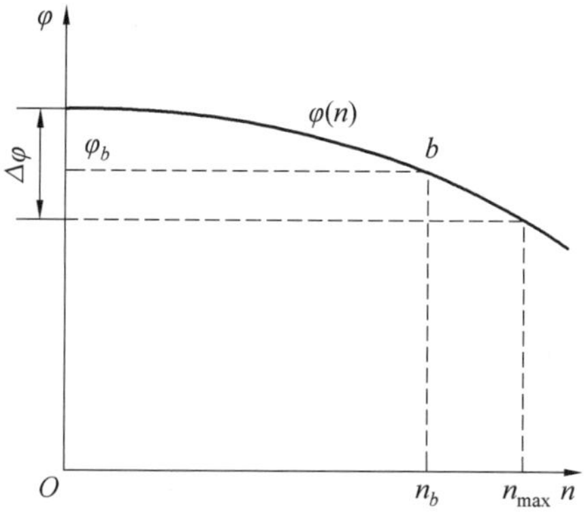

图 7.14　电压相位特性

7.3.3　交流测速发电机的性能指标

表征异步测速发电机性能的技术指标主要有线性误差、相位误差、剩余电压和输出斜率。

1. 线性误差

(1)线性误差的定义。在额定励磁条件下，测速发电机在最大线性工作转速范围内，实际输出电压与理想线性输出电压的最大绝对误差 ΔU_{max} 与线性输出电压特性所对应的最大输出电压 U_{2m} 之比，称作线性误差 δ_1，即

$$\delta_1=\frac{\Delta U_{max}}{U_{2m}}\times 100\% \tag{7.15}$$

为表示感应测速发电机的线性误差，工程上是把实际电压输出特性上对应于最高转速 $\sqrt{3}n_{max}/2$ 倍的补偿点 b 与原点 O 连成直线，作为理想线性输出特性，U_{2m} 为该线性特性对应于最高工作转速 n_{max} 的最高电压，如图 7.15 所示。

感应测速发电机在控制系统中的用途不同，对线性误差的要求也不同。一般作阻尼元件时允许线性误差可大些，约为千分之几到百分之几；而作为解算元件时，线性误差必须很小，约为万分之几到千分之几。目前高精度感应测速发电机线性误差为 0.05%左右。

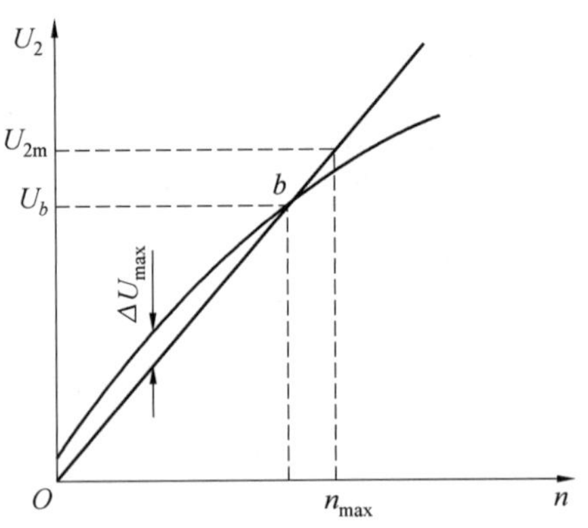

图 7.15　线性误差

(2)线性误差产生的原因。在叙述感应测速发电机的工作原理时，忽略了定子漏阻抗Z_f，即励磁绕组的电阻$r_f=0$和漏电抗$x_f=0$，认为$U_f=E_f$，即$\Phi_f=\Phi_{f0}$不变，以及忽略转子杯导条的漏电抗x_r，从而使Φ_2在N_2绕组轴线上脉振。若考虑这些因素，直轴磁通Φ_f的大小是变化的，破坏了U_2与n成正比的关系，产生了线性误差。

①励磁绕组的漏阻抗Z_f引起直轴磁通Φ_f的变化，考虑Z_f之后励磁绕组的电压平衡方程式为

$$\dot{U}_f=-\dot{E}_f+\dot{I}_f Z_f \tag{7.16}$$

由于感应电动势$\dot{E}_f$的大小正比于磁通Φ_f，而其相位比$\dot{\Phi}_f$落后 90°，因此可写成

$$\dot{E}_f=-j k_1\dot{\Phi}_f=-k\dot{\Phi}_f \tag{7.17}$$

式中，k_1为比例常数，$k_1=4.44$ W；$k=j k_1$为复数比例常数。

将式(7.17) 代入式(7.16)可得

$$\dot{U}_f=k\dot{\Phi}_f+\dot{I}_f Z_f$$

因而

$$\dot{\Phi}_f=\frac{\dot{U}_f-\dot{I}_f Z_f}{k} \tag{7.18}$$

因为励磁绕组和杯形转子之间的关系相当于变压器一、二次绕组之间的关系，当杯形转子中感应电流随转速的变化而变化时，作为变压器一次电流$\dot{I}_f$也必将随二次转子导条电流$\dot{I}_r$的变化而变化。由式(7.18)知，当转速变化漏阻抗压降$\dot{I}_f Z_f$也随着变化，引起直轴磁通$\dot{\Phi}_f$也随着变化。

②杯形转子绕组漏电抗x_r产生直轴去磁效应。当忽略转子漏电抗x_r时，转子导条中电流$\dot{I}_{r2}$与切割直轴磁通$\dot{\Phi}_f$产生的感应电动势$\dot{E}_{rv}$同相位，其方向如图 7.15 中的内圈符号所示。由该电流产生的磁场为交轴的，磁通$\dot{\Phi}_2$与$\dot{\Phi}_f$在空间上正交。当考虑x_r时，电流$\dot{I}_{r3}$将在时间相位上落后$\dot{E}_{rv}$一个角度θ。在同一瞬时，杯形转子导条中电流方向的空间分布如图 7.15 中的外圈符号所示。这样，电流$\dot{I}_{r3}$所产生的磁通Φ_3在空间与Φ_f不正交，可将其分解成交轴分量Φ_2和直轴分量Φ'_2。由图 7.16 看出，由于x_r引起电流滞后，所产生的磁通在直轴上的分量Φ'_2与Φ_f是反方向的，起去磁作用。

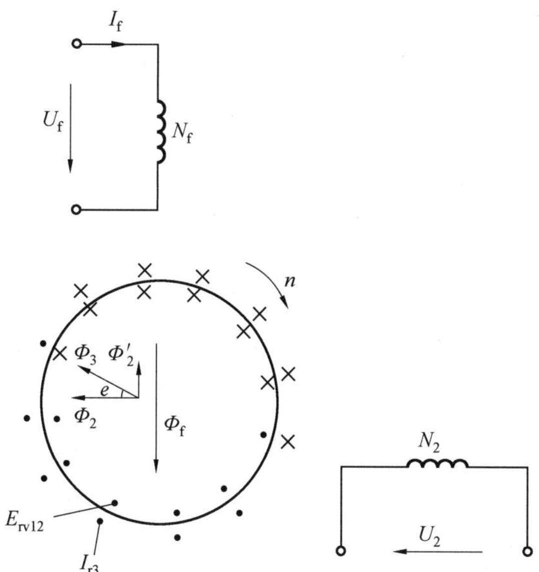

图 7.16　转子漏电抗x_r对Φ_f的影响

③交轴磁通Φ_2在直轴上的去磁效应。当转子旋转时，除切割直轴磁通Φ_f外，同时也切割交轴磁通Φ_2，根据Φ_2和 n 的方向，按右手定则，切割电动势E'_{rv}和电流I'_{rv}方向如图7.17所示。显然I'_{rv}产生的磁通Φ''_2在直轴上，且方向与Φ_f相反，其作用也是去磁。

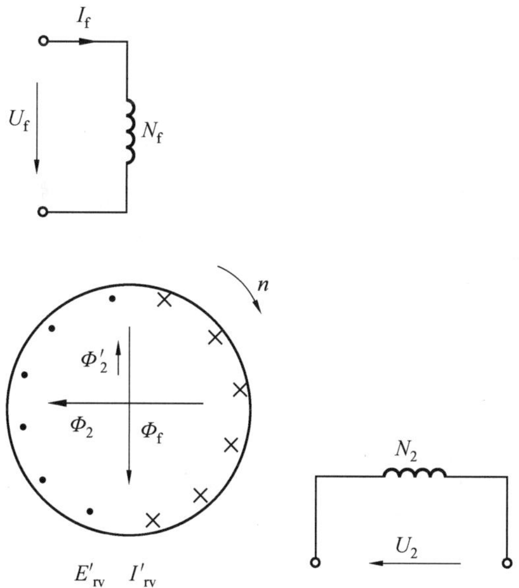

图 7.17　交轴磁通Φ_2对Φ_f的影响

根据上面的分析可知，当转速 n 改变时，励磁电流I_f及其漏阻抗压降I_fZ_f发生变化，并且由于转子漏电抗x_r存在产生的直轴去磁磁通分量Φ'_2和由旋转切割Φ_2产生的直轴去磁磁通分量Φ''_2都随着改变。因而在实际交流感应测速发电机中，磁通Φ_f不是恒值，而是随转速 n 的变化而变化的量，这样就破坏了输出电压U_2与转速 n 的线性关系，造成了线性误差。

为了减小线性误差，应尽可能地减小励磁绕组的漏阻抗Z_f，并采用高电阻率材料制成非磁性杯形转子，最大限度地减小转子漏电抗x_r。

2. 相位误差

在自动控制系统中，希望异步测速发电机的输出电压与励磁电压同相位，但在实际的异步测速发电机中，两者之间却存在相位移。通过图 7.18 所示的时间相量图就可大致明了。图中$\dot{\Phi}_1$为沿着励磁绕组轴线脉振的合成磁通，$\dot{E}_1$为磁通$\dot{\Phi}_1$在励磁绕组中所产生的变压器电势，其相位落后$\dot{\Phi}_1$ 90°，$\dot{E}_{R2}$为转子导体切割磁通$\dot{\Phi}_1$产生的切割电势，其相位与磁通$\dot{\Phi}_1$相同。在$\dot{E}_{R2}$的作用下，产生落后于$\dot{E}_{R2}$为θ角的转子电流$\dot{I}_{R2}$，由$\dot{I}_{R2}$产生的磁通$\dot{\Phi}_2$应与$\dot{I}_{R2}$同相位，因而也与$\dot{\Phi}_1$相夹θ角。由于磁通$\dot{\Phi}_2$的交变，在输出绕组中产生的电势$\dot{E}_2$的相位应落后$\dot{\Phi}_2$ 90°，而与$\dot{E}_1$相夹θ角，其输出电压$\dot{U}_2$就与$-\dot{E}_1$相夹θ角。再根据电压平衡方程式，$-\dot{E}_1$加上励磁绕组的阻抗压降$\dot{I}_1 Z_1$就与电源电压$\dot{U}_1$相平衡。假定$\dot{I}_1$与$-\dot{E}_1$的夹角为β，就可作出相量$\dot{I}_1 R_1$和 j $\dot{I}_1 X_1$，这样便可得$\dot{U}_1$。由图可以看出，这时输出绕组产生的输出电压$\dot{U}_2$与加在励磁绕组上的电源电压$\dot{U}_1$就不同相，它们之间存在着相移，这个相移φ就称为异步测速发电机的输出相位移。

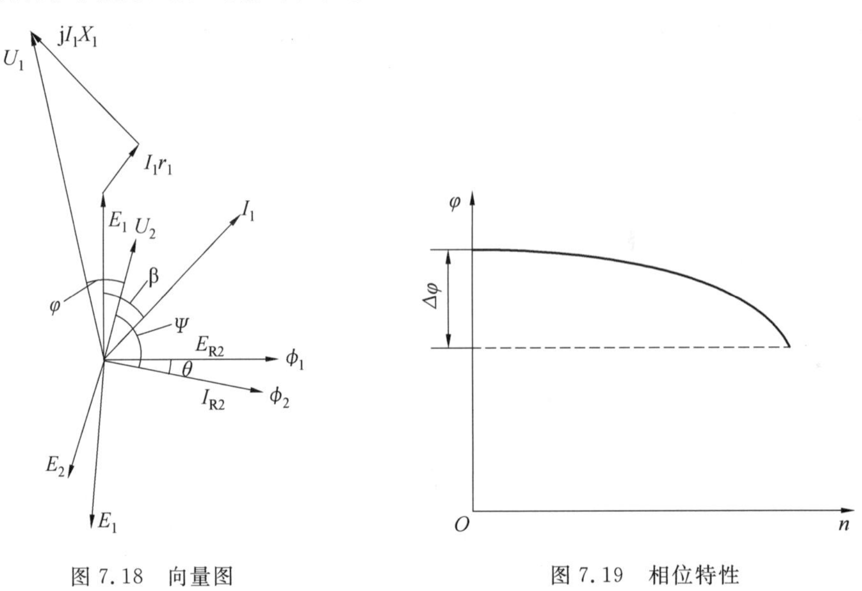

图 7.18　向量图　　　图 7.19　相位特性

如果磁通$\dot{\Phi}_1$的相位不随转速而变化，也就是说，$\dot{U}_1$与$\dot{\Phi}_1$之间相移角ψ一定，那么由于$\varphi=\psi-90°+\theta$，而θ是固定不变的，则相位移φ也不随转速而变。这种与转速无关的相位移称为固定相位移，是可以通过在励磁绕组中串入适当的电容来加以补偿的。但是值得注意的是，由式(7.18)可以看出，由于励磁绕组存在阻抗Z_f，电流$\dot{I}_f$的值和相位都随转速而变，因而磁通$\dot{\Phi}_1$的相位也随转速而变，即相角ψ与转速有关。所以输出电压$\dot{U}_2$与励磁电压$\dot{U}_1$之间的相移 φ 也随转速的变化而变化。图 7.19 画出了异步测速发电机输出电压相位移 φ 随转速 n 变化(即相位特性)的情况。这种与转速有关的相移是难以补偿的。所谓相位误差,指的就是在规定的转速范围内,输出电压与励磁电压之间的相位移的变化量 $\Delta\varphi$,如图 7.19 所示。

由于产生相位误差的原因与产生线性误差原因相同,故减小两者误差的措施也相同,一般要求相位误差不超过 1°。下面说明固定相移补偿的原理:异步测速发电机输出电压与电源电压之间的固定相移可以通过在励磁绕组中串入适当的电容来加以补偿,如图 7.20所示。这时加在励磁绕组 W_1 上的电压不是电源电压$\dot{U}_1$而是电压$\dot{U}_f$,电源电压$\dot{U}_1$与电容上的电压$\dot{U}_c$及$\dot{U}_f$相平衡,但是加在励磁绕组上的电压$\dot{U}_f$仍然与$-\dot{E}_1$及阻抗压降$\dot{I}_1 Z_1$相平衡,因此电压相量图(如图 7.18)上的相量$\dot{U}_1$在这里改为$\dot{U}_f$就可以了。如图 7.21 所示,$\dot{U}_f$加上$\dot{U}_c$后才是电源电压$\dot{U}_1$。由于$\dot{U}_c=-\mathrm{j}\,\dot{I}_1 X_c$,由图可以看出,如果电容量选择得恰当,就可使电源电压相量$\dot{U}_1$与输出绕组的输出电压相量$\dot{U}_2$相重合,这样$\dot{U}_2$就与$\dot{U}_1$同相了,两者之间的固定相移就可以得到补偿。

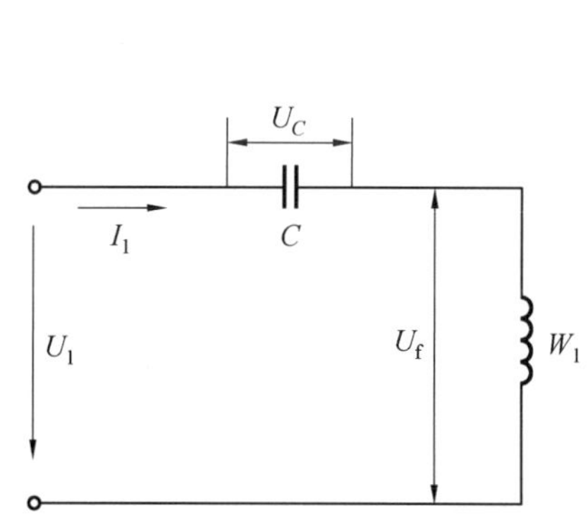

图 7.20　励磁绕组串入电容后的电压分配

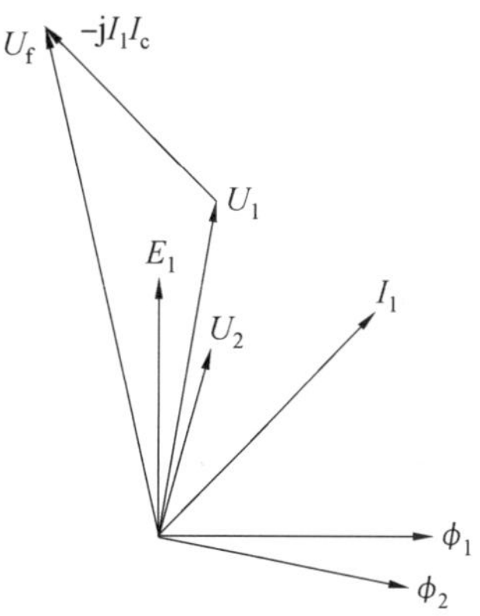

图 7.21　固定相移的补偿

3. 剩余电压

理论上测速发电机转速为 0 时输出电压应为 0,但实际上异步测速发电机转速为 0 时输出电压并不为 0,这就会使控制系统产生误差。所谓剩余电压,就是指测速发电机的励磁绕组已经供电,转子处于不动情况下(即零速时)输出绕组所产生的电压。剩余电压又称为零速电压。

产生剩余电压的原因是多种多样的,经分析,它由两部分组成:一部分是固定分量 U_{s0},其值与转子位置无关;另一部分是交变分量U_{sj}(又称波动分量),它的值与转子位置有关,当转子位置变化时(以转角 α 表示),其值做周期性的变化,如图 7.22 所示。

产生固定分量的原因主要是两相绕组不正交,磁路不对称,绕组匝间短路,绕组端部电磁耦合,铁芯片间短路等。图 7.23 所示为由于外定子加工不理想,内孔形成椭圆形而产生剩余电压的情况。此时因为气隙不均(即磁路不对称),而磁通又具有力图走磁阻最小路径的性质，因此当励磁绕组加上电压后，它所产生的交变磁通Φ_1的方向就不与励磁绕组轴线方向一致，而扭斜了一个角度。这样，磁通Φ_1就与输出绕组相耦合，因而即使转速为 0，输出绕组也有感应电势出现，这就产生了剩余电压的固定分量。

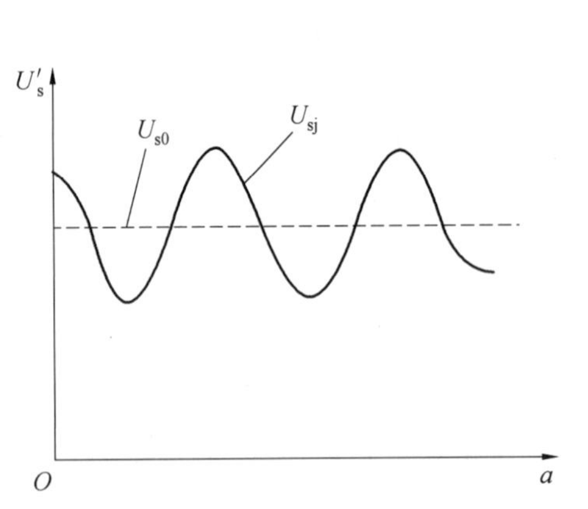

图 7.22　剩余电压的恒定和交变分量

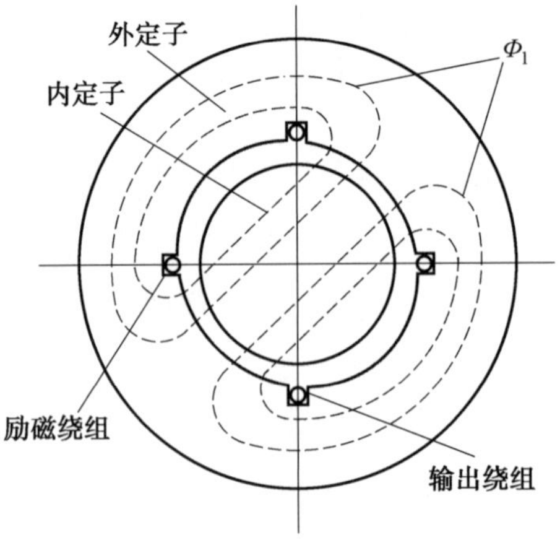

图 7.23　外定子内孔椭圆引起的剩余电压

产生交变分量的原因主要是由转子电的不对称性所引起的，如转子杯材料不均匀，杯壁厚度不一致等。实际上非对称转子作用相当于一个对称转子加上一个短路环的作用，如图 7.24 所示。其中对称转子不产生剩余电压，而短路环会引起剩余电压。因为励磁绕组产生的脉振磁通$\dot{\Phi}_1$会在短路环中感应出电势$\dot{E}_k$和电流$\dot{I}_k$，因而在短路环轴线方向就会产生一个附加脉振磁通$\dot{\Phi}_k$。当短路环的轴线与输出绕组轴线不成 90°时，脉振磁通$\dot{\Phi}_k$就会在输出绕组中感应出电势，即产生了剩余电压。显然，这种剩余电压的值是与转子位置

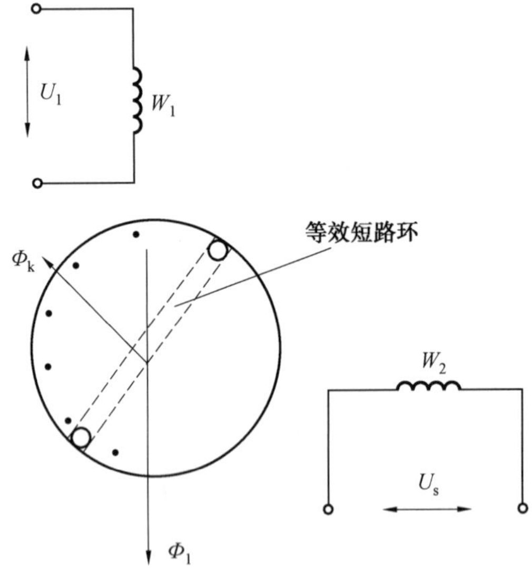

图 7.24　剩余电压交变分量

有关的。若图 7.24 中所示短路环的轴线与输出绕组的轴线重合时，短路环中的$\dot{E}_k$、$\dot{I}_k$和$\dot{\Phi}_k$均最小，所以在输出绕组中所感应出的剩余电压也为最小；当短路环轴线与输出绕组轴线垂直时，输出绕组中感应出的剩余电压也为最小；而当短路环轴线与输出绕组轴线相夹 45°左右时，剩余电压为最大。这样，由于转子电的不对称性，就产生了如图 7.25 所示的与转子位置成周期性变化的剩余电压。

可以看出，当电机是四极电机时，由于转子和磁路的非对称性所引起的剩余电压可减到最小。图 7.25 表示一台四极电机励磁绕组产生的脉振磁场，非对称性转子用一个对称转子和短路环代替。由图可见，当转子不动时，每一瞬间穿过短路环的两路脉振磁通其方向正好相反，因而在短路环中所感应的电势和电流以及短路环产生的附加脉振磁通Φ_k都很小。这样，磁通Φ_k在输出绕组中产生的剩余电压就很小。同理，由于磁路不对称所产生的剩余电压在四极电机中也有所减小。所以，为了减小由于磁路和转子电的不对称性对性能的影响，杯形转子异步测速发电机通常是四极电机。

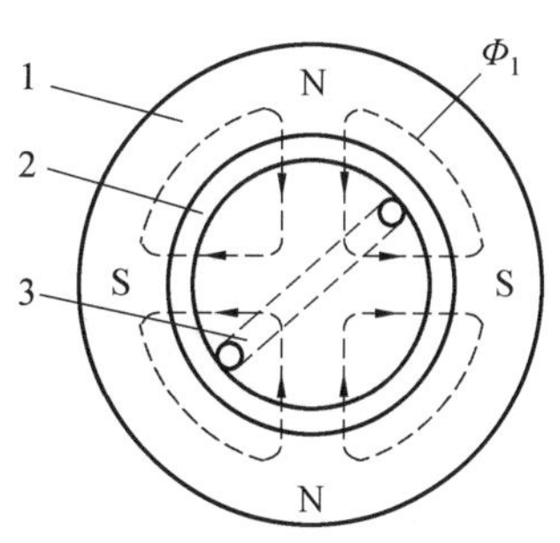

图 7.25　四极电机的剩余电压
1—定子；2—转子杯；3—等效短路环

另外，剩余电压$\dot{U}_s$的相位与励磁电压$\dot{U}_1$的相位也是不同的，如图 7.26 所示。这时，可将$\dot{U}_s$分解成两个分量：一个相位与$\dot{U}_1$相同的称为同相分量$\dot{U}_s$；另一个相位与$\dot{U}_1$成 90°的称为正交分量$\dot{U}_{s2}$。剩余电压同相分量主要是由于输出绕组与励磁绕组间的变压器耦合所产生的，如绕组非正交、磁路不对称等原因都会使脉振磁通Φ_1既与励磁绕组，又与输出绕组相匝链。这时，磁通Φ_1在两绕组中感应出的电势，其相位是相同的，因而输出绕组中所产生的剩余电压$\dot{U}_s$就与励磁电压$\dot{U}_1$近似地同相，如图 7.27 所示。

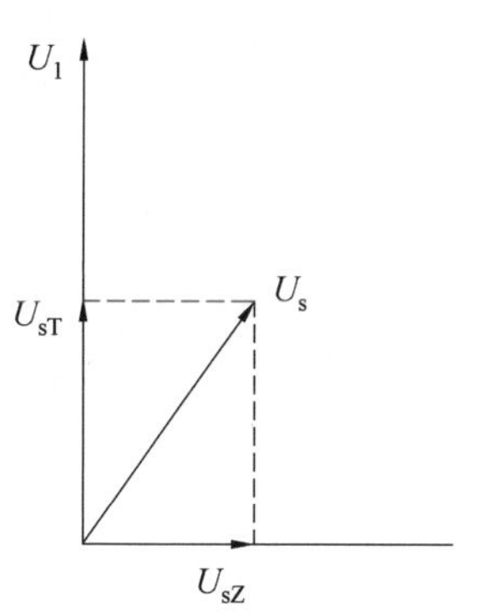

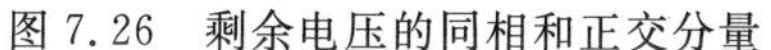

图 7.26　剩余电压的同相和正交分量

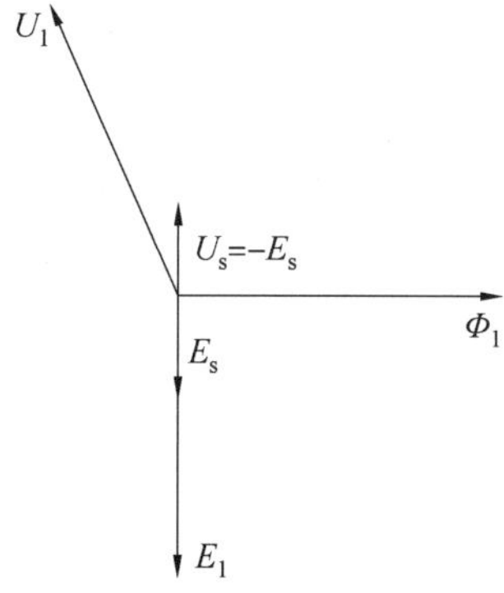

图 7.27　剩余电压的同相分量

剩余电压的正交分量主要是由于定子绕组匝间短路或铁芯片间短路、转子杯非对称性等原因所产生的。图 7.28(a)表示定子有一短路线匝 k，脉振磁通$\dot{\Phi}_1$在短路线匝中感应出电势$\dot{E}_k$和电流$\dot{I}_k$，因而也产生脉振磁通$\dot{\Phi}_k$。当短路线匝 k 的轴线与输出绕组轴线不等于 90°时,$\dot{\Phi}_k$就在输出绕组中感应出电势$\dot{E}_s$,也就产生了剩余电压$\dot{U}_s$。由图 7.28(b)所示相量图可以看出,这时剩余电压$\dot{U}_s$具有正交分量$\dot{U}_{sZ}$和同相分量$\dot{U}_{sT}$。

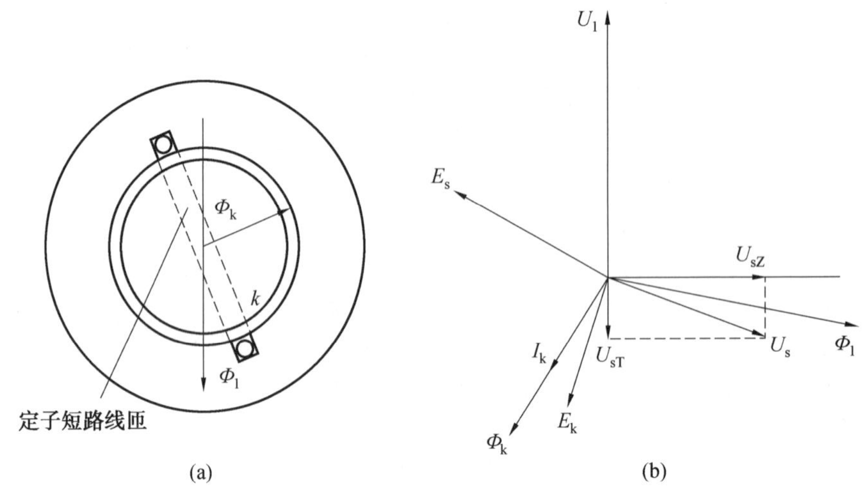

图 7.28　剩余电压分量的产生

4. 输出斜率

与直流测速发电机一样,异步测速发电机的输出斜率 u_n 通常也是规定为转速 1 000 r/min时的输出电压。输出斜率越大,输出特性上比值 $\Delta U_2/\Delta n$ 越大,测速发电机对于转速变化的灵敏度就越高。但是与同样尺寸的直流测速发电机相比较,交流测速发电机的输出斜率比较小,一般为 0.5～5 V/(kr・min^{-1})。

7.3.4　交流测速发电机的应用

交流伺服电动机和交流测速发电机通常是通过齿轮组耦合在一起使用的。由于齿轮之间不可避免地有间隙存在,就会影响运转的稳定性和精确性。特别是低速运转时,会使伺服系统发生抖动现象。齿轮间隙对于系统来说是一种不可避免的非线性因素。为了克服齿轮间隙的影响,可把伺服电动机与测速发电机做成一体,用公共的转轴和机壳,这就是交流伺服测速机组。我国这种机组的系列是 S－C,其中伺服电动机采用鼠笼转子,测速发电机采用非磁空心杯转子,它们装在同一轴上,如图 7.29 所示。显然,这样的机组不但消除了齿隙误差,而且运转稳定、噪声也小,并且使结构紧凑,省掉了齿轮或其他联轴器,使整个系统的体积缩小。

另外,在一些高精度的伺服系统中,还采用低惯量杯形转子机组,它的结构特点是电动机和测速机的转子都是用杯形转子,它们共用一个杯子和内定子,如图 7.30 所示。这种机组体积小,质量轻,惯量小,运转平稳,反应快速灵敏,特别适用于航空仪表装置中。由于交流伺服测速机组体积小,质量轻,性能好,故在国内外得到了广泛的应用。

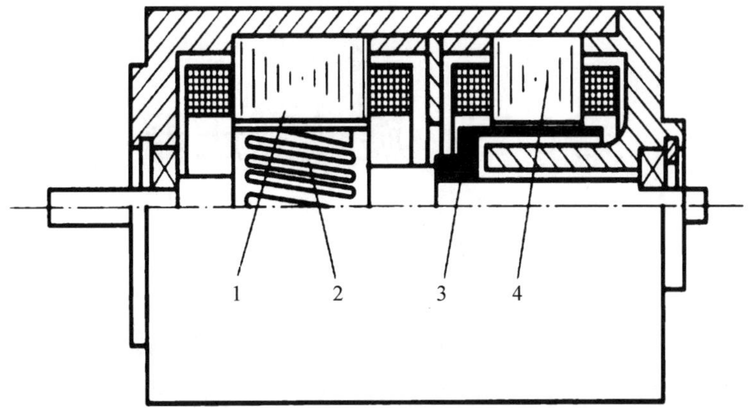

图 7.29 交流伺服测速机组结构之一

1—伺服电动机定子；2—鼠笼转子；3—杯形转子；4—测速发电机转子

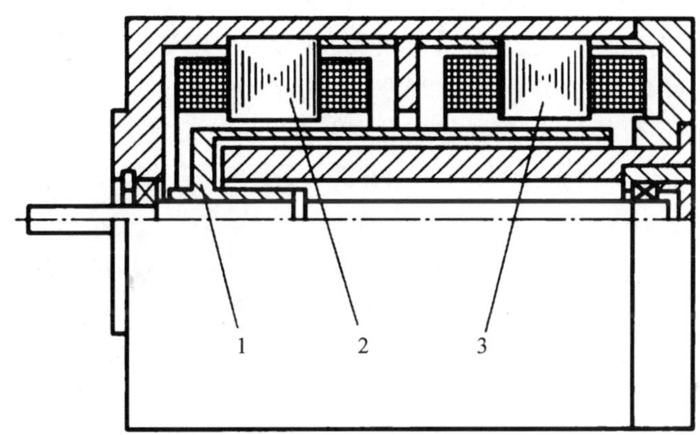

图 7.30 交流伺服测速机组结构之二

1—杯形转子；2—伺服电动机定子；3—测速发电机定子

第 8 章　旋转变压器

8.1 概　　述

旋转变压器如图 8.1 所示，又称同步分解器，是一种电磁式传感器，精密测位用的机电元件，其输出电信号与转子转角成某种函数关系。旋转变压器也是一种测量角度用的小型交流电动机，主要用来测量旋转物体的转轴角位移和角速度。

作为速度及位置传感元件，常用的有这样几种：光学编码器、磁性编码器和旋转变压器。由于制作和黏度的缘故，磁性编码器没有其他两种普及。光学编码器的输出信号是脉冲，由于是天然的数字量，数据处理比较方便，因而得到了很好的应用。早期的旋转变压器，由于信号处理电路比较复杂，价格比较贵的原因，应用受到了限制。因为旋转变压器具有无可比拟的可靠性，特别是高温、严寒、潮湿、高速、高振等。以及具有足够高的精度，在许多场合有着不可替代的地位，特别是在军事以及航天、航空、航海等方面。

图 8.1　旋转变压器

旋转变压器用于运动伺服控制系统中，作为角度位置的传感测量用。早期的旋转变压器用于计算解答装置中，作为模拟计算机中的主要组成部分之一。其输出，是随转子转角做某种函数变化的电气信号，通常是正弦、余弦、线性等。这些函数是最常见的，也容易实现。在对绕组做专门设计时，也可产生某些特殊函数的电气输出。但这样的函数只用于特殊的场合，不是通用的。20 世纪 60 年代起，旋转变压器逐渐用于伺服系统，作力角度信号的产生和检测元件。三线的三相自整角机，早于四线的两相旋转变压器应用于系统中。所以作为角度信号传输的旋转变压器，有时被称作四线自整角机。随着电子技术和数字计算技术的发展，数字式计算机早已代替了模拟式计算机。所以实际上，旋转变压器目前主要用于角度位置伺服控制系统中。由于两相的旋转变压器比自整角机更容易提高精度，所以旋转变压器应用得更广泛。特别是，在高精度的双通道、双速系统中，广泛应用的多极电气元件，原来采用的是多极自整角机，现在基本上都是采用多极旋转变压器。

8.2 旋转变压器的结构特点

旋转变压器的结构和两相绕线式异步电机的结构相似，可分为定子和转子两大部分。定子和转子的铁芯由铁镍软磁合金或硅钢薄板冲成的槽状心片叠成。它们的绕组分别嵌入各自的槽状铁芯内。定子绕组通过固定在壳体上的接线柱直接引出。转子绕组有两种不同的引出方式。根据转子绕组两种不同的引出方式，旋转变压器分为有刷式和无刷式两种结构形式。

图 8.2 是有刷式旋转变压器。它的转子绕组通过滑环和电刷直接引出，其特点是结构简单，体积小，但因电刷与滑环是机械滑动接触的，所以旋转变压器的可靠性差，寿命也较短。

图 8.3 是无刷式旋转变压器。它分为两大部分，即旋转变压器本体和附加变压器。附加变压器的原、副边铁芯及其线圈均成环形，分别固定于转子轴和壳体上，径向留有一定的间隙。旋转变压器本体的转子绕组与附加变压器原边线圈连在一起，在附加变压器原边线圈中的电信号，即转子绕组中的电信号，通过电磁耦合，经附加变压器副边线圈间接地送出去。这种结构避免了电刷与滑环之间的不良接触造成的影响，提高了旋转变压器的可靠性及使用寿命，但其体积、质量、成本均有所增加。

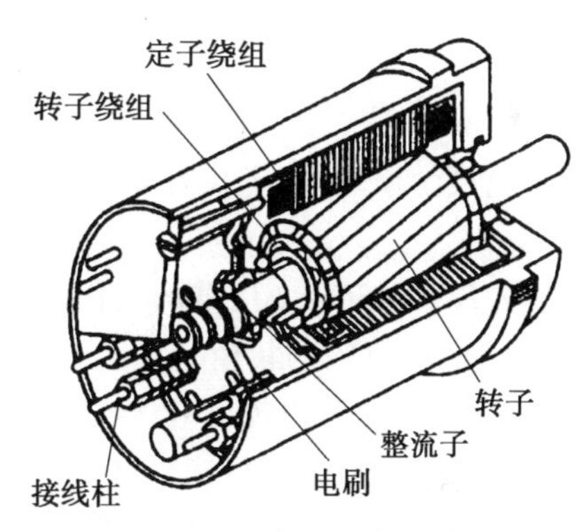

图 8.2　有刷式旋转变压器

常见的旋转变压器一般有两极绕组和四极绕组两种结构形式。两极绕组旋转变压器的定子和转子各有一对磁极，四极绕组则有两对磁极，主要用于高精度的检测系统。除此之外，还有多极式旋转变压器，用于高精度绝对式检测系统。

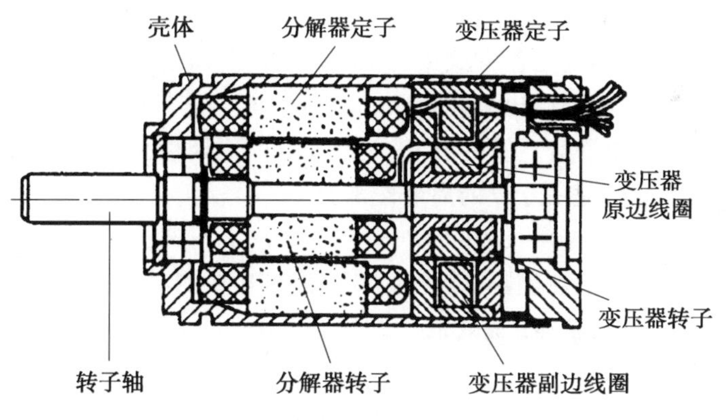

图 8.3　无刷式旋转变压器

8.3　正余弦旋转变压器的工作原理

由于旋转变压器在结构上保证了其定子和转子（旋转一周）之间空气间隙内磁通分布符合正弦规律，因此，当激磁电压加到定子绕组时，通过电磁耦合，转子绕组便产生感应电势。图 8.4 为两极旋转变压器电气工作原理图。图中 Z 为阻抗。设 S_1、S_2 加在定子绕组的激磁电压为式(8.1)。

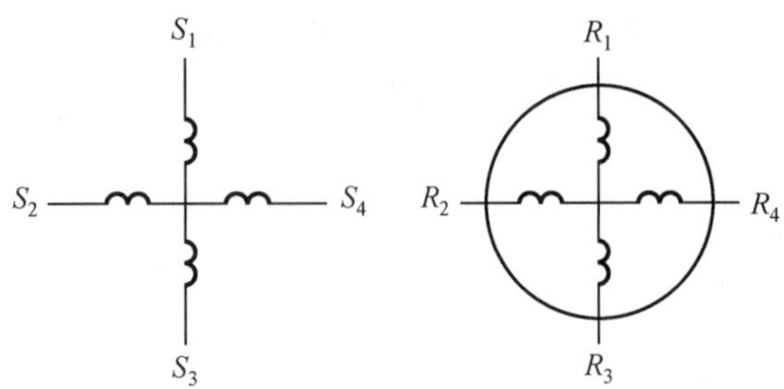

图 8.4　两极旋转变压器

$$V_s = V_m \sin \omega t \tag{8.1}$$

根据电磁学原理，转子绕组 B_1、B_2 中的感应电动势为

$$V_B = KV_S \sin \theta = KV_m \sin \theta \sin \omega t \tag{8.2}$$

式中　K——旋转变压器的变化；

V_m——V_s 的幅值；

θ——转子的转角，当转子和定子的磁轴垂直时，$\theta=0$。

如果转子安装在机床丝杠上，定子安装在机床底座上，则 θ 角代表的是丝杠转过的角度，它间接反映了机床工作台的位移。由式(8.2)可知，转子绕组中的感应电势 V_B 为以角速度 ω 随时间 t 变化的交变电压信号。其幅值 $K V_m \sin \theta$ 随转子和定子的相对角位移 θ 以正弦函数变化。因此，只要测量出转子绕组中的感应电势的幅值，便可间接地得到转子相对于定子的位置，即 θ 角的大小。以上是两极绕组式旋转变压器的基本工作原理，在实际应用中，考虑到使用的方便性和检测精度等因素，常采用四极绕组式旋转变压器。这种结构形式的旋转变压器可分为鉴相式和鉴幅式两种工作方式。

在旋转变压器的鉴相式工作方式中，感应信号 V_B 和激磁信号 V_k 之间的相位差 θ 角，可通过专用的鉴相器线路检测出来并表示成相应的电压信号，设为 $U(\theta)$，通过测量该电压信号，便可间接地求得 θ 值。但由于 V_B 是关于 θ 的周期性函数，$U(\theta)$ 是通过比较 V_B 和 V_k 之值获得的，因而它也是关于 θ 的周期性函数

$$U(\theta) = U(n \times 2\pi + \theta) \quad (n=1,\ 2,\ 3,\cdots) \tag{8.3}$$

故在实际应用中，不但要测出 $U(\theta)$ 的大小，而且还要测出 $U(\theta)$ 的周期性变化次数 n，或者将被测角位移 θ 角限制在 $\pm\pi$ 之内。

在旋转变压器的鉴幅式工作方式中，V_B 的幅值设为 V_{Bm}，可知

$$V_{Bm} = KV_m \sin(\alpha - \theta) \tag{8.4}$$

它也是关于 θ 的周期性函数，在实际应用中，同样需要将 θ 角限制在 $\pm\pi$ 之内。在这种情况下，若规定和限制 α 角只能在 $[-\pi, \pi]$ 内取值，利用式(8.4)，便可唯一地确定出 θ 的值。否则，如 $\theta=3\pi/2(>\pi)$，这时，$\alpha=3\pi/2$ 和 $\alpha=-\pi/2$ 都可使 $V_{Bm}=0$，从而使 θ 角不能唯一地确定，造成检测结果错误。

由上述可知，无论是旋转变压器的鉴相式工作方式，还是鉴幅式工作方式，都需要将被测角位移 θ 限定在 $\pm\pi$ 之内，只要 θ 在 $\pm\pi$ 之内，就能够被正确地检测出来。事实上，对于被测角位移大于 π 或小于 $-\pi$ 的情况，如用旋转变压器检测机床丝杠转角的情况，尽管总的机床丝杠转角 θ 可能很大，远远超出限定的 $\pm\pi$ 范围，但却是机床丝杠转过的若干次

小角度θ_i之和，即

$$\theta=\theta_1+\theta_2+\cdots+\theta_N=\sum_{i=1}^{N}\theta_i \tag{8.5}$$

而θ_i很小，在数控机床上一般不超过 3°，符合$-\pi<\theta_i<\pi$ 的要求，旋转变压器及其信号处理线路可以及时地将它们一一检测出来，并将结果输出。因此，这种检测方式属于动态跟随检测和增量式检测。

8.4　线性旋转变压器

线性旋转变压器是由正余弦旋转变压器改变连接线而得到的。即将正余弦旋转变压器的定子 D_1-D_2 绕组和转子 Z_1-Z_2 绕组串联，并作为励磁的原边。定子交轴绕组 D_3-D_4 端短接作为原边补偿，转子输出绕组 Z_3-Z_4 端接负载阻抗 Z_L 如果将原边施加交流电压 U_{s1}后，转子 Z_3-Z_4 绕组所感应的电压 U_{R2}与转子转角 θ 有如下关系：

$$U_{R2}=\frac{K_u U_{s1}\sin\theta}{1+k_u\cos\theta} \tag{8.6}$$

式中，当变压比 K_u 取 0.56～0.59，则转子转角 θ 在±60°范围内，输出电压 U_{R2}随转角 θ 的变化将成良好的线性关系。如图 8.5 曲线所示。

输出电压 U_{R2}与转角 θ 成正比即 $U_{R2}=K\theta$ 的旋转变压器被称为线性旋转变压器。当转角 θ 很小时，$\sin\theta\approx\theta$，所以当正余弦旋转变压器的转角很小时，输出电压近似是转角的线性函数。但是，若要求在更大的角度范围内得到与转角成线性关系的输出电压，直接使用原来的正余弦旋转变压器就肯定不能满足要求。因此，将接线图改为图 8.6 的方式，与此图对应的表达式(8.6)就成了线性旋转变压器的原理公式。该式推导方法如下：

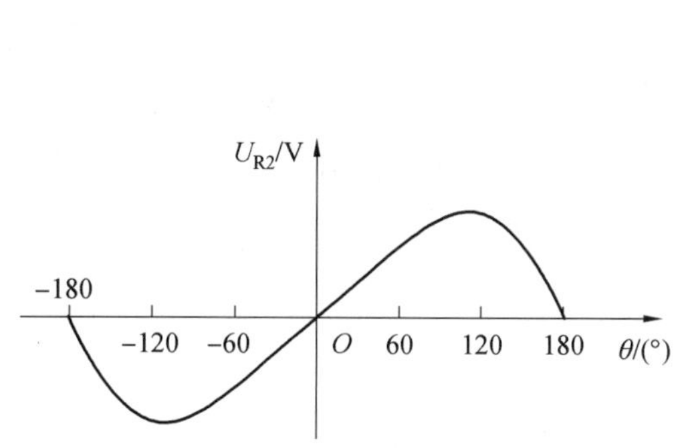

图 8.5　U_{R2}随转角 θ 的变化曲线

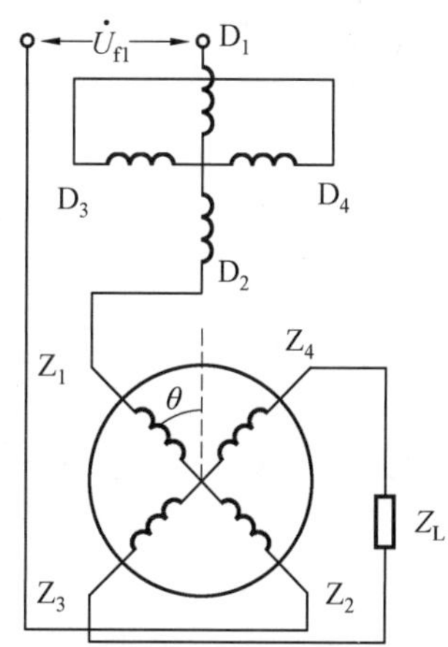

图 8.6　原边补偿的线性旋转变压器

在图 8.6 中，由于采用了原边补偿(当然也可采用副边补偿)，其交轴绕组被短接，即认为电源内阻抗 Z_n 很小。交轴绕组的作用抵消了绝大部分的交轴磁通，可以近似认为该旋转变压器中只有直轴磁通 φD。φD 在定子 D_1-D_2 绕组中感应电势 E_D，则在转子

Z_3-Z_4绕组中感应的电势为

$$E_{R2}=-k_u E_D\sin\theta$$

在转子 Z_1-Z_2绕组中感应的电动势为

$$E_{R1}=-k_u E_D\cos\theta$$

因为定子 D_1-D_2 绕组和转子 Z_1-Z_2 绕组串联，所以若忽略绕组的漏磁抗压降时，则有

$$U_{s1}=E_D+k_u E_D\cos\theta$$

又因为转子输出绕组的电压有效值 U_{R2} 在略去阻抗压降时就等于 E_{R2}，即

$$U_{R2}=-E_{R2}=k_u E_D\sin\theta$$

故以上两式的比值为

$$\frac{U_{R2}}{U_{s1}}=\frac{k_u\sin\theta}{1+k_u\cos\theta}$$

上式和式(8.6)是一致的，根据此式，当电源电压 U_{s1} 一定时，旋转变压器的输出电压 U_{R2} 随转角 θ 变化曲线与图 8.5 曲线一致。从数学推导可知，当转角 $\theta=\pm 60°$范围内，而且变压比 $K_u=0.56$ 时，输出电压和转角间的线性关系与理想直线相比较，误差远远小于 0.1%，完全可以满足系统要求。

8.5 多极和双通道旋转变压器

为了提高系统对检测的精度要求，采用了由两极和多极旋转变压器组成的双通道伺服系统。这样可以使精度从角分级提高到角秒级。双通道中粗测道由一对两极的旋转变压器组成，精测道由一对多极的旋转变压器组成。

对于多极旋转变压器来说，其工作原理和两极旋转变压器相同，不同的只是定、转子绕组所通过的电流会建立多极的气隙磁场。因此使旋转变压器输出电压值随转角变化的周期不同。

与自整角机的情况一样，当一对旋转变压器做差角测量时，其输出电压的大小是差角的正弦函数。两极和多极旋转变压器的不同之处是，两极时输出电压有效值。大小随差角做正弦变化的周期是 360°，多极时周期为 360°/p。亦即差角变化 360°时，多极的旋转变压器的输出电压就变化了 p 个周期，如图 8.7 所示，若用 θ 表示差角，用 $U_{2(1)}$、$U_{2(P)}$ 分别表示两极和多极旋转变压器输出电压的有效值，则

$$U_{2(1)}=U_{m(1)}\sin\theta \tag{8.7}$$

$$U_{2(p)}=U_{m(P)}\sin p\theta \tag{8.8}$$

式中 $U_{m(1)}$、$U_{m(p)}$——两极、多极旋转变压器的最大输出电压有效值。

注意到多极旋转变压器每对极在定子内圆上所占的角度 360°/p 指的是实际的空间几何角度，这个角度被称为机械角度。在四极及以上极数的电机中常常把一对极所占的 360°定义为电角度，这是因为绕组中感应电势变化一个周期为 360°对于两极电机，其定子内圆所占电角度和机械角度相等均为 360°；而 p 对极电机，其定子内圆全部电角度为 360°p，但机械角度却仍为 360°。所以二者存在以下关系：

电角度=机械角度×极对数

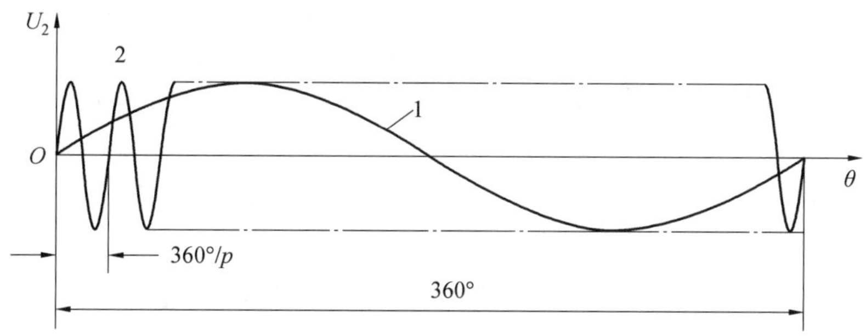

图 8.7　一对旋转变压器做差角测量时的输出电压波形

1—两极旋转变压器；2—多级旋转变压器

式中正弦函数所对应的角度实际上是用电角度表示的，这个电角度当然和电压(或电势、电流)的时间相位角是对应相等的。经比较可知，多极旋转变压器把两极时的角度放大了 p 倍。这就是采用多极旋转变压器组成的测量角度系统可以大幅度提高精度的原因。

提高精度的原因可以用图 8.8 的例子再加解释。图中曲线 1 表示做角度测量时两极旋转变压器的输出电压有效值波形，曲线 2 表示此时多极旋转变压器的输出电压有效值波形。设在 θ_0 角时，两极旋转变压器的输出电压 U_0 经放大后尚不能驱动交流伺服电动机。但如果改用多极旋转变压器，在同样的 θ_0 时，由于电角度比两极时放大到 p 倍，图中仍为 θ_0 处，所以输出电压 $U_{2(\mathrm{p})}=U_{\mathrm{m(p)}}\sin p\theta_0$ 的值比较高，即图中的 A 点。该点电压放大后可以使交流伺服电动机转动，直到 $U_{2(\mathrm{p})}=U_0$ 时才停转到图中 B 点。

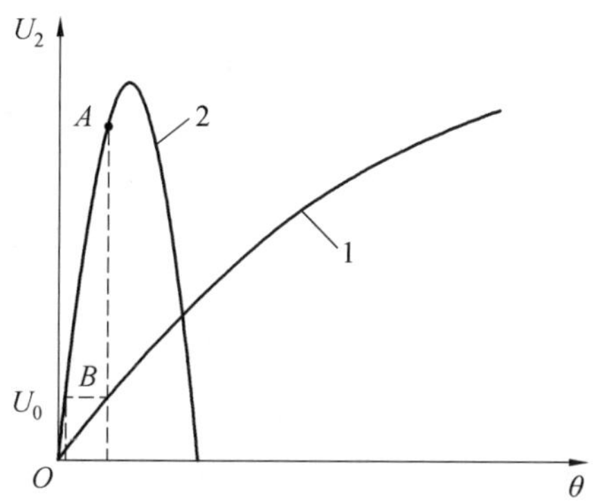

图 8.8　两极旋转变压器与多极旋转变压器的误差比较

用于电气变速的同步随动系统中的双通道旋转变压器，是由两极旋转变压器(粗机)和多极旋转变压器(精机)组合成一体的旋转变压器。从磁路组合情况可将它分为组装式和分装式两大类。组装式的定、转子装在同一机壳内，通过轴伸、啮合齿轮和主轴连接，并通过电刷和滑环引入或输出电信号；分装式的转子一般为大内孔，可直接套在被测装置的主轴上，省略了传动齿轮，有利于提高整体的精度，分装式结构通常不带电刷和滑环，而且便于与总机配套。

从机械组合情况看，又可将双通道旋转变压器分为平行式和重叠式两类。机械组合式的结构，其精机和粗机在电磁方面互不干扰，容易保证精机的精度，而且使粗精机零位可调。但是磁路组合式结构简单，工艺性好，体积小，是机械组合式所不及的。

多极旋转变压器除了上述粗精机组合在一起的组合结构外，也有单独精机结构的多极旋转变压器，其结构形式也可分为组装式和分装式两种。它和磁路组合式的结构基本上是一样的，只不过其定、转子绕组均为多极绕组，并非两极绕组。多极旋转变压器除了用于角度传输系统中之外，还可以用于解算装置和模数转换装置中。

8.6 感应移相器

感应移相器是在旋转变压器基础上演变而成的一种自控元件。它作为移相元件常用于测角或测距及随动系统中。其主要特点是输出电压的相位与转子转角成线性关系，而且其输出电压的幅值能保持恒定。

感应移相器的基本结构与旋转变压器相同，若将旋转变压器的输出绕组接上移相电路，如图 8.9 所示，当其中电阻 R 和电容 C 以及旋转变压器本身的参数满足一定的条件时，则旋转变压器就转变成感应移相器了。当定子边加上单相励磁电压 U_{f1} 时，感应移相器的输出电压 U_R 将是一个幅值不变、相位与转子转角 θ 呈线性关系的交流电压。

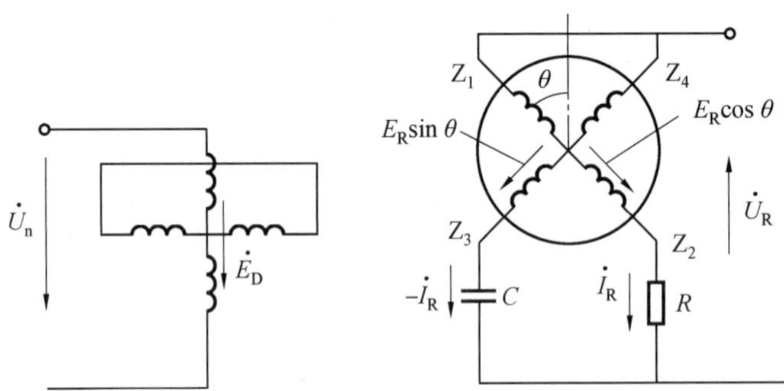

图 8.9　感应移相器工作原理图

先通过推导感应移相器空载时的输出电势来加以说明。为简便起见，忽略绕组的漏阻抗压降。按照分析变压器时的规定正方向，根据基尔霍夫第二定律列出该正方向下(如图 8.9)的转子边正、余弦绕组的电势平衡方程式：

$$U_R = E_R\cos\theta - I_R R \tag{8.9}$$

$$U_R = E_R\sin\theta - (-I_R)\frac{1}{j\omega C} \tag{8.10}$$

由于以上两式的右边均等于 U_R，故可将它们相等，从中解得

$$I_R = \frac{E_R\cos\theta - E_R\sin\theta}{R + \frac{1}{j\omega C}} \tag{8.11}$$

若使移相回路的参数能满足如下条件：

$$R = \frac{1}{\omega C},\quad R = X_C$$

$$I_R=\frac{E_R}{R}(\cos\theta-\sin\theta)\frac{1}{1-j} \tag{8.12}$$

将式(8.12)代入式(8.10)中得

$$U_R=\frac{E_R}{\sqrt{2}}e^{j(\theta-45^\circ)} \tag{8.13}$$

从最后结果看出,输出电压 U_R 可满足幅值不变的要求,而相位与转子转角 θ 成线性关系。

8.7　感应同步器

感应同步器是一种高精度测位用的机电元件,其基本原理是基于多极双通道旋转变压器之上。它的定、转子(或叫初、次级)绕组均采用了印制绕组,从而使之具有一些独有的特性,它广泛应用于精密机床数字显示系统和数控机床环伺服系统以及高精度随动系统中。感应同步器由几伏的电压励磁,励磁电压的频率为 10 kHz,输出电压较小,一般为励磁电压的 1/10 到几百分之一。感应同步器的结构型式有直线式和圆盘式两大类。

直线式感应同步器示意图如图 8.10 所示。它由定尺和滑尺组成,用于检测直线位移。定尺和滑尺的基板通常采用厚度约为 10 mm 的钢板,基板上敷有约 0.1 mm 厚的绝缘层,并粘压一层约 0.06 mm 厚的铜箔,采用与制造印制电路板相同的工艺做出感应同步器的印制绕组。为防止绕组损坏,在绕组表面再喷涂一层绝缘漆。图 8.10 仅显示定尺和滑尺的印制绕组。

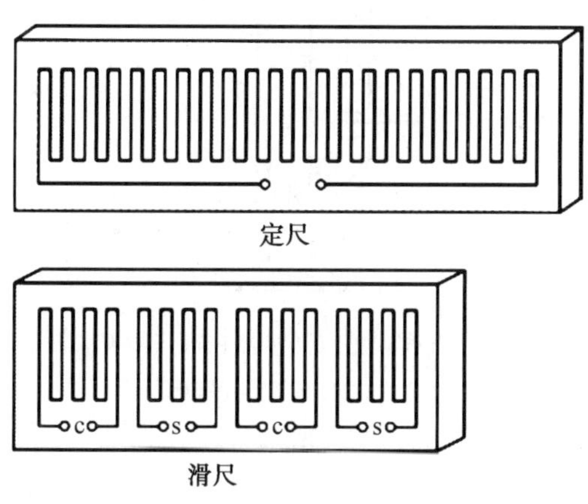

图 8.10　直线式感应同步器

由图 8.10 看出,定尺绕组为单相的,它由许多具有一定宽度的导片串联组成。一般导片间的距离定为 1 mm,定尺总长分别为 136 mm、250 mm、750 mm、1 000 mm 四种,最常用的是 250 mm。滑尺上有许多组绕组,图中 s、c 分别表示正弦和余弦绕组。由图 8.11 可知,所有各相绕组的导片分别各自串联,滑尺则构成两相绕组。

直线感应同步器在机床上安装使用时,如图 8.12 所示。将定尺 1 固定在机床的静止部件 3 上,滑尺 2 固定在机床的运动部件 5 上,两者相互平行,间隙约为 0.25 mm。定尺表面已喷涂一层耐热的绝缘漆,用以保护尺面。滑尺上还黏合一层铝箔以防止静电感应。

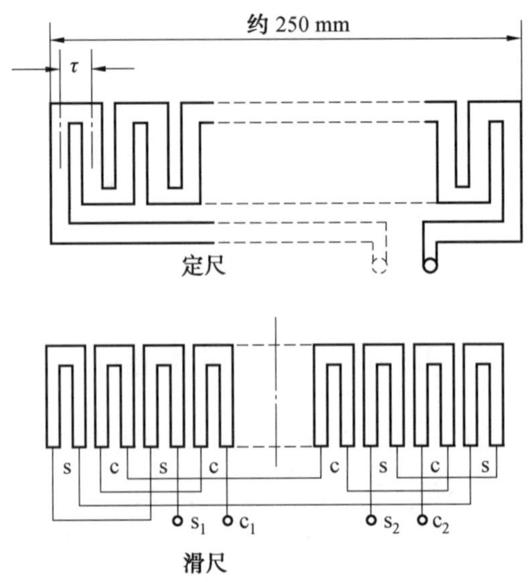

图 8.11　直线式感应同步器印制绕组

为了工作可靠，还装有保持罩 4，以防铁屑等异物落入而影响正常工作。直线性感应同步器的磁场如图 8.13 所示。

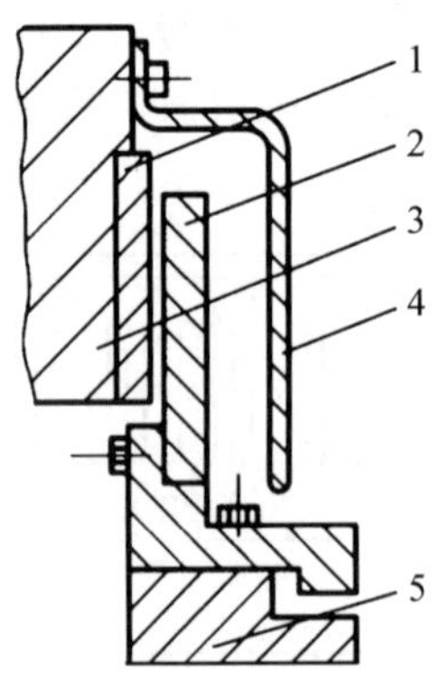

图 8.12　直线式感应同步器在机床的安装简图

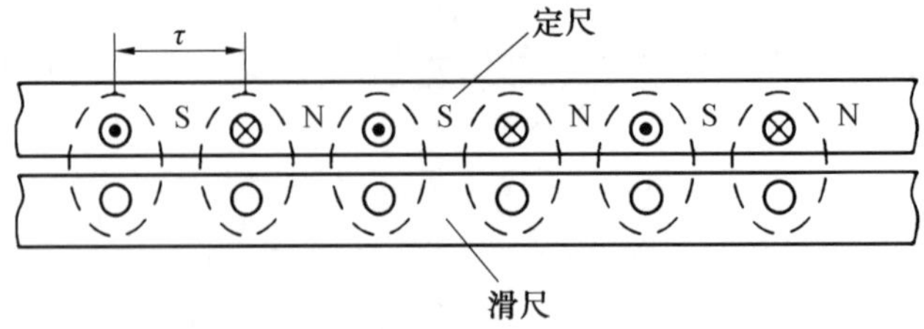

图 8.13　直线式感应同步器的磁场

滑尺导片电势也可用函数式来表示。首先将对应于位移 x 的电角度表达出来。已知一对极距离为 2τ，对应的电角度为 360°，那么，对应于位置 x（米）的电角度为

$$\theta=\frac{360^\circ}{2\tau}x=\frac{180^\circ}{\tau}x \quad (\text{电角度}) \tag{8.14}$$

然后就可以写出一个导片的感应电势有效值为

$$E=E_{1m}\cos\theta=E_{m}\cos\theta\left(\frac{180^{\circ}}{\tau}x\right) \tag{8.15}$$

式中，E_m 是一个导片在 $x=0$，2τ，4τ，…位置时感应电势的有效值，也是导片的最大有效值电势。滑尺上的余弦绕组是由许多导片串联起来的，如果导片数为 C，则余弦绕组总电势为

$$E_{c}=EC_{1}=E_{1m}C_{1}\cos\left(\frac{180^{\circ}}{\tau}x\right)=E_{m}\cos\left(\frac{180^{\circ}}{\tau}x\right) \tag{8.16}$$

式中　E——余弦绕组最大的相电势；

x——余弦绕组轴线相对励磁绕组轴线的位移。

由图 8.14 可知，正弦绕组 s 与余弦绕组 c 两轴线在空间移过半个极距即 $\tau/2$，亦即二者相差 90°电角度，故正弦绕组的感应电势表达式可以写成

$$E_{s}=E_{m}\cos\left(\frac{180^{\circ}}{\tau}x+90^{\circ}\right)=-E_{m}\sin\left(\frac{180^{\circ}}{\tau}x\right) \tag{8.17}$$

由以上两式可以看出，滑尺移动一对极距即 2τ 的长度，感应电势变化一个周期。若滑尺移动 p 对极距，则感应电势就变化 p 个周期。因此，感应同步器滑尺上正、余弦绕组的输出电势和多极旋转变压器的输出电势是完全相仿的，区别是这里用 $\frac{180^{\circ}}{\tau}x$ 来表示电角度。

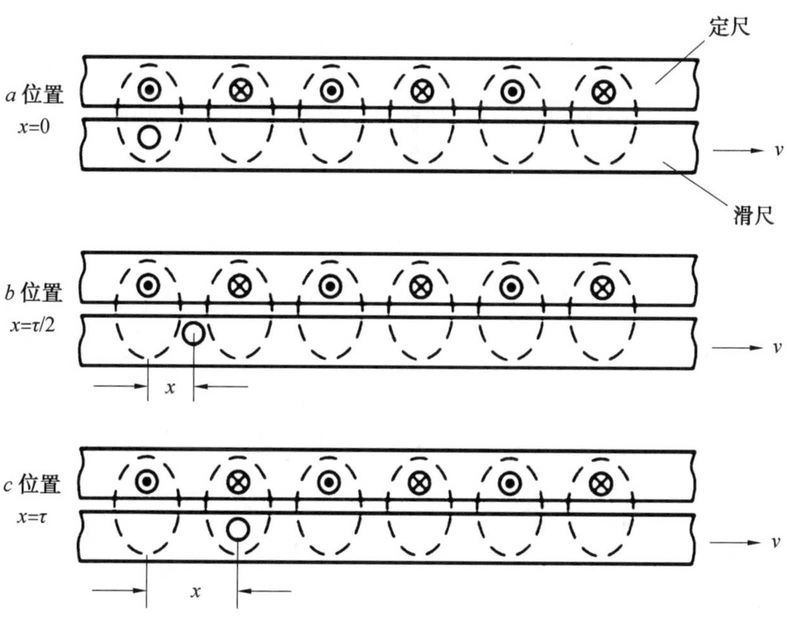

图 8.14　定、滑尺相对位置改变时滑片导片所匝链磁链的变化

第9章 自整角机

9.1 概　　述

自整角机是利用自整步特性将转角变为交流电压或由转角变为转角的感应式微型电机，在伺服系统中被用作测量角度的位移传感器。自整角机还可用以实现角度信号的远距离传输、变换、接收和指示。两台或多台电机通过电路的联系，使机械上互不相连的两根或多根转轴自动地保持相同的转角变化或同步旋转。电机的这种性能称为自整步特性。在伺服系统中，产生信号一方所用的自整角机称为发送机，接收信号一方所用自整角机称为接收机。

9.2 自整角机的类型和用途

1. 自整角机的类型

自整角机若按使用要求不同可分为力矩式自整角机和控制式自整角机两大类。若按结构、原理的特点又将自整角机分为控制式、力矩式、霍尔式、多极式、固态式、无刷式、四线式等七种。若按供电电源相数不同，自整角机有单相和三相之分。在自动控制系统中通常使用的自整角机，均由单相交流电源供电，故又称为单相自整角机。常用的电源额率有 50 Hz 和 400 Hz 两种。此外，按极数多少，自整角机可分为单对极和多对极；按有无集电环和电刷的滑动接触，可分为接触式和非接触式；按工作原理可分为旋转式和固态式（利用电力电子器件、微电子器件组成的非旋转式的数字型自整角机，适用于伺服系统的数字量控制）等。

控制式和力矩式是自整角机最常用的运行方式（如表 9.1）。无论自整角机作力矩式

表 9.1　自整角机的分类

分类		国内代号	国际代号
力矩式	发送机	ZLF	TX
	接收机	ZLJ	TR
	差动发送机	ZCF	TDX
	差动接收机	ZCJ	TDR
控制式	发送机	ZKF	CX
	变压器	ZKB	CT
	差动发送机	ZKC	CDX

运行或者是控制式运行，每一种运行方式在自动控制系统中自整角机通常必须是两个(或两个以上)组合起来才能使用，不能单机使用。若成对使用的自整角机按力矩式运行时，其中有一个是力矩式发送机，另一个则是力矩式接收机；而成双使用的自整角机按控制式运行时，其中必然有一个是控制式发送机，另一个则是控制式变压器。

2. 自整角机的用途

力矩式自整角机主要用于同步指示系统中，这类自整角机本身不能放大力矩，要带动接收机轴上的机械负载，必须由自整角机一方的驱动装置供给转矩。力矩式自整角机系统为开环系统，它只适用于接收机轴上负载很轻(如指针，刻度盘等)，且角度传输精度要求不高的系统，如远距离指示液面的高度、阀门的开度、电梯和矿井提升机的位置、变压器的分接开关位置等。

控制式自整角机主要用于由自整角机和伺服机构组成的随动系统中。其接收机的转轴不直接带动负载，即没有力矩输出，当发送机和接收机转子之间存在角度差(即失调角)时，接收机将输出与失调角呈正弦函数规律的电压，将此电压加给伺服放大器，用放大后的电压来控制伺服电动机，再驱动负载。与此同时接收机的转子也朝减小失调角的方向转动，直到接收机与发送机的转角差为零，即达到协调位置时，接收机的输出电压为零，使伺服电动机停止转动。由于接收机工作在变压器状态，通常称其为自整角变压器。控制式自整角机系统为闭环系统，它应用于负载较大及精度要求高的随动系统。

9.3　自整角机的基本结构

自整角机大都采用两极凸极或隐极结构，并且它的结构和一般旋转电机相似，主要由定子和转子组成。定子铁芯的内圆和转子铁芯的外圆之间存在有很小的气隙。定子和转子也分别有各自的电磁部分和机械部分。自整角机的结构简图如图 9.1 所示。

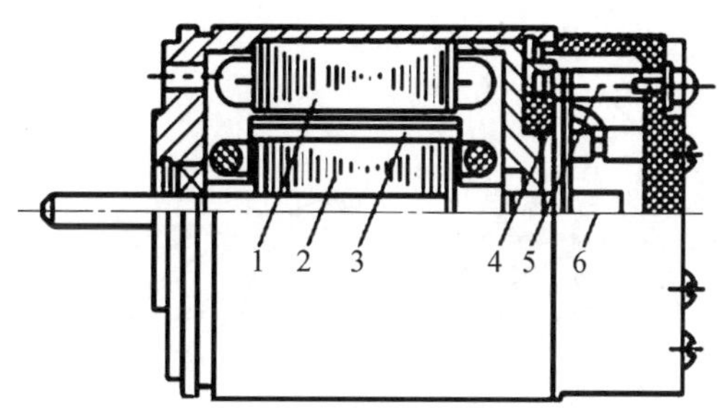

图 9.1　自整角机结构简图

1—定子；2—转子；3—阻尼绕组；4—电刷；5—接线柱；6—滑环

定子铁芯是由冲有若干槽数的簿硅钢片叠压而成，图 9.2(a)表示定子铁芯，图 9.2(b)表示定子铁芯冲片，图 9.2(c)、(d)表示转子(有隐极和凸极两种)剖视图。定子铁芯槽内布置有三相对称绕组，转子铁芯上布置有单相绕组(差动式自整角机为三相绕组)。

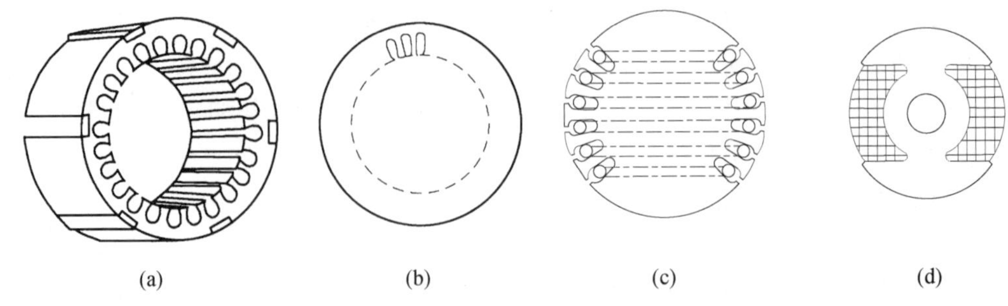

图 9.2 定子铁芯及冲片、转子剖视图

1. 凸极结构

控制式自整角发送机和容量较小的力矩式自整角机，其定子均采用隐极结构，嵌有星形联结的三相绕组，称为整步绕组。转子为凸极结构，嵌有单相集中绕组作为励磁绕组。由于励磁绕组在转子上，故转子质量轻、集电环少、摩擦转矩小、精度高、可靠性因集电环少也提高了。但励磁绕组长期经电刷和集电环通入励磁电流，接触处长期发热易烧坏，适用于小容量角传送系统中。

当力矩式自整角机的容量校大时，转子采用隐极结构，放置三相整步绕组，而定子采用凸极的结构。这种结构的优点是改善了平衡条件，集电环和电刷仅在转子转动时才有电流通过。但存在转子质量大，集电环多、摩接转矩大、精度低等缺陷。

2. 隐极结构

隐极式自整角机的定子和转子示意图如图 9.3 所示，其中沿定子内圆各槽内均匀分布有三个(也可称为三相)排列规律相同的绕组，每相绕组的匝数相等，线径和绕组形式均相同，三相空间位置依次落后 120°，这种绕组就称之为三相对称绕组，如图 9.4 所示。设每相绕组集中成一个线圈，该线圈首、末端用 D_1-D_4 表示，另两个线圈的首末端也就分别用 D_2-D_5 和 D_3-D_6 表示。

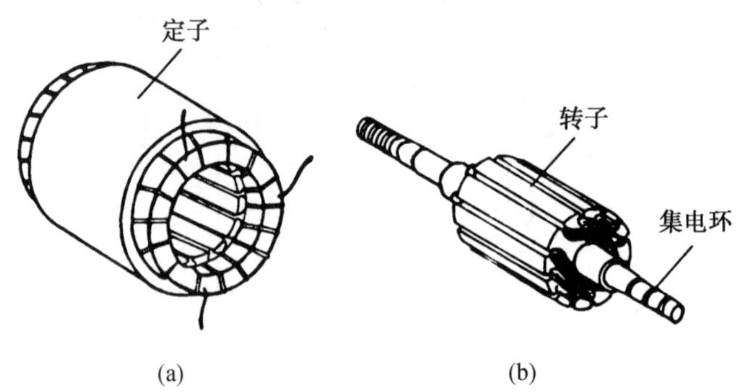

图 9.3 隐极式自整角机的定子和转子

为构成星形连接，将 D_4、D_5、D_6 短接在一起，首端 D_1、D_2、D_3 则引出(到接线板)，如图 9.4 中的定子上的三根悬空线。

差动发送机和接收机因定、转子上都有三相对称绕组，因此，均采用图 9.5 所示的隐极结构，转子三相绕组通过三个集电环引出。

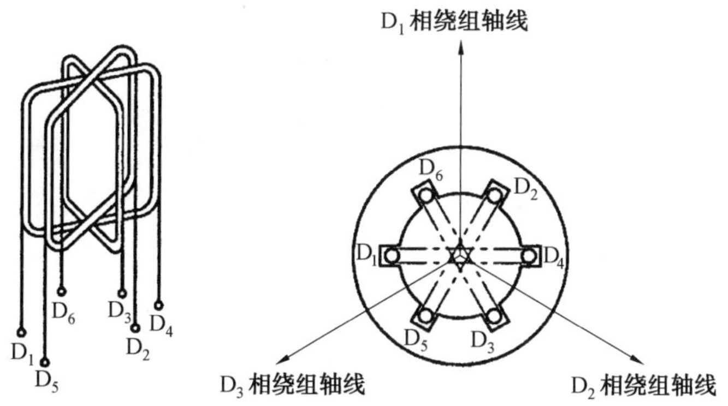

图 9.4　三相对称绕组示意图

控制式自整角变压器也采用隐极结构。定子为三相对称绕组，转子隐极铁芯上放置单相高精度正弦绕组作为输出绕组，以提高电气精度和降低零位电压。

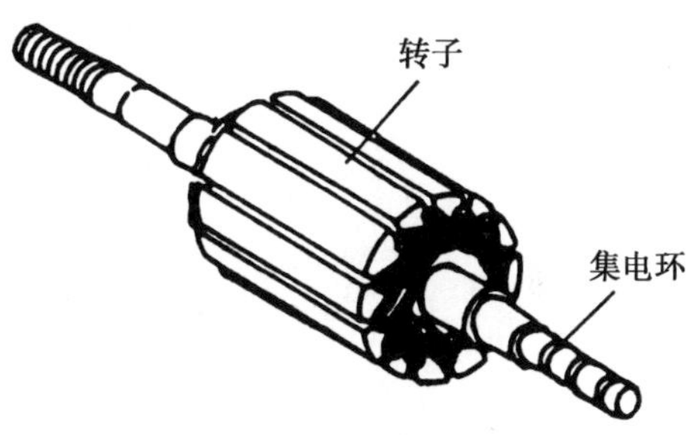

图 9.5　差动式自整角机的转子结构

3. 非接触结构

非接触结构去掉了集电环和电刷，因不存在滑动接触，故具有可靠性高，寿命长、不产生无线电干扰等优点；缺点是结构较复杂、电气性能指标稍差。新一代非接触式自整角机电气误差可小于 5′，与接触式相近，因此在军事设备、航空航天、重要工业的装置中已逐渐代替接触式结构，以满足可靠性要求。

9.4　控制式自整角机的工作原理

在自整角机中，通常以 S_1 相绕组轴线与励磁绕组轴线之间的夹角作为转子的位置角，如图 9.6 中的 θ_1 和 θ_2。把这两个轴线重合的位置叫作基准零位，S_1 相称为基准相，并规定顺时针方向转角为正，两个转子转角之差 $(\theta_1-\theta_2)$ 称为失调角。

自动控制系统中，控制式自整角机运行时必须是两个或两个以上组合使用。以下我们以控制式自整角机 ZKF 和 ZKB 成对运行为例来分析其工作原理。图 9.6 为控制式自整角机的工作原理图。图中 ZKF 为控制式自整角机的发送机，ZKB 为控制式自整角机的接收机，也称为自整角变压器。ZKB 的转子绕组已从电源断开它将角度传递变为电信号输出，然后通过放大器去控制一台伺服电机，而且转子轴线位置预先转过了 90°。如果 ZKB 转子仍按图 9.6 的起始位置，则当 ZKF 转子从起始位置逆时针方向转 θ_1 角时，转子输出绕组中感应的变压器电动势将为失调角的余弦函数，当 $\theta_1=0°$时，输出电压为最大。当 θ_1 增大时输出电压按余弦规律减小，这就给使用带来不便，因随动系统总希望当失调角为 0 时，输出电压为 0，只有存在失调角时，才有输出电压，并使伺服电机运转。此外，当发送机由起始位置向不同方向偏转时，失调角虽有正负之分，但因 $\cos\theta_1=\cos(-\theta_1)$，输出电压都一样，便无法从自整角变压器的输出电压来判别发送机转子的实际偏转方向。为了消除上述不便，将接收机转子预先转过 90°，这样自整角变压器转子绕组输出电压信号为：$E=E_m\sin\theta_1$，式中 E_m 表示 ZKB 转子绕组感应电动势最大值。该电压经放大器放大后，接到伺服电机的控制绕组，使伺服电机转动。伺服电机一方面拖动负载，另一方面在机械上也与自整角变压器转子相连，这样就可以使得负载跟随发送机偏转，直到负载的角度与发送机偏转的角度相等为止。

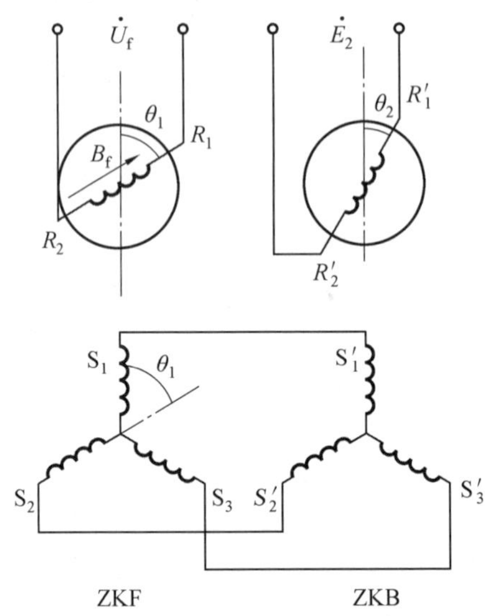

图 9.6 控制式自整角机的工作原理图

9.4.1 发送机 ZKF 的定子磁场

接下来将进行深入的分析，了解定子合成磁场及输出电压与失调角之间的关系。

1. 定子电动势

当 ZKF 的励磁绕组接通电流后，便产生一个在其轴线上脉振的磁场 B_f。因为控制式自整角发送机整步绕组中的电动势是由同一个励磁绕组的脉振磁场所感应的，所以在各相绕相中感应出同相位的变压器电动势，而各相中电动势的大小与绕组在空间的位置有关。由于三相定子绕组是对称的，S_2 相绕组超前 S_1 相绕组 120°，S_3 相绕组滞后 S_1 相绕组 120°。在 θ_1 任意时，各相绕组匝链的励磁磁通幅值分别为

$$\left.\begin{aligned}\Phi_1&=\Phi_m\cos\theta_1\\\Phi_2&=\Phi_m\cos(\theta_1+120°)\\\Phi_3&=\Phi_m\cos(\theta_1-120°)\end{aligned}\right\}\tag{9.1}$$

以上磁通必然在定子三相绕组中感应电动势，这种感应电动势是由于线圈中磁通交变所引起的，所以也称为变压器电动势。根据 $E=4.44fN\Phi$ 可知，在 ZKF 定子各绕组中的感应电动势有效值分别为

$$\left.\begin{aligned}E_1&=E\cos\theta_1\\E_2&=E\cos(\theta_1+120^\circ)\\E_3&=E\cos(\theta_1-120^\circ)\end{aligned}\right\}\tag{9.2}$$

式中，E 为定子绕组轴线和转子励磁绕组轴线重合时该项电动势有效值，也是定子绕组的最大相电势；N_s 为定子绕组每相的有效匝数，$E=4.44fN_s\Phi_m$。

2. 定子电流

由于 ZKF 与 ZKB 的整步绕组相互对应连接，这些电动势必定在定子绕组回路中产生电流，如图 9.7 所示。

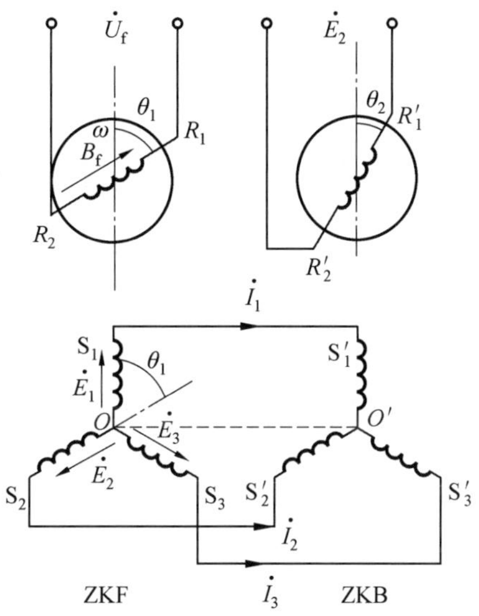

图 9.7　定子绕组中的电动势及电流

为了计算各项电流，暂设两电机定子绕组中的 O、O' 之间有连线，如图 9.7 中的虚线，这样电流流向就显而易见了。

根据电路的基本定律，各相电流分别为

$$\left.\begin{aligned}I_1&=\frac{E_1}{Z}=\frac{E\cos\theta_1}{Z}=I\cos\theta_1\\I_2&=\frac{E_2}{Z}=\frac{E\cos(\theta_1+120^\circ)}{Z}=I\cos(\theta_1+120^\circ)\\I_3&=\frac{E_3}{Z}=\frac{E\cos(\theta_1-120^\circ)}{Z}=I\cos(\theta_1-120^\circ)\end{aligned}\right\}\tag{9.3}$$

式中，Z 为 ZKF 相绕组的阻抗 Z_f、ZKB 相绕组的阻抗 Z_B 和连接线的抗 Z_L 之和，即 $Z_F+Z_B+Z_L$；$I=E/Z$ 为相电流幅值。

由图 9.7 可以看出，流出中线的电流 $I_{O'O}$ 应该为 I_1、I_2、I_3 之和

$$I_{O'O}=I_1+I_2+I_2=I_1\cos\theta_1+I_2\cos(\theta_1+120^\circ)+I_3\cos(\theta_1-120^\circ)=0\tag{9.4}$$

上式表明，中线没有电流，因此就不必接中线，这也就是自整角机的定子绕组只有三根引出线的原因。

3. 定子磁场

很显然定子三相电流在时间上同相位，各自在自己的相轴上产生一个脉振磁场，磁场的幅值正比于各相电流，即 $B_m = K\sqrt{2}I$，于是三个脉振磁场可分别写成

$$\left.\begin{aligned} B_1 &= B_m \cos\theta_1 \sin\omega t \\ B_2 &= B_m \cos(\theta_1 + 120°)\sin\omega t \\ B_3 &= B_m \cos(\theta_1 - 120°)\sin\omega t \end{aligned}\right\} \tag{9.5}$$

ZKF 定子各相绕组脉振磁场的磁通密度用向量$\boldsymbol{B}_1$、$\boldsymbol{B}_2$和$\boldsymbol{B}_3$表示，如图 9.8 所示，此时发送机的转子轴线相对定子 S_1 轴线的夹角为 θ_1。

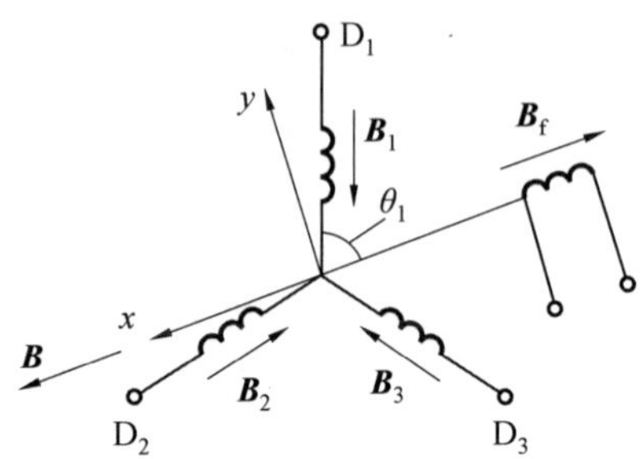

图 9.8　定子磁场的分解与合成

得到合成磁场的大小和位置，可沿励磁绕组轴线作 x 轴，并作 y 轴与之正交，先把$\boldsymbol{B}_1$、$\boldsymbol{B}_2$和$\boldsymbol{B}_3$分解为 x 轴分量和 y 轴分量，然后再合成。

$$\left.\begin{aligned} B_{1x} &= B_1\cos\theta_1 \\ B_{1y} &= -B_1\sin\theta_1 \\ B_{2x} &= B_2\cos(\theta_1 + 120°) \\ B_{2y} &= -B_2\sin(\theta_1 + 120°) \\ B_{3x} &= B_3\cos(\theta_1 - 120°) \\ B_{3y} &= -B_3\sin(\theta_1 - 120°) \end{aligned}\right\} \tag{9.6}$$

x 轴方向总磁通密度为

$$B_x = B_{1x} + B_{2x} + B_{3x} = B_1\cos\theta_1 + B_2\cos(\theta_1 + 120°) + B_3\cos(\theta_1 - 120°)$$

将式(9.6)代入上式得

$$B_x = B_m[\cos^2\theta_1 + \cos^2(\theta_1 + 120°) + \cos^2(\theta_1 - 120°)]\sin\omega t$$

利用三角公式$\cos^2\theta = \dfrac{1+\cos(2\theta)}{2}$，计算得$[\cos^2\theta_1 + \cos^2(\theta_1 + 120°) + \cos^2(\theta_1 - 120°)] = \dfrac{3}{2}$，则有

$$B_x = \frac{3}{2}B_m \sin\omega t \tag{9.7}$$

同理得 y 轴方向总磁通密度为

$$\begin{aligned} B_y &= B_{1y} + B_{2y} + B_{3y} = -B_1\sin\theta_1 - B_2\sin(\theta_1 + 120°) - B_3\sin(\theta_1 - 120°) \\ &= \frac{B_m}{2}[\sin(2\theta_1) + \sin 2(\theta_1 + 120°) + \sin 2(\theta_1 - 120°)]\sin\omega t \end{aligned} \tag{9.8}$$

利用三角公式可证明上式方括号内三项之和等于零，所以 $B_y=0$。合成磁场为

$$B=B_x+B_y=\frac{3}{2}B_m\sin\omega t \tag{9.9}$$

由上面的分析结果可知：

(1)由于合成磁场空间位置不变，磁场大小为时间的正弦函数，所以定子合成磁场仍为脉振磁场。合成磁场与励磁磁场在同一轴线上，但二者方向相反。

(2)合成磁场的磁通密度的幅值为 $\frac{3}{2}B_m$，它的大小与转子相对定子的位置角 θ_1 无关。

合成磁场磁通密度的幅值从物理本质上去理解，ZKF 相当于一台变压器，励磁绕组为一次侧，三相对称定子绕组为二次侧，一、二次侧的电磁关系也就类似变压器。定子合成磁场必定对励磁磁场起去磁作用。当励磁电流的瞬时值增加时，定子合成磁场也增加，但方向与励磁磁场方向相反，如图 9.9 所示。

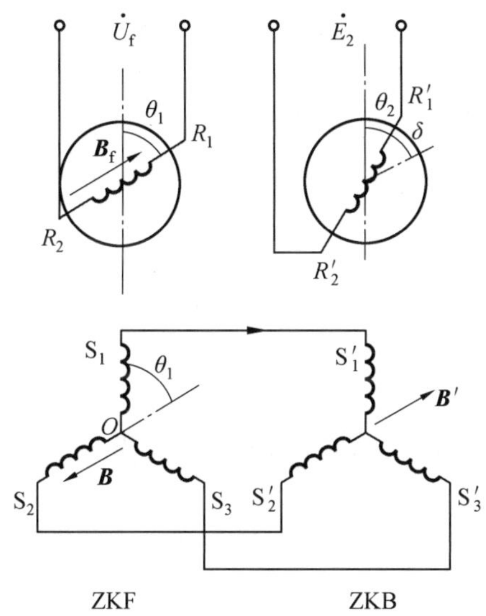

图 9.9　自整角机定、转子磁场关系

9.4.2　接收机 ZKB 的定子磁场

ZKB 的三相绕组与 ZKF 的三相绕组中流过的是同一电流，故 ZKB 的定子合成磁场也是脉振磁场，其大小与 ZKF 的定子合成磁场相等、轴线与 S'_1 相绕组轴线的夹角也为 θ_1。但由于电流方向相反，所以合成磁场 $\boldsymbol{B}'$ 的方向与 $\boldsymbol{B}$ 的方向相反，如图 9.9 所示。

显然，ZKB 的定子绕组为一次侧，转子单相绕组为二次侧。由于 ZKB 的二次侧输出绕组轴线与定子 S'_1 相绕组轴线的夹角为 θ_2，所以定子合成磁场的轴线与输出绕组轴线的夹角为 $\theta_1-\theta_2$，也就是发送轴与接收轴的转角差 δ。

9.4.3　ZKB 的输出电动势

当 ZKB 定子合成磁场的轴线与输出绕组轴线的夹角 $\theta_1-\theta_2=\delta$ 时，合成磁场在输出

绕组中感应电动势的有效值为

$$E_2 = E_{2\max}\cos\delta \tag{9.10}$$

式中，$E_{2\max}$是定子合成磁场轴线与输出绕组轴线重合时的感应电动势。当自整角发送机的励磁电压一定，且一对自整角机的参数一定时，$E_{2\max}$为常数。

由式(9.10)可以看出，输出电动势与转角差δ的余弦成正比。当$\delta=0$，即$\cos\delta=1$时，此时自整角变压器处在协调位置，输出电压达到最大值。而随动系统一般要求当失调角为零时，输出电压为零，即无电压信号输出。另外希望控制电压能够反映发送机的转向。而式(9.10)中，$\cos(-\delta)=\cos\delta$无论失调角是正是负，输出电压极性不变。为此，在实际使用ZKB时，需要把转子由原先规定的起始协调位置(即S'_1的位置)转过90°电角度，即把输出电压为零的位置作为新初始协调位置，把偏离此位置的角度γ称为失调角，如图9.8所示。此时$\delta=\gamma-90°$，于是自整角变压器输出电压为

$$E_2 = E_{2\max}\cos(\gamma-90°) = E_{2\max}\sin\gamma \tag{9.11}$$

式(9.11)表明，ZKB的输出电动势E_2与失调角γ的正弦成正比，其相应的曲线如图9.9所示。若$0°<\gamma<90°$，失调角γ增大，输出电动势E_2也增大；若$90°<\gamma<180°$，输出电动势E_2将随失调角增大而减小；$\gamma=180°$时，输出电动势E_2又变为0。但是，当失调角γ变负时，输出电动势E_2的相位将反相。

由于系统的自动跟随作用，失调角γ一般很小，可近似认为$\sin\gamma=\gamma$，ZKB的输出压为

$$U_2 = E_2 = E_{2\max}\sin\gamma \tag{9.12}$$

式中，γ用弧度表示。这样输出电压的大小直接反映发送轴与接收轴转角差值的大小。当$\gamma\leqslant 10°$时，所造成的误差不大于0.6%。

9.5 带有控制式差动发送机的控制式自整角机

在随动系统中，有时需要传递两个转轴的角度和或者角度差，这就要在上述控制式自整角机对ZKF和ZKB之间串入一台差动发送机ZKC，做差动运行，如图9.10所示。ZKB的输出电动势如图9.11所示。

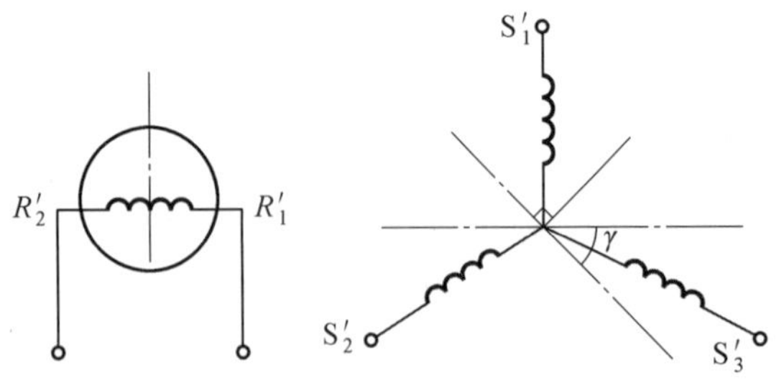

图9.10 控制式自整角机的协调位置

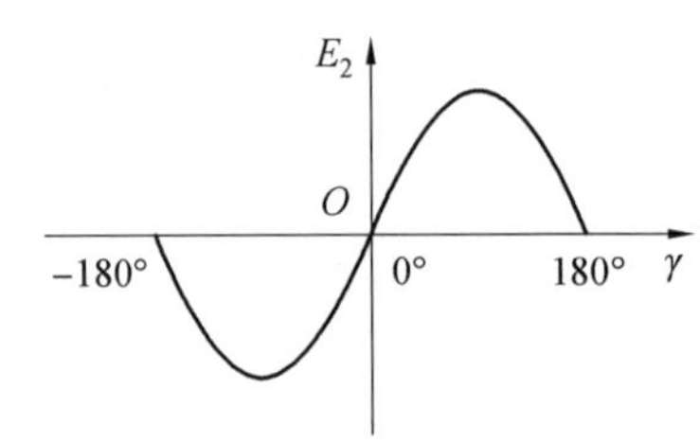

图9.11 ZKB的输出电动势

9.5.1 工作原理

带有差动发送机(ZKC)的控制式自整角机工作原理如图9.12所示。这里有两只发

送机，一只是普通的自整角发送机(ZKF)，另一只则是控制式差动发送机(ZKC)。自整角变压器(ZKB)用来输送电压。在图 9.12 中，ZKB 输出绕组轴线与其 S'_1 相轴线相互垂直，ZKF 转轴输入 θ_1 角，ZKC 转轴输入 θ_2 角。根据前面的分析结果可知，ZKC 定子绕组产生的合成磁场 $\boldsymbol{B}$ 与定子 S_{C1} 相轴线的夹角为 θ_1。$\boldsymbol{B}$ 作为 ZKC 的励磁磁通，在它的转子三相绕组中产生感应电动势。由于 ZKC 转子三相绕组是对称的，所以其电流产生的合成磁场 $\boldsymbol{B}'$ 必定与激励它的励磁磁通 $\boldsymbol{B}$ 反向，如图 9.10 所示。ZKC 定子绕组所产生的磁场 $\boldsymbol{B}$ 与 ZKC 转子绕组 R_{C1} 的夹角为 $\theta_1-\theta_2$，所以 ZKC 转子绕组所产生的磁场 $\boldsymbol{B}'$ 必定与转子绕组 R_{C1} 的夹角为 $180°-(\theta_1-\theta_2)$。因为 ZKC 转子三相绕组和 ZKB 定子三相绕组对应连接，所以它们对应相的电流大小相等、方向相反，因此同一电流在 ZKB 定子三相绕组中所产生的磁场 $\boldsymbol{B}'$ 必定与 S'_1 相绕组轴线夹角为 $\theta_1-\theta_2$。此磁场作为 ZKB 励磁磁场，它与输出绕组 $R'_1-R'_2$ 轴线的夹角为 $90°-(\theta_1-\theta_2)$，因此，输出电动势 $E_2=E_{2\max}\cos[90°-(\theta_1-\theta_2)]=E_{2\max}\sin(\theta_1-\theta_2)$。输出电动势经放大器放大后，加到交流伺服电动机的控制绕组，交流伺服电动机就带动 ZKB 按顺时针方向转动，当转过 $\theta_1-\theta_2$ 角度时，由于 ZKB 的励磁磁场磁通密度向量 $\boldsymbol{B}'$ 和输出绕组轴线垂直，输出电动势 $E_2=0$，电动机就不再转动了。可见，通过这样一个系统可以实现两发送轴角度差的传递。

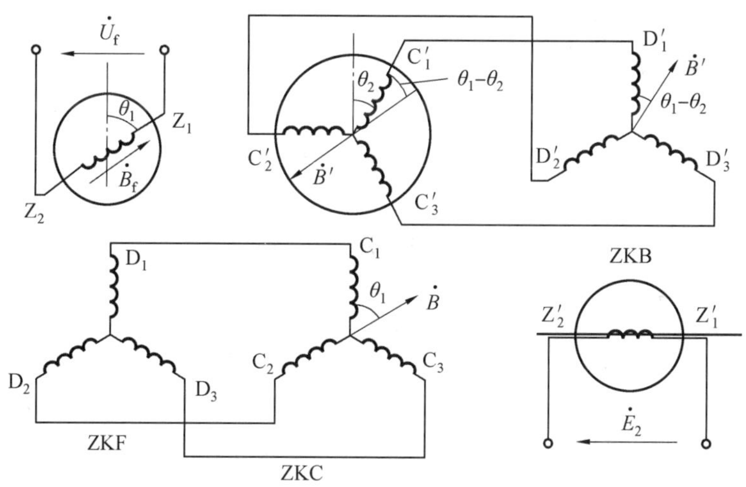

图 9.12　带有 ZKC 的控制式自整角机工作原理图

如果 ZKC 从初始位置按逆时针方向转过 θ_2(ZKF 仍按顺时针方向转过 θ_2)，则自整角变压器转过 $\theta_1+\theta_2$。其分析方法同上，此时可实现两发送轴角度和的传送。

9.5.2　控制式自整角机的应用

在图 9.13 组成的系统中，船舶在航行，船上天线由马达驱动也在旋转，天线与正北方向之间的方位角叫作真方位角。真方位角等于航向角 γ(船舶航行方向相对于正北的航向角度)与天线偏转角 δ(天线相对于船首的偏转角度)的和或差。图 9.13 中通过自整角发送机用于传送天线偏转角 δ；并同航向角 γ 一起输入到差动发送机中进行和差运算并决定了差动发送机的转子偏转角；这时控制式自整角机的接收机转轴没有力矩输出，不直接带动负载。当差动发送机和接收机转子间存在角度差时，在接收机转子绕组上将有与此角度差呈正弦函数关系的电压输出；将此电压放大后加到伺服电动机上，使伺服电动机带动雷达显示器的偏转线圈随天线做同步转动，得到天线真方位角的显示；伺服电动机还同时使接收机自身的转子转动以使接收机与发送机间的角度差减少，与此同时接收机输出的电压也逐渐减少，当角度差减少到零时，接收机输出的电压也为零，此时伺服电动机立即停转；发送机和接收机的转子处于新的相对应的转角位置上，负载也转过相应的角度。

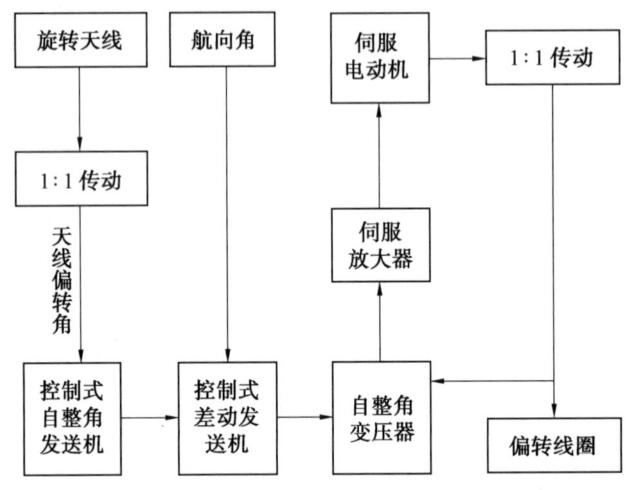

图 9.13　传动比为 1 的齿轮传动

9.6　力矩式自整角机

9.6.1　力矩式自整角机的工作原理

在自动装置、遥测和遥控系统中，常需要在一定距离以外（特别是危险环境）监视和控制人无法接近的设备，以便了解它们的位置（如高度、深度、开启度等）和运行情况。在这种情况下，利用发送机 ZLF 和接收机 ZLJ 组成的角度传输系统是最合适的，它们的励磁绕组接入同一单相交流电源，三相整步绕组按相序对应相接，其工作原理图如图 9.14 所示。图中这一对力矩式自整角机的结构参数、尺寸等完全一样。为简明起见，忽略磁路饱和的影响，应用叠加原理分别考虑 ZLF 励磁磁通和 ZIJ 励磁磁通的作用。

只有 ZLF 励磁绕组接通电源，将接收机 ZLJ 励磁绕组开路，此时所发生的情况与控制式运行时相同，即 ZLF 转子励磁磁通在其定子绕组中产生感应电动势，因而在 ZLF、ZLJ 定子绕组中流过电流，这些电流在 ZLF 气隙中形成与其励磁磁场 $\boldsymbol{B}_f$ 轴线一致、方向相反的合成磁场 $\boldsymbol{B}$，从而在 ZLF 气隙中形成合成磁场 $\boldsymbol{B}$，该磁场的轴线偏离 S'_1 绕组轴线的角度与 ZLF 中定子合成磁场 $\boldsymbol{B}$ 偏离 S_1 绕组轴线的角度相同，但方向相反，如图 9.14 所示。

然后只将 ZLJ 单独励磁，ZLF 励磁绕组开路。同理，此时 ZLJ 中的情况与上述 ZLF 中的情况一样，而 ZLF 中的情况与上述 ZLJ 中的情况一样，即 ZLJ 定子合成磁场 $\boldsymbol{B}'$ 与

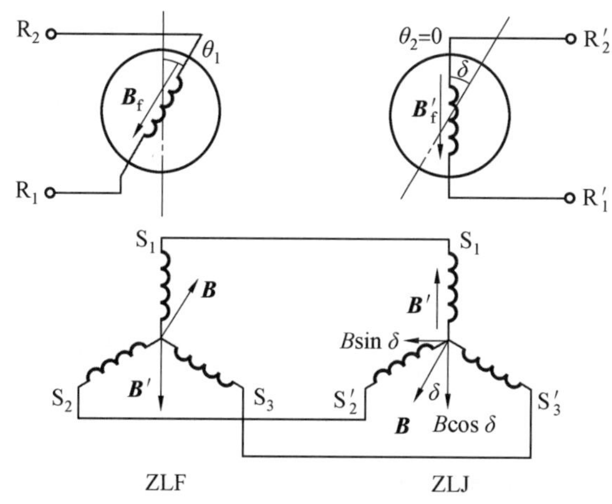

图 9.14　力矩式自整角机原理图

ZLJ 的励磁磁场 $\boldsymbol{B}'_{\mathrm{f}}$ 方向相反，而 ZLF 定子合成磁场 $\boldsymbol{B}'$ 的方向与 ZLJ 气隙中形成合成磁场方向相反。

实际运行时，ZLF 和 ZLJ 同时励磁，ZLF 和 ZLJ 定子绕组同时产生磁场 $\boldsymbol{B}$、$\boldsymbol{B}'$，因此定子绕组所产生的合成磁场应该是 $\boldsymbol{B}$ 和 $\boldsymbol{B}'$ 的叠加。为分析方便，把 ZLJ 中的 $\boldsymbol{B}$ 向量分解成两个分量：

(1)一个分量与转子绕组轴线一致，其长度用 $B\cos\delta$ 表示，因此在转子绕组轴线方向上，此定子合成磁通密度向量的长度为 $B'-B\cos\delta$。因为 $B'=B$，所以 $B'-B\cos\delta=B(1-\cos\delta)$。其方向与 ZLJ 励磁磁密向量 $\boldsymbol{B}'_{\mathrm{f}}$ 相反，起去磁作用。当然，它不会使 ZLJ 的转子旋转。

(2)另一个分量与转子绕组轴线垂直，其长度用 $B\cos\delta$ 表示。

定子合成磁场与转子电流相互作用可认为是定子磁场的直轴分量 $B(1-\cos\delta)$ 与转子电流 i_{f} 以及其交轴分量 $B\sin\delta$ 与转子电流 i_{f} 之间相互作用的结果。由图 9.15(a)可以看出，磁场的直轴分量 $B(1-\cos\delta)$ 与 i_{f} 相互作用产生电磁力，但不产生转矩；交轴分量 $B\cos\delta$ 与 i_{f} 相互作用产生转矩，如图 9.15(b)所示，转矩的方向为顺时针，即该转矩使 ZLJ 转子向失调角减小的方向转动。当失调角 δ 减小到零时，磁场的交轴分量 $B\sin\delta$ 为零，即转矩为零，使 ZLJ 转子轴线停止在与 ZLF 转子轴线一致的位置上，即达到协调位置。这种使自整角机转子自动转向协调位置的转矩称为整步转矩。可见，ZLJ 是在整步转矩作用下，实现其自动跟随作用的。

力矩式自整角机的接收机转子在处于失调位置时，将产生转矩使接收机转子转动到失调角为零，该转矩是由电磁作用产生，起整步作用，称之为整步转矩 T，T 的大小与 $B\sin\delta$ 成正比，即 $T=K\sin\delta$。当失调角 δ 很小时，$\sin\delta\approx\delta$，则

$$T=K\delta \tag{9.13}$$

根据上述分析可知，当出现失调时，ZLF 中也会产生整步转矩。整步转矩的方向也是向着减小失调角 δ 的方向。

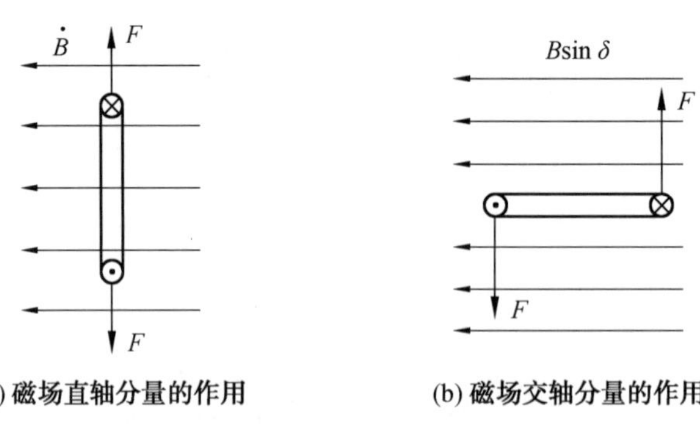

图 9.15　转子电流与定子磁场相互作用产生转矩

9.6.2　力矩式自整角机的差动运行

当需要指示的角度为两个已知角的和或差时，可以在一对力矩式自整角机之间加入一台力矩式差动发送机 ZCF，构成差动发送机系统。也可以在一对力矩式自整角机之间加入一台力矩式差动接收机 ZCJ，构成差动接收机系统。在随动系统中，通常采用差动发送机系统。

在差动发送机系统中，力矩式差动发送机 ZCF 的结构与控制式差动发送机 ZKC 极为相近，转子采用隐极式，且定、转子都有三相对称绕组。ZLF 和 ZLJ 的励磁绕组接同一交流电源励磁，它们的整步绕组分别与 ZCF 的定子和转子三相绕组对应连接，如图 9.16 所示。以下分析该差动系统的工作原理。

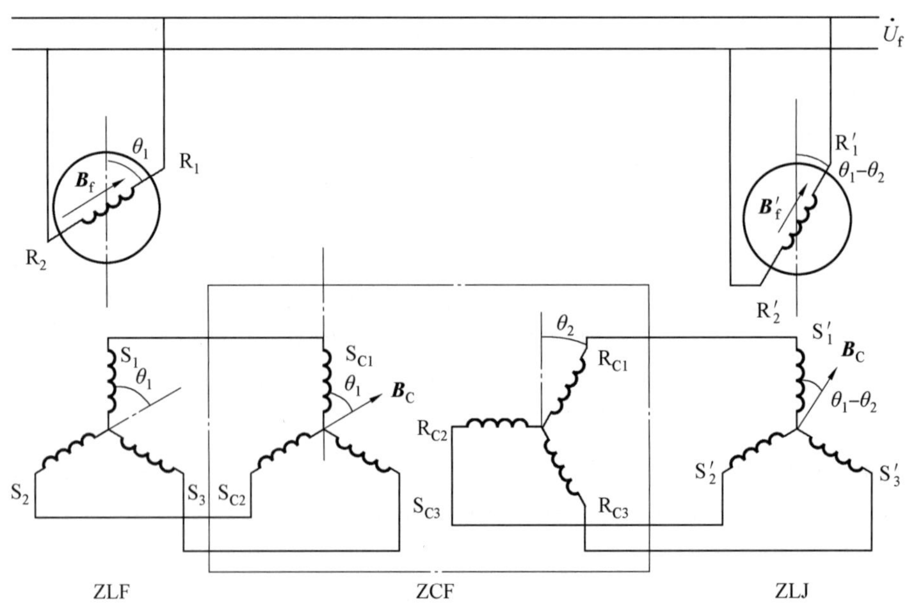

图 9.16　带有 ZFC 的力矩式自整角机系统

若 ZLF 的转子从基准零位（定子 S_1 相轴线）顺时针转过 θ_1 角度，差动发送机 ZCF 的转子从基准零位（定子 S_{C1} 相轴线）顺时针转过 θ_2 角度，而接收机 ZLJ 的转子从基准零位

(定子 S'_1 相轴线)转过 $\theta_3=\theta_1-\theta_2$ 角度。按自整角机的作用原理可画出此刻空间磁密向量的分布。显然,由于 ZLF 励磁后在 ZKC 定子中产生磁密向量 $\boldsymbol{B}_c$ 与 S_{C1} 相轴线的夹角为 θ_1,而 ZCF 因转子已顺时针转过 θ_2,使 $\boldsymbol{B}_C$ 向量与 S'_1 相轴线的夹角为 $\theta_1-\theta_2$,于是 ZLJ 转子必然从 S'_1 相轴线转过 $\theta_1-\theta_2$ 达到协调位置。此时该差动系统的失调角 $\delta=0$,ZLJ 停止在 $\theta_1-\theta_2$ 的位置。因此,当 ZLF 和 ZCF 的转子同向偏转时,可实现两角之差的传送。若 ZLF 和 ZKC 的转子异向偏转时,则能实现两角之和的传送。力矩式差动发送机 ZCF 的作用是将力矩式发送机 ZLF 转角与自身转子转角之和或之差变换成电信号传输给接收机 ZLJ,实现两角之和或之差的传送。

9.6.3 力矩式自整角机的应用举例

在自整角机中,单相力矩式自整角机转矩不大,通常用于自动指示系统中带动仪表的指针等。因此在水泵叶角调节中可采用单相力矩式自整角机来显示叶角的调节情况。其电气控制线路如图 9.17 所示。图中,自整角机励磁电源由单相变压器 T 将 380 V 变成 110 V 后供给。自整角机需要投入工作时,先分别合上开关 1QS 和 2QS ,然后当 1# 机需要投入运行时,只要按下按钮 SB2 ,则交流接触器 KM 线圈获电;其二把常开主触头 KM 闭合。1# 自整角机的发送机和接收机励电源同时接通,进入正常工作状态。KM 的一对

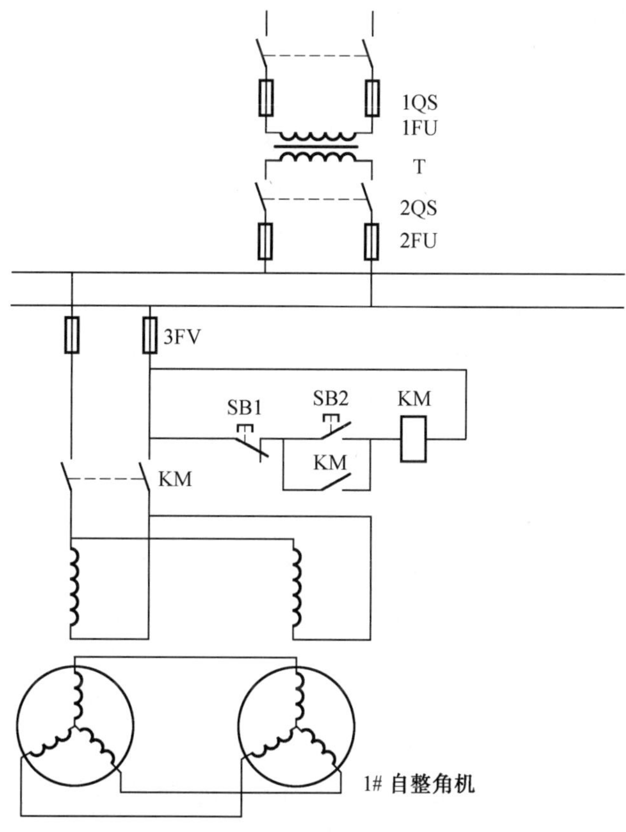

图 9.17 单相力矩式自整角机控制线路图

常开辅助触头起自锁作用。1# 自整角机停机时，只要按下按钮 SB1 即可。设计自整角机控制电路时要特别注意一点，即发送机和接收机励磁绕组要保证同时投励或失励，否则太大的差额电势容易将同步绕组损坏。

9.7 自整角机的选择和使用

力矩式和控制式自整角机各有不同的特点，选用时应根据电源情况、负载种类、精度要求、系统造价等方面综合考虑。

9.7.1 控制式和力矩式自整角机的特点及其适用的系统和负载

若系统对精度要求不高，且负载又很轻时，选用力矩式自整角机，其特点是系统简单，不需要放大器、伺服电动机等辅助元件，所以价格低。若系统对精度要求较高，且负载较大，则选用控制式自整角机组成伺服系统，其特点是传输精度高，负载能力取决于系统中伺服电动机和放大器的功率，但系统结构复杂，需辅助元件，所以成本高。

9.7.2 自整角机的选用

1. 自整角机的技术数据

选用自整角机应注意其技术数据必须与系统的要求相符合，控制式和力矩式自整角机系列的技术数据见有关产品目录，下面给出主要技术数据。

(1)励磁电压：是指加在励磁绕组上，产生励磁磁通的电压。对于 ZKF、ZLF、ZIJ 而言，励磁绕组均为转子单相绕组；对于 ZKB，励磁绕组是定子绕组，其励磁电压是指加在定子绕组上的最大线电压，它的数值应与所对接的自整角发送机定子绕组的最大线电压一致。

(2)最大输出电压：是指额定励磁时，自整角机二次侧的最大线电压。对于上述的发送机和接收机均指定子绕组最大线电动势；对于 ZKB，则指输出绕组的最大电动势。

(3)空载电流和空载功率：指二次侧空载时，励磁绕组的电流和消耗的功率。

(4)开路输入阻抗：指二次侧开路，从一次侧(励磁端)看进去的等效阻抗。对于上述的发送机和接收机是指定子绕组开路，从励磁绕组两端看进去的阻抗；对于 ZKB 是指输出绕组开路，从定子绕组两端看进去的阻抗。

(5)短路输出阻抗：指一次侧(励磁端)短路，从二次侧绕组两端看进去的阻抗。

(6)开路输出阻抗：指一次侧(励磁端)开路，从二次侧绕组两端看进去的阻抗

2. 选用时应注意的事项

(1)自整角机的励磁电压和频率必须与使用的电源符合。当电源可以任意选择时，对尺寸小的自整角机，选电压低的比较可靠；对长传输线，选用电压高的可降低线路压降的影响；要求体积小、性能好的，应选 400 Hz 的自整角机；否则，采用工频比较方便(不需要专用中频电源)。

(2)相互连接使用的自整角机，其对接绕组的额定电压和频率必须相同。

(3)在电源容量允许的情况下,应选用输入阻抗较低的发送机,以便获得较大的负载能力。

(4)选用自整角变压器和差动发送机时,应选输入阻抗较高的产品,以减轻发送机的负载。

3. 使用中应注意的问题

(1)零位调整:当自整角机在随动系统中用作测量角差时,在调整之前,其发送机和变压器刻度盘上的读数通常是不一致的,因此需要进行调零。调零的方法是:转动发送机的转子使其刻度盘上的读数为零,然后固定发送机转子,再转动变压器定子,使变压器在协调位置时,刻度盘的读数也为零,并固定变压器定子。

(2)发送机和接收机切勿调错:为了简化理论分析,曾假设发送机与接收机结构相同。实际上,发送机和接收机是有差异的。对于ZKF,其转子为凸极结构,而ZKB的转子为隐极结构,因为隐极转子的磁通密度在空间上的分布更接近正弦。另外,ZKF和ZKB的定、转子绕组的参数也不一样,因此ZKF与ZKB不能互换。对于力矩式自整角机,ZLJ带有电阻尼(与励磁绕组相交90°处有一短路绕组,称阻尼绕组)或机械阻尼,而ZLF则没有阻尼,若二者对调,易发生振荡,使跟随性能变差。在自整角机系统中,有时会遇到不同自整角机相互替换的问题,应注意它们的性能、参数和阻尼等因素。

第 10 章　电机及其智能化

10.1　智能电机优化策略

10.1.1　传统电机优化设计

最优化是人们在工程技术、理论研究和经济管理等诸多领域中经常遇到的问题。近年来，随着现代控制理论和计算机技术的快速发展，最优化理论与技术的应用日益广泛，并取得了巨大的经济效益和社会效益，始于 20 世纪 60 年代初期的电机优化设计就是其中的热点之一。

所谓电机优化设计是指在满足国家标准、用户要求以及特定约束条件下，使电机效率、体积、功率、质量等设计性能指标达到最优的一种技术，它可以被描述为一个复杂的有约束、非线性、混合离散多目标规划问题：

$$\left.\begin{aligned}&\min f(X), \quad X\in R^n\\&g_j(X)\leqslant 0, \quad j=1,2,\cdots,m\end{aligned}\right\} \tag{10.1}$$

式中　$f(X)$——优化目标函数；

$g_j(X)$——约束条件，X 是优化变量。

电机优化设计主要涉及两方面的内容：首先根据实际应用对电机的性能要求确定最优方案标准，并构造出相应的数学模型。具体包括确定优化变量，建立目标函数，列出约束条件等；其次选择能够找出最优方案的寻优策略，并将优化算法进行计算机编程，求出优化结果。与此同时，还需要考虑算法的收敛性、通用性和稳定性问题以及计算效率等。

传统电机优化设计采用的优化算法是一种基于设计变量可微性的数值方法，主要有直接搜索法和随机搜索法两种寻优模式。以下介绍三种常用的优化算法：

1. Powell 法

Powell 法（鲍威尔优化法）又称方向加速法，它由 Powell 于 1964 年提出，是利用共轭方向可以加快收敛速度的性质形成的一种搜索方法，Powell 法是一种直接搜索法。该方法不需要对目标函数进行求导，当目标函数的导数不连续的时候也能应用。

Powell 法可用于求解一般无约束优化问题，对于维数 $n<20$ 的目标函数求优化问题，此法可获得较满意的结果。基本原理及计算方法如下：

Step1. 给定初始点 $x^{(0)}$，n 个线性无关的方向 $d^{(1,1)}, d^{(1,2)}, \cdots, d^{(1,n)}$，迭代误差 $\varepsilon>0, k=1$。

Step2. 置 $x^{(k,0)}=x^{(k-1)}$，从 $x^{(k,0)}$ 出发，依次沿方向 $d^{(k,1)}, d^{(k,2)}, \cdots, d^{(k,n)}$ 进行搜索，

得到点 $x^{(k,1)}, x^{(k,2)}, \cdots, x^{(k,n)}$，再从 $x^{(k,n)}$ 出发，沿着方向 $d^{(k,n+1)} = x^{(k,n)} - x^{(k,0)}$ 做一维搜索，得到点 $x^{(k)}$。

Step3. 若 $\| x^{(k)} - x^{(k-1)} \| < \varepsilon$，则停止计算，得到点 $x^{(k)}$；否则令 $d^{(k+1,j)} = d^{(k,j+1)}$，$j=1,\cdots,n$，置 $k=k+1$，返回 Step2。

Powell 算法是一种共轭方向法，由于它仅仅需要计算目标函数值而不必求导数值。因此 Powell 算法比普通的共轭方向法(共轭梯度法)更具实用性；Powell 算法可用于求解一般无约束优化问题。

Powell 法也有它的缺陷，当某一循环方向组中的矢量系出现线性相关的情况(退化、病态)时，搜索过程在降维的空间进行，致使计算不能收敛而失败。

2. 单纯形法

单纯形法是线性规划问题数值求解的流行技术。转轴操作是单纯形法中的核心操作，其作用是将一个基变量与一个非基变量进行互换。可以将转轴操作理解为从单纯形上的一个顶点走向另一个顶点。单纯形法的最坏时间复杂度为指数级别，并不意味着线性规划不存在多项式级别的算法。单纯形法最早由 George Dantzig 于 1947 年提出，近 70 年来，虽有许多变形体已经开发，但却保持着同样的基本观念。如果线性规划问题的最优解存在，则一定可以在其可行区域的顶点中找到。基于此，单纯形法的基本思路是：先找出可行域的一个顶点，据一定规则判断其是否最优；若否，则转换到与之相邻的另一顶点，并使目标函数值更优；如此下去，直至找到某最优解为止。

单纯形法的基本想法是从线性规划可行集的某一个顶点出发，沿着使目标函数值下降的方向寻求下一个顶点，而顶点个数是有限的，所以，只要这个线性规划有最优解，那么通过有限步迭代后，必可求出最优解。为了用迭代法求出线性规划的最优解，需要解决以下三个问题：最优解判别准则，即迭代终止的判别标准；换基运算，即从一个基可行解迭代出另一个基可行解的方法；进基列的选择，即选择合适的列以进行换基运算，可以使目标函数值有较大下降。

3. 罚函数法

罚函数是指在求解最优化问题(无线性约束优化及非线性约束优化)时，在原有目标函数中加上一个障碍函数，而得到一个增广目标函数，罚函数的功能是对非可行点或企图穿越边界而逃离可行域的点赋予一个极大的值，即将有约束最优化问题转化为求解无约束最优化问题。把非线性约束优化问题转化为无线性优化约束问题。依据如何将目标函数和约束函数进行组合，人们导出了许多不同形式的罚函数。基本思路是：通过引进一个乘法因子把约束条件连接到目标函数上，从而将有约束的最优化问题转化为无约束条件的问题。合理的罚函数可以在当搜索到不可行点时，是目标函数值变得很大，离约束条件越远惩罚越大。

根据约束的特点，构造某种惩罚函数，然后加到目标函数中去，将约束问题求解转化为一系列的无约束问题。这种“惩罚策略”，对于无约束问题求解过程中的那些企图违反约束条件的目标点给予惩罚。这种方法称为外罚函数法，此外还有一种内罚函数法。不同于外罚函数法在不可行区域加惩罚，内罚函数法在可行域边界筑起高墙，让目标函数无法穿过,就把目标函数挡在可行域内了。但是这种惩罚策略只适用于不等式约束问题,并要求可行域的内点集非空。

在电机优化设计中应用广义罚函数法优化方法,既可以避免罚函数内点法因罚因子取得不当而造成的寻优困难,又保留了寻优逼近边界的优点,通过目标函数调整和罚函数的容差迭代,可以达到快速收敛的目的。同时,广义罚函数优化方法,还具有边界附近进一步搜索最优点的特性。在应用中,该方法是一种实用性很强而有效的内点寻优方法。

10.1.2 现代启发式算法

20 世纪 80 年代,随着计算机技术和人工智能的飞速发展,启发式算法也逐渐丰富并流行。启发式算法广泛连续和离散的目标函数,特别是对复杂、非线性、混合离散多目标规划等问题表现优异。因此,对于电机设计这个复杂有约束的优化问题,现代启发式算法提供了新的思路。

现代启发式算法包含了多种算法,大多数是由自然体算法中启发得到的,算法模拟自然界生物的行为寻找问题的解。相比于传统寻优方法,启发式算法能够解决的问题更加复杂,充分利用计算机的资源,拥有更快的求解速度,因此,电机工作者开始着手研究这些新型的最优化理论,并逐步实现现代电机的优化设计技术。

值得注意的是,启发式算法求解并不一定是全局最优解。但通过启发式算法,使用者可以在可接受的时间内得到一组满足要求的可行解。科研工作者们还在不停地发明和改进新的启发式算法,平衡局部搜索与全局搜索,有效逃离局部最优解,寻找全局最优解。

现代启发式算法不停地推陈出新,可以简单地划分为以下三类:

(1)简单启发式算法:原理简单的启发式算法,比如局部搜索、爬山算法等。

(2)元启发式算法:通用型的启发算法,泛化性比较好,可以广泛地应用到不同的目标函数,比如禁忌算法、模拟退火算法、遗传算法、蚁群算法、人工蜂群算法、粒子群算法等。

(3)超启发式算法:目前还处于研究的初级阶段,超启发式算法可以根据具体问题形成对应的启发式算法。现有超启发式算法可以分为四类:基于随机选择、基于贪心算法、基于元启发式算法和基于学习的超启发式算法。

不同的启发式算法在解决不同的问题上也有其区别于其他优化算法的优缺点,对于具有多参数、非线性等特点的电机优化问题,下面介绍几种在电机问题上已经成熟运用的优化算法。

1. 遗传算法(GA)

遗传算法(Genetic Algorithm, GA)是模拟达尔文生物进化论的自然选择和遗传学机理的生物进化过程的计算模型,利用“优胜劣汰,适者生存”的原理,以一个群体内所有个体的染色体为编码元素,模仿自然界中物种选择、交叉、变异等行为,经过大量的迭代计算来寻求问题的最优解。

遗传算法具有内在的隐并行性和更好的全局寻优能力,采用概率化的寻优方法,不需要确定的规则就能自动获取和指导优化的搜索空间,自适应地调整搜索方向。

遗传算法的操作需要五个核心步骤:编码、初始群体、适应度函数、交叉变异设计、参数控制。具体的优化流程如图 10.1 所示。

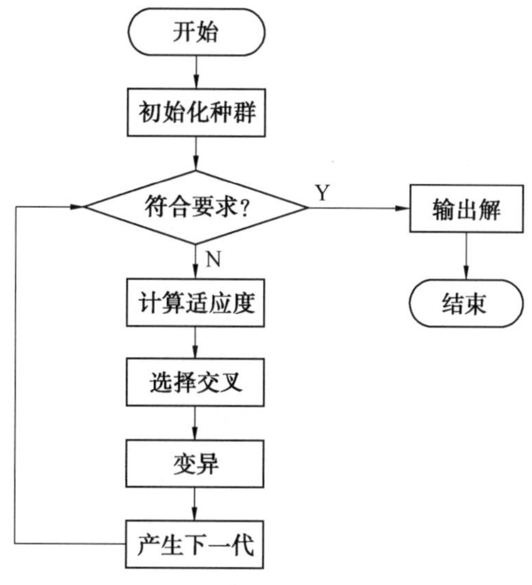

图 10.1　遗传算法原理流程图

2. 模拟退火算法(SA)

在冶金退火过程中,“退火”现象指物体逐渐降温的物理现象,温度愈低,物体的能量状态越低,系统内部分子的平均动能逐渐降低,分子在自身位置附近的扰动能力也随之下降,即分子自身的搜索范围随着温度的下降而下降。足够低后,液体开始冷凝与结晶,在结晶状态时,系统的能量状态最低。但是,如果降温速度过快,会导致不是最低能态的非晶形。模仿这一自然过程,模拟退火的思想由美国物理学家 Metropolis 首次提出,20 世纪 80 年代,Kirkpatrick 等成功地将退火思想引入到组合优化领域,称为模拟退火算法(Simulated Annealing,SA)。

模拟退火算法的基本思路还是穷举法不停地“下山”的过程,即每次更新解都比上次解的表现要好,通过多次迭代找到最低点。模拟退火算法区别于“下山”的核心是 Metropolis 准则,当系统温度为 T 时,出现能量差为 dE 的概率为

$$p(dE)=\mathrm{e}^{\frac{dE}{kT}} \tag{10.2}$$

即温度越高,出现能量差为 dE 的降温的概率就越大;温度越低,则出现降温的概率就越小。以该降温概率为基础,采用状态转移概率 $p(\Delta f)$来表示对较差状态的容忍性

$$p(\Delta f)=\mathrm{e}^{\frac{\Delta f}{T}} \tag{10.3}$$

式中,f 为状态产生函数,即 $\Delta f=f(x_{\mathrm{new}})-f(x_{\mathrm{old}})$。如果 $\Delta f<0$,则更新新解;如果 $\Delta f>0$,则根据上面的概率公式,有概率的更新。

模拟退火算法流程图如图 10.2 所示。

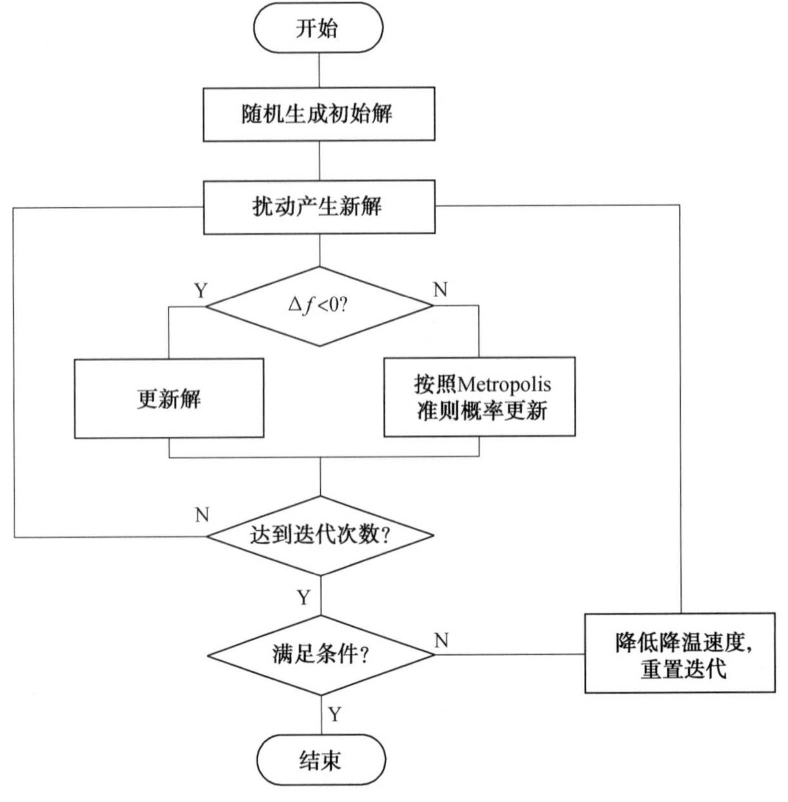

图 10.2 模拟退火算法流程图

3. 人工蜂群算法(ABC)

人工蜂群算法(Artificial bee colony algorithm,ABC)是模仿蜜蜂群觅食行为的优化算法,是集群智能思想的经典算法,个体蜜蜂的行为十分简单,但是由简单的个体所组成的群体却表现出极其复杂的行为,致使蜂群在各种环境中都能在蜜源处高效的觅食。受蜜蜂群觅食方式的启发,Karaboga 提出了人工蜂群算法 ABC 模型。

蜂群由三个要素组成:蜜源、雇佣蜂和非雇佣蜂。

(1)蜜源:即采集蜂蜜的位置,一个蜜源具有多个基本属性,食物丰富程度和距离蜂巢距离等。

(2)雇佣蜂:也称引领蜂,与蜜源一一对应,每个蜜源处都有一只引领蜂,引领蜂储存着对应蜜源的信息并与其他蜜蜂分享。

(3)非雇佣蜂:负责开采和寻找蜜源,分为侦察蜂和跟随蜂,侦察蜂搜索蜜源周围的蜜源,跟随蜂通过引领蜂的信息去蜜源处采集食物。

大量的跟随蜂受引领蜂的信息去往不同的蜜源采蜜,有着更好属性的蜜源将吸引更多跟随蜂。随着跟随蜂在蜜源处采蜜行为的进行,旧的不好的蜜源将被放弃,蜜源处的引领蜂将变为跟随蜂,等待侦察蜂找到新的蜜源,重新分配新的跟随蜂去新蜜源采蜜。

在人工蜂群算法中,种群中每个元素(可行解)称为一个蜜源,每个蜜源的优劣程度取决于待优化问题所确定的适应度值,解的个数 S_N 等于雇佣蜂和观察蜂的个数。用 d 维

向量 $\boldsymbol{X}_i(X_{i1},X_{i2},\cdots,X_{id})$ 来表示第 i 个蜜源的位置。具体寻优过程如下：

(1)初始化蜜蜂数量和蜜源(解)。

(2)每个雇佣蜂对应一个蜜源，雇佣蜂根据式(10.4)在蜜源处随机搜索邻域，每个蜜源求出一个目标函数值 f_i，根据式(10.5)计算每个蜜源的适应度。

$$v_{i,j}=x_{i,j}+r_{i,j}(x_{i,j}-x_{k,j}) \tag{10.4}$$

$$\text{fit}(i)=\begin{cases}\dfrac{1}{1+f_i}, & f_i\geqslant 0\\ 1+\text{abs}(f_i), & f_i<0\end{cases} \tag{10.5}$$

式中，$x_{i,j}$，$x_{k,j}$ 分别为节点 i、k 的第 j 维的参数；$v_{i,j}$ 节点 i 第 j 维新生成的解；$r_{i,j}$ 是[−1，1]上的随机数；$fit(i)$ 是第 i 个解的适应度值；f_i 是目标函数值。

(3)观察蜂依据轮盘赌的策略进行选择，适应度越高的蜜源被选择的概率越大。第 i 个蜜源被选择的概率 p_i 根据式(10.6)确定

$$p_i=\frac{\text{fit}(i)}{\sum \text{fit}(i)} \tag{10.6}$$

(4)类似雇佣蜂，每个观察蜂在选择的蜜源周围按照式(10.4)寻找新的蜜源(解)，然后通过式(10.5)计算新蜜源的适应度值：如果适应度比节点处(原蜜源)高，则替换原蜜源；反之则保留原蜜源。

(5)如果某个蜜源处的观察蜂进行了 limit 次循环仍然没有更新蜜源(更优解)，则该处的雇佣蜂放弃这个蜜源，同时雇佣蜂变成侦查蜂，并随机生成一个新的解，代替原来的蜜源。

(6)循环以上步骤进行，直到找出全局最优解。

通过以上步骤，由于蜜蜂不断地放弃旧的蜜源并寻找新的蜜源，使得算法能够快速跳出局部最优解，以便寻找到全局最优解。人工蜂群算法适用于计算多维参数的解，因此对于电机优化这种多参数问题表现良好。

10.2　智能电机控制方法

10.2.1　概述

智能控制理论是自动控制科学领域里的一门新兴学科，模糊逻辑和神经网络是该学科发展和研究的关键技术。应用这种先进的控制技术可以有效解决一些传统和其他现代控制方法还难以解决的问题，可以提高运动控制的质量和效果，这是因为智能控制有其自身的特点和优势。首先，智能控制不依赖或不完全依赖控制对象的数学模型，只按实际效果进行控制，在控制中有能力并可以充分考虑系统的不精确性和不确定性。其次，智能控制具有明显的非线性特征。就模糊控制而言，无论是模糊化、规则推理还是反模糊化，从本质上来说都是一种映射，其映射关系很难用数学表达，这种映射关系就反映了系统的非线性。

模糊控制的基本思想是利用人类的思维、推理和判断能力来解决这类复杂非线性系

统的控制问题。神经网络在理论上就具有任意逼近非线性有理函数的能力，还能够比其他逼近方法得到更加易得的模型。

近些年来，人们已提出了各种基于智能控制的先进控制策略，已逐步形成了一种新的控制技术。虽然将智能控制用于伺服驱动系统的研究已取得了不少成果，但是还有许多理论和技术问题尚待解决，如智能控制器主要凭经验设计，对系统性能（如稳定性和稳健性）尚缺少客观的理论预见性，且智能控制系统非常复杂，计算量大，对硬件条件要求高。另外，到目前为止，仅仅依靠智能控制还很难理想地解决前面提到的技术问题，很多情况下是与传统的和其他的现代控制方法结合在一起，互相取长补短，正在形成交叉综合的控制技术。

国内外学者对智能控制正在进行深入研究和开发。在速度和位置的无传感器控制中已开发出各种智能化虚拟传感器（intelligent virtual sensors），智能控制不单可以取代传统的 PID 调节器，最终理想的智能控制甚至不需要电机和控制器参数，所有的估计都是单独由人工智能系统（Al－based system）完成的，不用电压、速度和位置传感器就能实现高质量转矩控制。

由于智能控制涉及面很广，不可能具体介绍很多内容，好在这方面已有很多文献可供参考。本章希望通过对智能控制典型应用的分析，来介绍它们的控制思想和基本控制方法。与此同时，简要介绍智能控制技术在伺服驱动中应用的新进展。

10.2.2 模糊调节器

众所周知，在伺服驱动系统中，调节器起着极为重要的作用，在很大程度上决定了整个系统的稳定性、控制精度和动态性能，许多先进的控制策略和算法正是通过电流、速度或者位置调节器来实现的。

传统调节器多为 PI 或 PID 调节器，如前所述，这些调节器在驱动系统整个运行范围内，很难提供理想的动态性能，控制性能下降的主要原因是系统的非线性和参数变化，还有变换器的非线性传输特性。为解决这一问题，智能控制技术较早就应用到调节器的设计之中。

1. 基本模糊调节器

基本模糊调节器适于控制复杂的非线性系统，对系统参数变化具有稳健性，同时具有较强的抗干扰能力。如图 10.3 所示是基本模糊调节器的结构框图。

图 10.3 中，e 和 $\dot{e}$ 为实际输入变量，分别为系统偏差和偏差变化率；u 为实际输出变量，也是调节器输出；E、EC、U 分别为系统偏差、偏差变化率及控制输出的语言变量。

将输入变量 e 和 $\dot{e}$ 从普通论域转换到模糊论域的模糊方法为

$$E=e/K_e, EC=\dot{e}/K_c$$

式中，K_e 和 K_c 是量化因子；e 和 $\dot{e}$ 是实际采样值的规则化数。

当利用传统调节器时，调节器的输入为误差信号，例如速度调节器的输入为速度误差。但在应用模糊调节器时，通常利用两个输入信号，即 $E(k)$ 和 $EC(k)$，其分别为

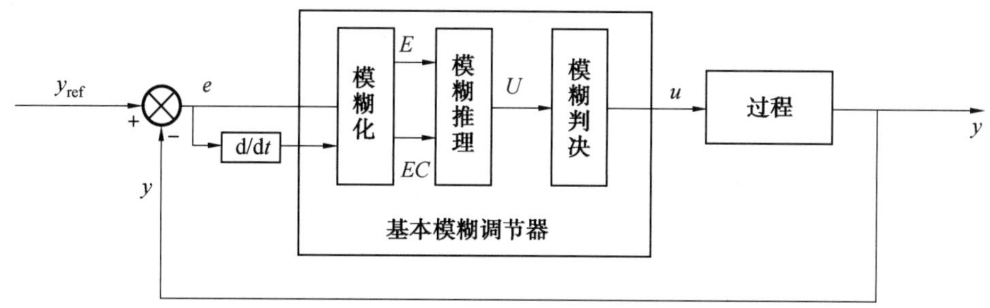

图 10.3　基本模糊调节器的结构框图

$$E(k)=\omega_{rref}-\omega_r(k) \tag{10.7}$$

$$EC(k)=E(k)-E(k-1) \tag{10.8}$$

当然，也可以根据需要，利用两个以上的输入信号。图 10.3 中，U 为输出的变化量，也可以设定为输出量。

模糊逻辑控制的目的是要获得理想的电机响应，能保证系统的稳定性和良好的动态性能。例如，对于阶跃响应，希望能有最小的超调和最短的上升和调整时间。传统 PI 调节器是根据系统数学模型，通过极点设置来处理的，因此固定的设计参数很难同时满足这些性能指标的要求。模糊调节器的智能化就体现在，是按照理想性能指标要求，根据专家经验和实践知识来设计控制规则，而不管系统本身特性如何，均能很好地按照控制规则控制系统。

表 10.1 给出了这里采用的模糊控制规则，共有 64 条。

显然，确定合理的控制规则和进行科学的推理是模糊控制的核心。关于模糊规则推理，已有多种方法可供选择，此处采用间接合成推理，可表示为

$$\mu_C=\prod_{i=1,j=1}^{m,n}(A\times B)^{\circ}R_{ij} \tag{10.9}$$

式中　R_{ij}——每条规则的模糊关系，$m=n=8$；

“°”——合成运算符。

合成运算采用最大－最小法，也可以采用最大－积合成法，此时，只要把最小运算换成乘积运算就可以了。但是，实现上述推理必须进行复杂的矩阵运算，因此进行在线推理时，难以满足控制系统的实时性要求。在实际控制中，常采用“控制表”法，由计算机事先离线计算好，存储在内存中供实时查表使用。实际应用时，先根据量化后的输入误差及误差变化量，直接从控制表中查出对应的输出控制量，再经过精确化处理，乘以比例因子后，便作为输出控制量输出。

表 10.1 模糊控制规则

E \ EC		B							
		NB	NM	NS	NZ	PZ	PS	PM	PB
A	NB	NB	NB	NB	NB	NB	NM	NS	NZ
	NM	NB	NB	NB	NM	NM	NS	NZ	PS
	NS	NB	NB	NM	NS	NS	NZ	PS	PM
	NZ	NB	NM	NS	NZ	NZ	PS	PM	PB
	PZ	NB	NM	NS	PZ	PZ	PZ	PS	PB
	PS	NM	NS	PZ	PS	PS	PS	PB	PB
	PM	PZ	PZ	PS	PM	PB	PB	PB	PB
	PB	PB	PS	PM	PB	PB	PB	PB	PB

应该指出,将这种模糊调节器称之为基本模糊调节器,是因为这种调节器只能说是在构成上反映了模糊控制的控制思想和具有了模糊控制的基本功能,但它尚是一个粗糙型的调节器,还难以满足高性能伺服驱动的要求。首先,它的输入变化量为系统偏差和偏差变化量,这相当于一个 PD 调节器,由于不含有积分机制,控制结果会产生静差,影响了控制精度。其次,当系统参数发生变化时,它不能对自己的控制规则和控制参数(比例因子和量化因子)进行有效和实时的调整,缺乏自适应能力。还有,由于受计算机存储量的限制而只能取 有限的控制等级,使模糊控制的良好功能不能充分发挥,影响了控制质量。因此,人们在上述基本模糊调节器的基础上,提出了各种改进措施,构成了“自适应控制器”“FUZZY- PID 复合控制器”“参数自调整 FUZZY 控制器”和“基于神经网络的 FUZZY 控制器”等。下面,仅对模糊神经网络调节器予以简要介绍。

2. 模糊神经网络(FNN)调节器

模糊控制的精髓是能够依据专家经验设定控制规则和进行模糊推理和判决,在这一过程中,融入和体现了人工智能的控制因素。但是,对于一个复杂的控制系统来说,输入/输出关系是高度非线性的,系统内在的变化规律是极其复杂的,其中很多又是未知和不可预见的,在这种情况下,对于再有经验的专家来说,设定完全合理的控制规则和合适的众多可调参数是不现实的。另外,控制规则和隶属度必须反复整定才能投入使用,且由于规则不再改变,限制了其自适应能力。如何解决这一问题,人们自然想到了神经网络,将神经元网络的学习功能引入模糊控制,构造了模糊神经网络系统。

模糊控制学习能力差,神经网络推理功能差,两者结合可以优势互补,保证了模糊神经网络的推理和学习功能的实现。

利用神经网络的学习能力可以调整隶属度函数和控制规则,使其具有了自适应能力,可以运用有限的控制规则获取优良的控制品质。神经网络有能力准确地逼近任意非线性函数,并可通过系统的响应数据进行学习,以保证和提高控制精度。

可以利用神经网络来实现模糊化、模糊推理和解模糊过程。为简化计算,通常运用乘积-求和来代替模糊系统中常用的最小-最大推理法,输出变量的隶属度函数也取为单值。如图 10.4 所示为模糊神经网络的一般性结构框图。

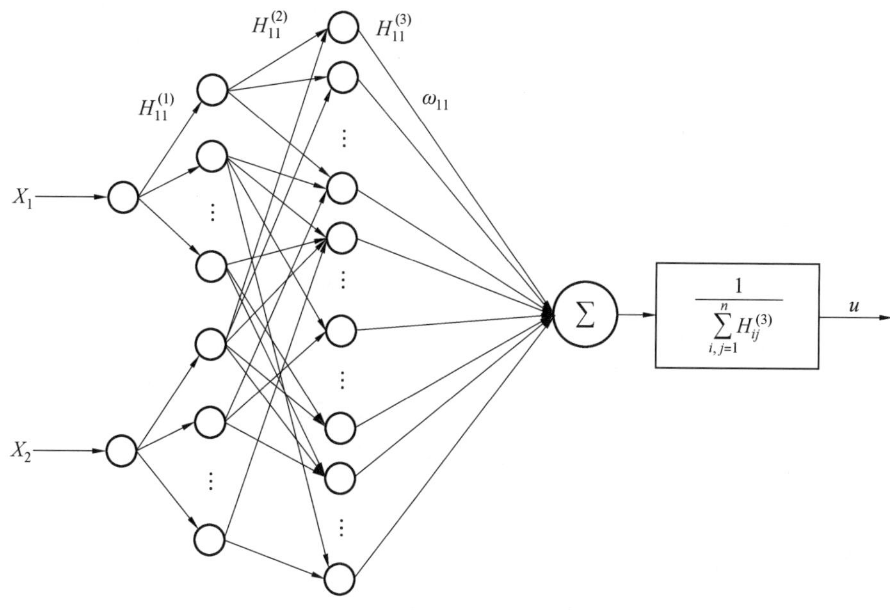

图 10.4　模糊神经网络结构图

由图 10.4 可以看出,它是一个具有输入层、中间层和输出层的网络结构。第 1 层为输入层,输入量 x_1 和 x_2 各自被送入一个前向人工神经网络,它们分别是偏差 E 和偏差变化量 EC 在论域[0, 1]上的映射,第 1 层节点的输出为

$$H_i^{(1)} = x_i \quad (i=1,2) \tag{10.10}$$

第 2 层将 x_1 和 x_2 模糊化,此处网络激活函数的形状即代表模糊隶属度函数的形状,可由设计者确定采用线性或高斯型,它们分别对应于模糊隶属度函数的三角形或高斯型。这里,采用的隶属度函数为高斯型函数,于是第 2 层节点的输入和输出分别为

$$M_{ik}^{(2)} = -\left(\frac{x_i - a_{ik}}{b_{ik}}\right)^2 \quad (k=1,2,\cdots,n) \tag{10.11}$$

$$H_{ik}^{(2)} = -\mathrm{e}^{M_{a}(2)} \quad (k=1,2,\cdots,n) \tag{10.12}$$

式中　k——节点数,代表了模糊标记数。

前面模糊控制中,确定了 PB,PM,…,NB 等 8 个模糊子集,所以这里取 $n = 8$; a_{ik} 和 b_{ik} 为可调参数,通过调节 a_{ik} 和 b_{ik},可以达到调节高斯型函数的中心和宽度的目的。

第 3 层对应模糊推理,这里用乘积"＊"取代取小运算。第 3 层节点的输入为

$$M_{ij}^{(3)} = H_{1i}^{(2)} * H_{2j}^{(2)} \quad (i=1,2,\cdots,n; j=1,2,\cdots,n) \tag{10.13}$$

其输出为

$$H_{ij}^{(3)} = M_{ij}^{(3)} \tag{10.14}$$

第 4 层对应去模糊化操作,其节点输入和输出分别为

$$M^{(4)} = \sum_{i,j=1}^{n} H_{ij}^{(3)} * \omega_{ij} \tag{10.15}$$

$$H^{(4)}=U=\frac{M^{(4)}}{\sum_{i,j=1}^{n}H_{ij}^{(3)}} \tag{10.16}$$

式中　ω_{ij}——网络的连接权值；

U——网络的输出。

3. 离线学习算法

离线学习采用 BP 算法，目标函数为

$$J_c=\frac{1}{2}(U_m-U)^2=\frac{1}{2}\Delta U^2 \tag{10.17a}$$

式中　U_m——网络期望输出；

U——网络实际输出。

$$\begin{aligned}\frac{\partial J_c}{\partial \omega_{ij}}&=\frac{\partial J_c}{\partial U}\frac{\partial U}{\partial \omega_{ij}}=\frac{\partial J_c}{\partial U}\frac{\partial U}{\partial M^{(4)}}\frac{\partial M^{(4)}}{\partial \omega_{ij}}\\&=-\frac{\Delta U}{\sum_{i,j=1}^{n}H_{ij}^{(3)}}M_{ij}^{(3)}\end{aligned} \tag{10.17b}$$

由式(10.17b)可推导出权值 ω_{ij} 的迭代修正公式

$$\omega_{ij}(t+1)=\omega_{ij}(t)-\eta\frac{\partial J_c}{\partial \omega_{ij}}=\omega_{ij}(t)+\eta\Delta U\frac{M_{ij}^{(3)}}{\sum_{i,j=1}^{n}H^{(3)}{}_{ij}} \tag{10.18}$$

式中　η——学习速率。

同理，可得对 a_{ik} 和 b_{ik} 的迭代修正公式。

4. 在线学习算法

利用这种模糊神经网络可以构造电流、速度或位置调节器，如图 10.5 所示是用于位置调节器时构成的伺服驱动系统框图。此时，模糊神经网络还可进行在线学习。

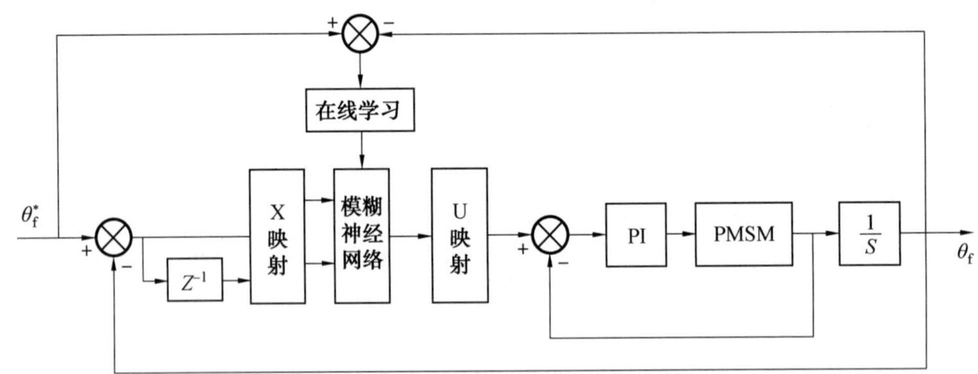

图 10.5　模糊神经网络位置调节器

在线学习仍采用 BP 算法，设定目标函数为

$$J_c=\frac{1}{2}(\theta_r^*-\theta_r)^2=\frac{1}{2}\Delta\theta_r^2 \tag{10.19}$$

式中　θ_r^*——指令值。

于是，有

$$\frac{\partial J_c}{\partial \omega_{ij}}=\frac{\partial J_c}{\partial \theta_r}\cdot\frac{\partial \theta_r}{\partial U}\frac{\partial U}{\partial \omega_{ij}}=-\Delta\theta_r\frac{\partial \theta_r}{\partial U}\frac{H_{ij}^{(3)}}{\sum\limits_{i,j=1}^{n}H_{ij}^{(3)}}\quad (i,j=1,2,\cdots,n) \tag{10.20}$$

$$\frac{\partial \theta_r}{\partial U}\approx\frac{\theta_r(t)-\theta_r(t-1)}{U(t)-U(t-1)}=\delta_u \tag{10.21}$$

所以有

$$\omega_{ij}(t+1)=\omega_{ij}(t)-\eta\frac{\partial J_c}{\partial \omega_{ij}}=\omega_{ij}(t)+\eta\Delta\theta_r\delta_u\frac{M_{ij}^{(3)}}{\sum\limits_{i,j=1}^{n}H_{ij}^{(3)}} \tag{10.22}$$

由以上分析可知，这种模糊神经网络是直接采用 BP 网络而构成的，但 BP 网络存在着固有的训练时间长和容易出现局部极小值的缺陷。为此，专家学者提出采用径向基函数网络(Radial Basis Function Net Works，RBF 网络)或者广义径向基函数网络，可以在很大程度上解决这个问题。RBF 网络可以以任意精度逼近任意连续函数，而且收敛速度快，不存在局部极小值问题。采用广义径向基函数网络，不仅可以调整隶属度函数的中心位置和宽度，还可以在线调整和优化模糊控制规则。

神经网络与模糊控制结合，通过神经网络可以实现更为灵活和科学的模糊推理，这主要是在实现过程中网络的权值也具有了明确的模糊逻辑意义。但是，这并没有解决如何合理设定模糊标记(正大、正中……负大)的问题，若模糊标记的数目太少，则会降低控制精度，若选得过多，网络输出层的模糊控制规则数会以指数形式增加，给权值的训练带来困难。为解决这一问题，专家学者提议采用一种自组织竞争神经网络(Self-rganization Competition Neural Net Work，SCNN)，可以获得同时具有最佳结构和参数的模糊神经网络。

总之，模糊神经网络具有多种结构形式，且有不同的功能和特色。作为工程应用而言，如何设计出综合能力强，性能优良，实时性好，且结构简单，对硬件条件没有过高要求的基于模糊神经网络的各种控制器，至今还要解决一系列的理论和实际问题。

10.2.3　神经网络控制

神经网络控制是指在控制系统中，应用神经网络技术，对难以精确建模的复杂非线性对象进行神经网络模型辨识，或作为控制器，或进行优化计算，或进行推理，或进行故障诊断，或同时兼有上述多种功能。

神经网络是由大量人工神经元(处理单元)广泛互联而成的网络，它是在现代神经生物学和认识科学对人类信息处理研究的基础上提出来的，具有很强的自适应性和学习能力、非线性映射能力、鲁棒性和容错能力。充分地将这些神经网络特性应用于控制领域，可使控制系统的智能化向前迈进一大步。随着被控系统越来越复杂，人们对控制系统的要求越来越高，特别是要求控制系统能适应不确定性、时变的对象与环境。传统的基于精确模型的控制方法难以适应要求，现在关于控制的概念也已更加广泛，它要求包括一些决策、规划以及学习功能。神经网络由于具有上述优点而越来越受到人们的重视。

神经网络控制就是利用神经网络这种工具从机理上对人脑进行简单结构模拟的新型控制和辨识方法。神经网络在控制系统中可充当对象的模型，还可充当控制器。常见的神经网络控制结构有：参数估计自适应控制系统，内模控制系统，预测控制系统，模型参考自适应系统，变结构控制系统等。

与传统控制相比，神经网络控制具有以下重要特性：

(1)非线性，神经元网络在理论上可以充分逼近任意非线性函数。

(2)并行分布处理，神经网络具有高度的并行结构和并行实现能力，使其具有更大程度的容错能力和较强的数据处理能力。

(3)学习和自适应性，能对知识环境提供的信息进行学习和记忆。

(4)多变量处理，神经网络可自然地处理多输入信号，并具有多输出，它非常适合用于多变量系统。

人工神经网络技术在控制领域应用广泛，涉及控制过程的各个环节，在实际使用中常常与传统的控制理论或智能技术综合使用。除了上面介绍的模糊神经网络，还有各种各样的用法，比如：

(1)在传统的控制系统中用以动态系统建模，充当对象模型。

(2)在反馈控制系统中直接充当控制器的作用。

(3)在传统控制系统中起优化计算作用。

(4)与其他智能控制方法如模糊逻辑、遗传算法、专家控制等相融合。

下面举几个具体的例子来了解一下神经网络如何在控制系统中充当了重要的角色。

1. 神经网络监督控制

神经网络监督控制是指通过对人工或传统控制器(如 PID 控制器)进行学习，然后用神经网络控制器取代或逐渐取代原有控制器的方法(Werbos，1990)，图 10.6 和图 10.7 为两种神经网络监督控制结构模型。

图 10.6 中的神经网络监督控制是建立在人工控制器基础上的正向模型，经过训练后，神经网络 NNC 记忆人工控制器的动态特性，并接受传感信息输入，最后输出与人工控制相似的控制作用。其不足是，人工控制器是靠视觉反馈进行控制的，这样用神经网络进行控制时，缺乏信息反馈，从而使系统处于开环状态，系统的稳定性和鲁棒性得不到保证。

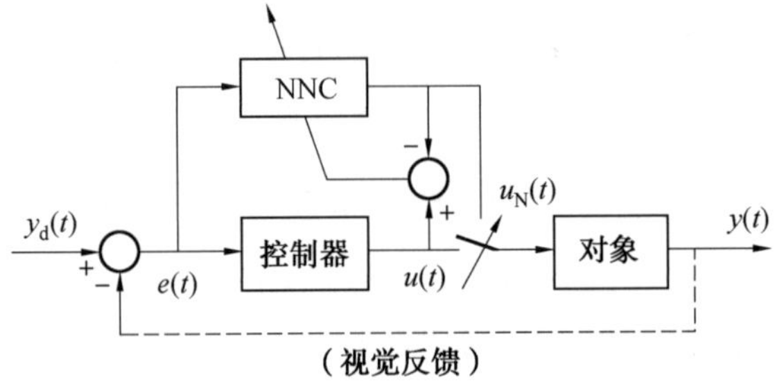

图 10.6　神经网络监督控制结构图

图 10.7 中的神经网络控制器通过对传统控制器的输出进行学习，在线调整自身参数，直至反馈误差 $e(t)$ 趋近于零，使自己逐渐在控制中占据主导地位，以最终取代传统控制器。当系统出现干扰时，传统控制器重新起作用，神经网络重新进行学习。这种神经网络监督控制结构由于增加了反馈结构，其稳定性和鲁棒性都可得到保证，且控制精度和自

适应能力也大大提高。

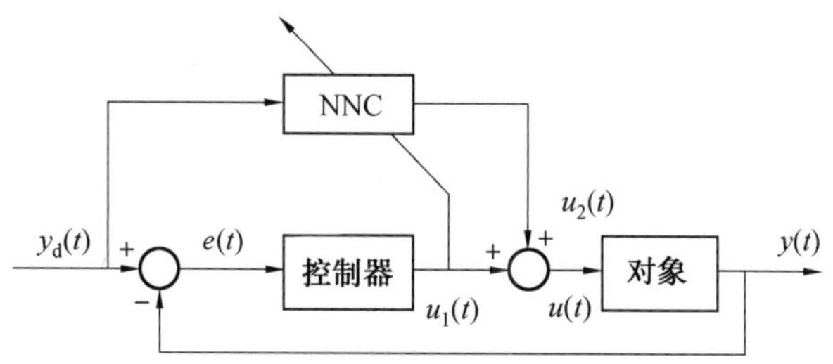

图 10.7　神经网络控制器

2. 神经网络直接逆控制

神经网络直接逆控制就是将被控对象的神经网络逆模型直接与被控对象串联连接，使系统期望输出 $y_d(t)$ 与对象实际输出之间的传递函数等于 1，从而再将此网络置于前馈控制器后，使被控对象的输出为期望输出，如图 10.8 所示。图中神经网络 NN1 和 NN2 具有相同的网络结构（逆模型），采用相同的学习算法。这种方法的可行性直接取决于逆模型辨识的准确程度，逆模型的连接权必须在线修正。

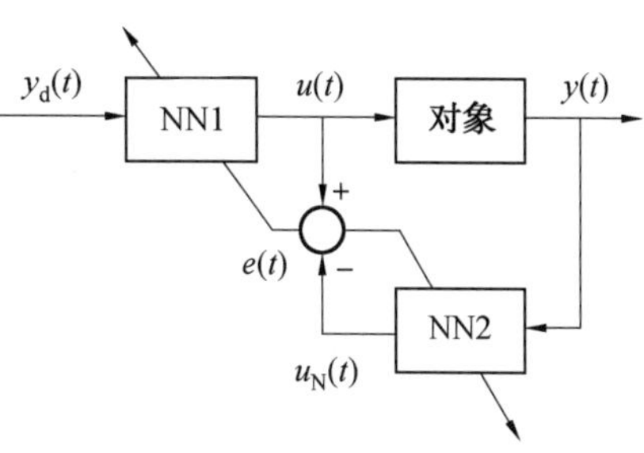

图 10.8　神经网络逆控制结构

3. 神经网络模型参考控制

神经网络模型参考控制是神经网络自适应控制中的一种，在这种控制结构中，闭环控制系统的期望性能由一个稳定的参考模型来描述，且定义成 $\{r(t), y_m(t)\}$ 输入一输出对，控制系统的目的就是使被控对象的输出 $y(t)$ 一致渐近地趋近于参考模型的输出，即

$$\lim \| y(t) * y_m(t) \| < e \tag{10.23}$$

其中　e——一个给定的小正数。

4. 神经网络内模控制

在内模控制中，系统前向模型与被控对象并联连接，二者输出之差作为反馈信号。图 10.9 为神经网络内模控制模型，被控对象的正向模型和控制器（逆模型）均由神经网络实现，滤波器为线性滤波器，以获得期望的鲁棒性和闭合回路的跟踪响应特性。应当注意，内模控制的应用仅限于开环稳定的系统。这一技术已广泛地应用于过程控制中，其中，Hunt 和 Sharbam 等人（1990）实现了非线性系统的神经网络内模控制。

5. 神经网络预测控制

预测控制是 20 世纪 70 年代后期发展起来的一种新型控制算法，其特性是预测模型、滚动优化和反馈校正，已证明预测控制对非线性系统具有期望的稳定性能。

神经网络预测控制模型如图 10.10 所示，其中神经网络预测器建立了非线性被控对象的预测模型，利用该预测模型，可由当前的控制输入 $u(t)$ 预测出被控系统在将来一段时间内的输出值 $y(t+j)=y_d(t+j)-y(t+j|t)$。则非线性优化器将使下式所示的二次

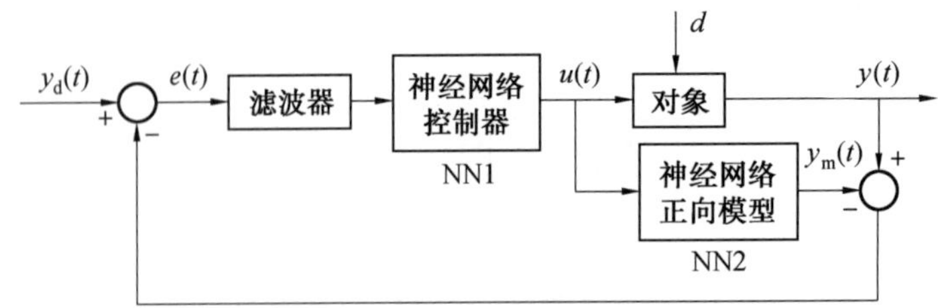

图 10.9　神经网络内模控制

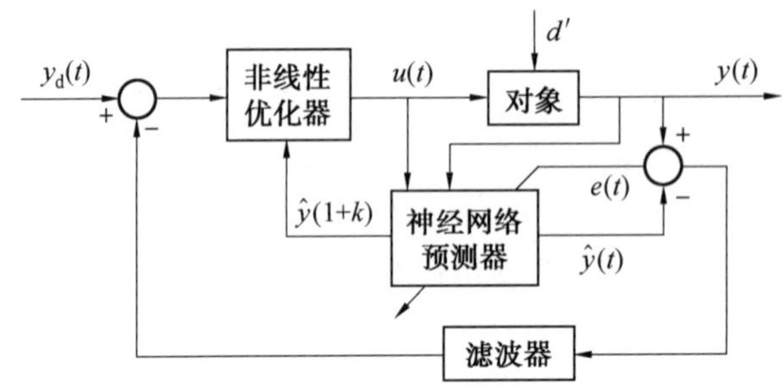

图 10.10　神经网络预测模型

型性能指标极小,以得到合适的控制作用 $u(t)$。

其中,$\Delta u(t+j-1)=u(t+j-1)-u(t+j-2)$,且 λ_j 为控制加权影子。

6. 神经网络自适应评判控制

在上述各种神经网络控制结构中,都要求提供被控对象的期望输入,这种方法称为监督学习,但在系统模型未知时,有时只能定性地提供一些评价信息,基于这些定性信息的学习算法称为再励学习。神经网络自适应评判控制就是基于这种再励学习算法的控制。

神经网络自适应评判控制通常由两个网络组成,如图 10.11 所示。其中自适应评价网络相当于一个需要进行再励学习的“教师”。其作用为,一是通过不断的奖励、惩罚等再励学习方法,使其成为一个“合格”的教师;二是在学习完成后,根据被控系统当前的状态及外部再励反馈信号 $r(t)$,产生一再励预测信号,进而给出内部再励信号,以期对当前控制作用的效果进行评价。控制选择网络的作用相当于一个在内部再励信号指导下进行学习的多层前馈神经网络控制器,该网络在学习后,将根据编码后的系统状态,在允许控制集中选择下一步的控制作用。

10.2.4　专家系统

专家系统一般由四个部分组成:知识库、推理机、知识获取模块和用户界面。知识库包含被认为是专家知识的信息,包括被各专家所公认的事实和推理过程的规则。推理机则使用知识库的知识和用户输入信息,对某一问题进行推理,并达到解决问题的目的。这两个部分是专家系统的核心。后两部分或其他的辅助部分则用来维护系统,为用户向“专家”提出询问提供渠道。用户可以对系统提出的问题或解答提出反问。比如说“为什么”或“怎样”之类的问题。系统应能像一个专家一样,向用户做进一步的解释。知识获取模

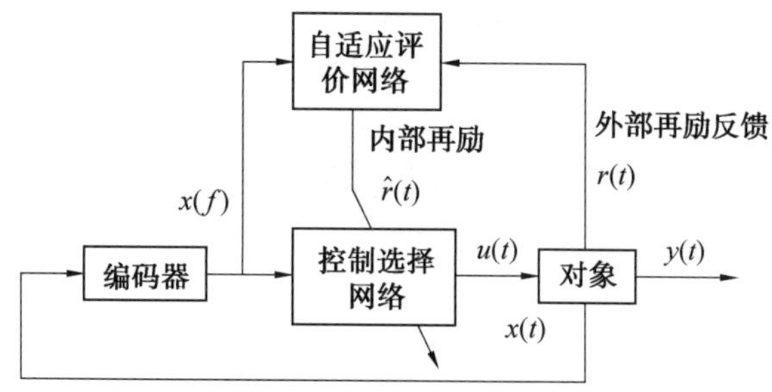

图 10.11　神经网络自适应评判控制

块，是知识工程师（向专家获取知识并将其用计算机语言加以表达的工程师）用以不断更新或修正知识库的渠道。图 10.12 是一般专家系统的结构示意图。

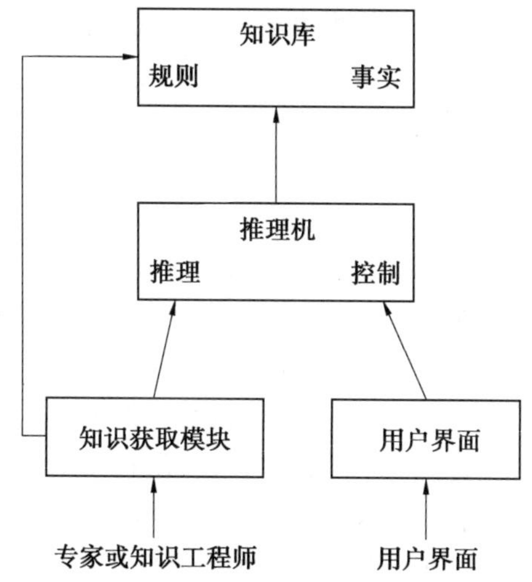

图 10.12　专家系统结构图

专家系统主要在电机制造设计以及维护等环节中起改进作用，现代也有结合了神经网络的专家控制系统。神经网络系统最主要的特征是大规模模拟并行处理信息的分布式存贮、连续时间非线性动力学、全局集体作用、高度的容错性和鲁棒性、自组织自学习及实时处理。它可直接输入范例，信息处理分布于大量神经元的互联之中，并且具有冗余性，许许多多种经元的“微”活动构成了神经网络总体的“宏”效应，这些也正是它与传统的 AI 的差别所在。

分布性是神经网络之所以能够触动专家系统中知识获取这个瓶颈问题的关键所在。与传统计算机局域式信息处理方式不同，神经网络是用大量神经元的互联及对各连接权值的分布来表示特定的概念或知识。在进行知识获取时，它只要求专家提供范例（或实例）及相应的解，通过特定的学习算法对样本进行学习，经过网络内部自适应算法不断修改权值分布以达到要求，把专家求解实际问题的启发式知识和经验分布到网络的权值分布上。对于特定输入模式，神经网络通过前向计算，产生输出模式，其中各个输出节点代表的逻辑概念同时被计算出来，特定解是通过比较输出节点和本身信号而得到的，在这个过程中其余的解同时被排陈，这就是神经网络并行推理的基本原理。在神经网络中，允许输入偏离学习样本,但只要输入模式接近于某一学习样本的输入模式,则输出亦接近学习样本的输出模式,这种性质使得神经网络专家系统具有联想记忆的能力。

10.3 电机智能化发展

10.3.1 测量技术发展

参数量测技术是智能电机与智能电网互动交流中重要的技术之一,通过先进的量测技术来测量、收集、储存、分析和运用用户用电信息,进行双向通信和远程监控,并支持实时的电价计量,使智能电机成为电网友好电器(GFAs)。高级量测体系 AMI(Advanced Metering Infrastructure)就是一个完整的包括硬件及软件的量测系统,一般由安装在用户端的智能电表、位于电力公司内的量测数据管理系统和连接它们的通信系统组成,是智能电机和智能电网进行双向通信的基础平台。

AMI 能按需预先设定的时间间隔来记录电机的运行数据和用电信息,把这些数据信息通过通信网络传到数据中心,由电网根据不同的要求和目的,如用户计费、故障响应和需求侧管理等进行处理和分析:还可以储存电力公司下达的高峰电力价格信号及电费费率,并通知用户实施什么样的费率政策,然后由智能电机自行根据费率政策编制时间表,自动控制电力使用的策略。AMI 的应用将减少电力公司人工抄表的费用:提供大量的用电和网络状态信息,使得智能电机调整用电习惯以此节能减排,并主动根据电力市场情况参与需求侧响应;提供系统范围内的电机负荷测量,帮助电网评估设备运行状况,优化维护和运行管理费用,准确定位电网故障,改进电网规划;支持消除峰荷和节能的需求侧响应和分时计费,减少对系统发、输、配环节中的固定资产投资,减少网络阻塞费用和网损。

各个国家现在正在推广 AMI 的技术实施,美国早在 2005 年就颁布了“能源政策条例”(EPAct),其中明确指出“智能量测”;中国国家电网公司在 2009 年发布的“智能电网”发展计划中也提出了关于智能电表的普及和建立互动服务体系。

10.3.2 控制技术发展

智能电机中的控制技术指帮助电机分析运行状态、自动调节参数来减少损耗、预测并诊断故障的智能控制算法。智能控制是控制理论、计算机科学、心理学和运筹学等多方面综合而成的交叉学科,简单地说,就是在传统的控制理论中引入逻辑、推理、启发式规则等元素,使之具有某种“智能”性。与传统的控制方法不同,智能控制技术的处理方法不再是依赖单一的数学模型,而是建立数学模型与知识系统相结合的广义模型,充分利用人类的经验和判断能力实现对复杂系统的控制。智能控制在人工智能、神经网络、模糊逻辑、遗传算法等技术的推动下不断发展。智能控制系统利用智能传感器、智能电子设备以及其他量测系统采集到的电机数据和电网数据进行分析和处理。将模糊逻辑算法和人工神经网络结合,估计定、转子的电阻,建立一个神经网络系统对电机的转速来进行估计,实现无速度传感器矢量控制。对电机的故障监测和诊断也是智能控制系统一个重要的功能,运用人工神经网络和专家系统的故障诊断、报警处理和容错控制等方面的应用已经比较广泛，大大提高了电机故障诊断的准确性与及时性。由于电机设备故障征兆与故障特征间复杂的非线性特性，使故障诊断及识别较为复杂，因此融合多种智能控制方法于一体的集成型智能故障诊断系统能更好地进行故障诊断。智能控制对智能电网来说，可以预测电机等负荷状况，进行负荷预测，还包括电能合同的决策支持、多目标分析、电力质量评价等。

10.3.3　通信技术发展

如今智能电机的开发和推广，大大地推动了电气行业的发展，智能电机的使用已经达到了国际上的先进水平，并且这样的产业可以带动全国相关产业不断的发展，将自动化产业带上了一个新的高度，形成了新的发展趋势。电动机、反馈、控制、驱动、通信的纵向一体化成为当前小功率伺服系统的一个发展方向。有时我们称这种集成了驱动和通信的电机叫智能化电机(SmartMotor)，有时我们把集成了运动控制和通信的驱动器叫智能化伺服驱动器。

通用型驱动器配置有大量的参数和丰富的菜单功能，便于用户在不改变硬件配置的条件下，方便地设置成 V/F 控制、无速度传感器开环矢量控制、闭环磁通矢量控制、永磁无刷交流伺服电动机控制及再生单元等五种工作方式，适用于各种场合，可以驱动不同类型的电机，比如异步电机、永磁同步电动机、无刷直流电机、步进电机，也可以适应不同的传感器类型甚至无位置传感器。采用更高精度的编码器(每转百万脉冲级)，更高采样精度和数据位数、速度更快的 DSP，无齿槽效应的高性能旋转电机、直线电机，步进电机驱动器以及应用自适应、人工智能等各种现代控制策略，不断将伺服系统的指标提高。

智能电机的服务领域也是非常广泛的，在机电行业中也是重要的设备之一，在数控机床的使用中，智能电机也能够更好的发展，扩大自己的市场占有份额从而推动着电气行业的大力发展，对于滞留电机的发展已经形成了一个固定的模式，未来的电气世界还是由智能电机来进行掌控。目前国际上先进的电机系统已集成了诊断、保护、控制、通信等功能，可实现电机系统的自我诊断、自我保护、自我调速、远程控制等。随着我国装备制造业向高、精、尖方向发展及工业化、信息化两化融合，电机系统智能化发展成为必要趋势。

10.3.4　电机行业发展

高速、双向的数字化通信系统是实现智能电机和智能电网的基础，因为电机运行数据获取、控制和保护都需要通信系统的支持，没有这样的通信系统，电机和电网的智能性都不能实现。集成的通信系统也使智能电网成为一个动态的、实时信息和电力交换互动的大型基础设施。

目前现场总线早已在电机控制中心中使用，如带 DeviceNet 现场总线的 IntelliCENTER 智能型电机控制中心，将 Profibus－DP 现场总线应用到电机的智能控制和保护装置中，实现了对电机的智能化、网络化控制和保护。但是现场总线种类繁多，而且在一些条件苛刻的环境中，通信线路不易铺设、维修，无线传感器网络(Wireless Sensor Net Work，WSN)就是继现场总线技术之后新出现的一种由传感器组成的网状网络。

WSN 结合了计算机网络技术、无线技术以及智能传感器技术，使工业现场的电机数据能够通过无线网络直接在网络上传输、发布和共享。无线局域网技术能够在众多工业应用和特殊技术要求的场合，为各类智能现场设备之间的通信提供高带宽的无线数据链路和灵活的网络拓扑结构，在一些特殊环境下有效地弥补了有线网络的不足，进一步完善了工业控制网络的通信性能，具有能耗低、自组织性、扩展强等特点。以基于高速以太网的现场总线标准 FF HSE 为蓝本，结合无线以太网标准 IEEE802. 11b，构造了现场级无线通信协议栈。新的协议栈保持了基金会现场总线的通信模型，能够完成无线设备间的时间同步和实时通信，证明了无线技术应用在工业控制系统中的可行性。采用无线传感器网络技术构建电机在线监测通信平台，为电机的故障诊断打下了基础。美国罗克威尔公司在基于 DeviceNet、Control－net、Ethermet/IP 的三层控制网络体系中，加入了无线以太网部分；德国西门子公司在基于 Profibus－DP、Profinet 的控制网络中结合无线以太网技术，也使控制网络具有了无线通信功能。由于无线网络可以免去大量的线路连接，节省系统的构建费用和维护成本，还可以满足一些特殊场合的需要，增强了系统构成的灵活性，加之无线通信技术自身的不断改进，因此智能电机的研究和发展中必然有无线通信技术的应用。

从 CMCC 到 IMCC，智能电机的概念、功能正在不断地补充和扩大。智能电机不仅要在尽量少的能源消耗下高效运行、尽可能降低故障概率和停机时间，达到节能减排的目的，而且要融入先进的量测技术，更有效的控制算法以及更实时便捷的无线、有线网络技术，这样才能符合智能电网发展下的设备要求。

参考文献

[1] 张平慧.控制电机及其应用[M].东营:中国石油大学出版社,1999.
[2] 杨渝钦.控制电机[M].2 版.北京:机械工业出版社,2007.
[3] 程明.微特电机及系统[M].北京:中国电力出版社,2008.
[4] 陈隆昌,阎治安,刘新正.控制电机[M].4 版.西安:西安电子科技大学出版社,2015.
[5] 王成元,夏加宽,杨俊友,等. 电机现代控制技术[M].北京:机械工业出版社,2006.
[6] 孙建忠,白凤仙.特种电机及其控制[M].北京:中国水利水电出版社,2005.
[7] 刘锦波,张承慧.电机与拖动[M].北京:清华大学出版社,2006.
[8] 唐任远.特种电机原理及应用[M].2 版.北京:机械工业出版社,2010.
[9] 王秀和.永磁电机[M].2 版.北京:中国电力出版社,2011.
[10] 王成元,夏加宽.现代电机控制技术[M].北京:机械工业出版社,2014.
[11] 蒋上行，周建华. 智能电机发展概念及研究探讨[J]. 电工技术，2010(12):43－46.
[12] 张善儿，陈世元. 现代电机优化设计启发式算法[J]. 微特电机，2006，34(3):5.
[13] 刘洋.基于智能优化的模糊 PID 永磁同步电机控制系统研究[D].上海:上海电机学院,2019.
[14] 郭轶.异步电机的智能故障诊断研究[D].南昌:南昌大学,2015.
[15] 徐承爱.无刷直流电机智能控制策略的研究与仿真[D].广州:广东工业大学,2015.